DIGITAL CONSTRUCTION

“十三五”国家重点图书出版规划项目
国家自然科学基金项目（51878123）
中国工程院重点咨询项目（2019-XZ-029）

丛书编委会主任 | 丁烈云

数字建造 | 设计卷

参数化结构设计基本原理、方法及应用

Parametric Structural Design: Theory, Approach and Applications

何政　来潇 | 著
Zheng He, Xiao Lai

中国建筑工业出版社

图书在版编目（CIP）数据

参数化结构设计基本原理、方法及应用 / 何政，来潇著. — 北京：中国建筑工业出版社，2019.9

（数字建造）

ISBN 978-7-112-24102-6

Ⅰ. ①参… Ⅱ. ①何… ②来… Ⅲ. ①数字技术－应用－建筑结构－结构设计－研究 Ⅳ. ①TU318-39

中国版本图书馆CIP数据核字（2019）第180505号

参数化技术虽然在国内建筑设计领域已经非常普及，但仍然有许多结构工程师不具备利用该类工具的能力。本书作为《数字建造》系列设计卷中结构设计的一册，旨在普及建筑行业内参数化技术的应用，从而进一步推动国内参数化结构设计的发展。为此，本书将在搭建参数化结构设计基本框架的同时，以尽可能简单易懂的语言介绍参数化结构设计的基本原理和方法，并穿插小型的应用案例为读者演示参数化工具的效果，达到加深对参数化结构设计理解的目的，使设计人员具备自主进行参数化结构设计的能力。

总 策 划：沈元勤
责任编辑：赵晓菲 朱晓瑜
责任校对：赵 菲
书籍设计：锋尚设计

数字建造｜设计卷
参数化结构设计基本原理、方法及应用
何政 来潇 著

*

中国建筑工业出版社出版、发行（北京海淀三里河路9号）
各地新华书店、建筑书店经销
北京锋尚制版有限公司制版
北京雅昌艺术印刷有限公司印刷

*

开本：787×1092毫米 1/16 印张：17¾ 字数：303千字
2019年12月第一版 2019年12月第一次印刷
定价：135.00元
ISBN 978-7-112-24102-6
（34597）

版权所有 翻印必究
如有印装质量问题，可寄本社退换
（邮政编码 100037）

《数字建造》丛书编委会

专家委员会

主任：钱七虎

委员（按姓氏笔画排序）：

丁士昭　王建国　卢春房　刘加平　孙永福　何继善　欧进萍

孟建民　胡文瑞　聂建国　龚晓南　程泰宁　谢礼立

编写委员会

主任：丁烈云

委员（按姓氏笔画排序）：

马智亮　王亦知　方东平　朱宏平　朱毅敏　李　恒　李一军

李云贵　吴　刚　何　政　沈元勤　张　建　张　铭　邵韦平

郑展鹏　骆汉宾　袁　烽　徐卫国　龚　剑

丛书序言

伴随着工业化进程，以及新型城镇化战略的推进，我国城市建设日新月异，重大工程不断刷新纪录，“中国制造、中国创造、中国建造共同发力，继续改变着中国的面貌”。

建设行业具备过去难以想象的良好发展基础和条件，但也面临着许多前所未有的困难和挑战，如工程的质量安全、生态环境、企业效益等问题。建设行业处于转型升级新的历史起点，迫切需要实现高质量发展，不仅需要改变发展方式，从粗放式的规模速度型转向精细化的质量效率型，提供更高品质的工程产品；还需要转变发展动力，从主要依靠资源和低成本劳动力等要素投入转向创新驱动，提升我国建设企业参与全球竞争的能力。

现代信息技术蓬勃发展，深刻地改变了人类社会生产和生活方式。尤其是近年来兴起的人工智能、物联网、区块链等新一代信息技术，与传统行业融合逐渐深入，推动传统产业朝着数字化、网络化和智能化方向变革。建设行业也不例外，信息技术正逐渐成为推动产业变革的重要力量。工程建造正在迈进数字建造，乃至智能建造的新发展阶段。站在建设行业发展的新起点，系统研究数字建造理论与关键技术，为促进我国建设行业转型升级、实现高质量发展提供重要的理论和技术支撑，显得尤为关键和必要。

数字建造理论和技术在国内外都属于前沿研究热点，受到产学研各界的广泛关注。我们欣喜地看到国内有一批致力于数字建造理论研究和技术应用的学者、专家，坚持问题导向，面向我国重大工程建设需求，在理论体系建构与技术创新等方面取得了一系列丰硕成果，并成功应用于大型工程建设中，创造了显著的经济和社会效益。现在，由丁烈云院士领衔，邀请国内数字建造领域的相关专家学者，共同研讨、组织策划《数字建造》丛书，系统梳理和阐述数字建造理论框架和技术体系，总结数字建造在工程建设中的实践应用。这是一件非常有意义的工作，而且恰逢其时。

丛书涵盖了数字建造理论框架，以及工程全生命周期中的关键数字技术和应用。其内容包括对数字建造发展趋势的深刻分析，以及对数字建造内涵的系统阐述；全面探讨了数字化设计、数字化施工和智能化运维等关键技术及应用；还介绍了北京大兴国际机场、凤凰中心、上海中心大厦和上海主题乐园四个工程实践，全方位展示了数字建造技术在工程建设项目中的具体应用过程和效果。

丛书内容既有理论体系的建构，也有关键技术的解析，还有具体应用的总结，内容丰富。丛书编写者中既有从事理论研究的学者，也有从事工程实践的专家，都取得了数字建造理论研究和技术应用的丰富成果，保证了丛书内容的前沿性和权威性。丛书是对当前数字建造理论研究和技术应用的系统总结，是数字建造研究领域具有开创性的成果。相信本丛书的出版，对推动数字建造理论与技术的研究和应用，深化信息技术与工程建造的进一步融合，促进建筑产业变革，实现中国建造高质量发展将发挥重要影响。

期待丛书促进产生更加丰富的数字建造研究和应用成果。

中国工程院院士

2019年12月9日

丛书前言

我国是制造大国，也是建造大国，高速工业化进程造就大制造，高速城镇化进程引发大建造。同城镇化必然伴随着工业化一样，大建造与大制造有着必然的联系，建造为制造提供基础设施，制造为建造提供先进建造装备。

改革开放以来，我国的工程建造取得了巨大成就，阿卡迪全球建筑资产财富指数表明，中国建筑资产规模已超过美国成为全球建筑规模最大的国家。有多个领域居世界第一，如超高层建筑、桥梁工程、隧道工程、地铁工程等，高铁更是一张靓丽的名片。

尽管我国是建造大国，但是还不是建造强国。碎片化、粗放式的建造方式带来一系列问题，如产品性能欠佳、资源浪费较大、安全问题突出、环境污染严重和生产效率较低等。同时，社会经济发展的新需求使得工程建造活动日趋复杂。建设行业亟待转型升级。

以物联网、大数据、云计算、人工智能为代表的新一代信息技术，正在催生新一轮的产业革命。电子商务颠覆了传统的商业模式，社交网络使传统的通信出版行业备感压力，无人驾驶让人们憧憬智能交通的未来，区块链正在重塑金融行业，特别是以智能制造为核心的制造业变革席卷全球，成为竞争焦点，如德国的工业4.0、美国的工业互联网、英国的高价值制造、日本的工业价值网络以及中国制造2025战略，等等。随着数字技术的快速发展与广泛应用，人们的生产和生活方式正在发生颠覆性改变。

就全球范围来看，工程建造领域的数字化水平仍然处于较低阶段。根据麦肯锡发布的调查报告，在涉及的22个行业中，工程建造领域的数字化水平远远落后于制造行业，仅仅高于农牧业，排在全球国民经济各行业的倒数第二位。一方面，由于工程产品个性化特征，在信息化的进程中难度高，挑战大；另一方面，也预示着建设行业的数字化进程有着广阔的前景和发展空间。

一些国家政府及其业界正在审视工程建造发展的现实，反思工程建造面临的问题，探索行业发展的数字化未来，抢占工程建造数字化高地。如颁布建筑业数字化创新发展路线图，推出以BIM为核心的产品集成解决方案和高效的工程软件，开发各种工程智能机器人，搭建面向工程建造的服务云平台，以及向居家养老、智慧社区等产业链高端拓展等等。同时，工程建造数字化的巨大市场空间也吸引众多风险资本，以及来自其他行业的跨界创新。

我国建设行业要把握新一轮科技革命的历史机遇，将现代信息技术与工程建造深度融合，以绿色化为建造目标、工业化为产业路径、智能化为技术支撑，提升建设行业的建造和管理水平，从粗放式、碎片化的建造方式向精细化、集成化的建造方式转型升级，实现工程建造高质量发展。

然而，有关数字建造的内涵、技术体系、对学科发展和产业变革有什么影响，如何应用数字技术解决工程实际问题，迫切需要在总结有关数字建造的理论研究和工程建设实践成果的基础上，建立较为完整的数字建造理论与技术体系，形成系列出版物，供业界人员参考。

在时任中国建筑工业出版社沈元勤社长的推动和支持下，确定了《数字建造》丛书主题以及各册作者，成立了专家委员会、编委会，该丛书被列入“十三五”国家重点图书出版计划。特别是以钱七虎院士为组长的专家组各位院士专家，就该丛书的定位、框架等重要问题，进行了论证和咨询，提出了宝贵的指导意见。

数字建造是一个全新的选题，需要在研究的基础上形成书稿。相关研究得到中国工程院和国家自然科学基金委的大力支持，中国工程院分别将“数字建造框架体系”和“中国建造2035”列入咨询项目和重点咨询项目，国家自然科学基金委批准立项“数字建造模式下的工程项目管理理论与方法研究”重点项目和其他相关项目。因此，《数字建造》丛书也是中国工程院战略咨询成果和国家自然科学基金资助项目成果。

《数字建造》丛书分为导论、设计卷、施工卷、运营维护卷和实践卷，共12册。丛书系统阐述数字建造框架体系以及建筑产业变革的趋势，并从建筑数字化设计、工程结构参数化设计、工程数字化施工、建筑机器人、建筑结构安全监测与智能评估、长大跨桥梁健康监测与大数据分析、建筑工程数字化运维服务等多个方面对数字建造在工程设计、施工、运维全过程中的相关技术与管理问题进行全面系统研究。丛书还通过北京大兴国际机场、凤凰中心、上海中心大厦和上海主题乐园四个典型工程实践，探讨数字建造技术的具体应用。

《数字建造》丛书的作者和编委有来自清华大学、华中科技大学、同济大学、东南大学、大连理工大学、香港科技大学、香港理工大学等著名高校的知名教授，也有中国建筑集团、上海建工集团、北京市建筑设计研究院等企业的知名专家。从2016年3月至今，经过诸位作者近4年的辛勤耕耘，丛书终于问世与众。

衷心感谢以钱七虎院士为组长的专家组各位院士、专家给予的悉心指导，感谢各位编委、各位作者和各位编辑的辛勤付出，感谢胡文瑞院士、丁士昭教授、沈元勤编审、赵晓菲主任的支持和帮助。

将现代信息技术与工程建造结合，促进建筑业转型升级，任重道远，需要不断深入研究和探索，希望《数字建造》丛书能够起到抛砖引玉作用。欢迎大家批评指正。

《数字建造》丛书编委会主任 丁烈云

2019年11月于武昌喻家山

本书前言

在过去几十年间，伴随计算机科学的快速发展，数字化技术得以普及。有限单元分析和计算机辅助制图技术增强了设计师在应对各类大型复杂工程时的分析和出图能力。然而，上述两项技术均建立在方案已知的基础上，它们本身并无法为设计师提供方案选择的合理性建议。而今，参数化技术作为数字技术的又一分支正在全球建筑设计行业掀起一股热潮。建筑师通过参数化技术摆脱了以往臆断的设计方式，转而选择更具逻辑和理性的设计方式。结构设计的专业人员在近几年也逐渐意识到参数化技术在结构方案调整上的便利性，开始致力于参数化技术与结构设计的融合，并与建筑设计和结构优化程序在统一的参数化平台上实现对接，形成集成式的设计环境，显著提高了设计的效率。可以说，参数化技术的出现为结构设计行业迎来了兼具便利性、创新性和智能化的未来。

参数化技术虽然在国内建筑设计领域已经非常普及，但仍然有许多结构工程师不具备利用该类工具的能力。本书作为《数字建造》系列设计卷中结构设计分册，旨在普及建筑行业内参数化技术的应用，从而进一步推动国内参数化结构设计的发展。为此，本书将在搭建参数化结构设计基本框架的同时，以尽可能简单易懂的语言介绍参数化结构设计的基本原理和方法，并穿插小型的应用案例为读者演示参数化工具的效果，达到加深对参数化结构设计理解的目的，使设计人员具备自主进行参数化结构设计的能力。

本书共分为6章，涉及参数化结构设计基本思想、实现方法和设计应用三个部分，其中，参数化结构设计基本思想包括参数化结构设计概述和参数化建筑设计与参数化结构设计两个部分。前者为第1章，首先给出了结构参数化设计的定义，并阐明在结构设计中使用参数化方法的意义，最后对现有的主流参数化结构平台及其插件进行介绍；后者为第2章，在简单介绍参数化建筑设计基本概念和算法找形后，从参数化设计关键要素和基于参数的互动设计模式两个角度讨论了参数化结构设计与参数化建筑设计的关联。实现方法主要包括与设计对象参数相关的设计思想与算法以及通用的计算机技术手段。考虑到完成一个完整的结构设计需要确定结构的形状、体系和构件信息，参数化结构设计的实现方法依据上述主要结构设计对象参数的类别将其中的内容分为第3、第4、第5章。每章对各类参数设计的设计要素和算法基础进行了介绍，并配以算例加深读者对各章节的内容理解。第6章为实现参数化结构设计的通用计算机技术手段，即参数化建筑与结构互动技术，主要讨论了建筑与结构模型对接、关键信息传输和参数化工具开发三个问题。

参数化结构设计涉及建筑学、计算图形学、人工智能、结构设计理论、优化方法等多个专业。各专业读者在阅读本书后均能从本书所搭建的参数化结构设计框架中找到可利用的素材和自己的用武之地。结构设计人员能够找到参数化技术的应用方法，研究人员能够意识到参数化技术在科研领域的利用价值，教学人员能够将参数化技术融入本科和研究生的教学当中，增强学生在当今设计行业的适应能力。

参数化结构设计是一个前沿性的研究方向，因此本书内容尚不完善，仍存在进一步发展与改进的空间。本书受到国家自然科学基金项目“基于能量的混合型连接高层装配式混凝土框架结构地震损伤性能研究”（编号：51878123）的资助。在此，对该项目的资助表示衷心的感谢。此外，还要感谢课题组内的涂祥、施永安、唐燕伟、姜博文、贺帅帅等，是他们的不懈努力推动了课题组对参数化结构设计的研究。由于笔者的学识有限，本书难免存在错漏与不足之处，敬请同行专家和读者批评指正。

目录 | Contents

CHAP

1

第 1 章

参数化结构设计概述

设计方式与思想的变革总是伴随着技术的发展。在20世纪60年代计算机辅助设计技术出现之前，设计师只能通过手绘的图纸来表达设计方案的设计意图和具体细节，难以修改和重复利用图纸，延长了项目的设计周期。伴随着计算机辅助制图技术和BIM技术的出现，设计中后期大量的基本元素和相关信息被高效地组织在一起，用于检验设计中存在的矛盾和错误，在一定程度上提高了设计效率。然而，设计中后期阶段的数字化技术偏向于设计信息的存储与管理，难以为灵活多变且兼具深层次专业合理性的设计方式提供技术支撑。

近几年来参数化建筑设计以其快速的发展势态对当代建筑设计产生了巨大影响。参数化设计本身是一种基于算法思维的设计方法，它将各方面设计因素有效组织起来，通过定义算法规则来实现最终的设计意图。结构设计作为建筑设计的下游专业，在建筑设计专业进行参数化变革的同时也需要同步提升自己的参数化设计水平。本章首先介绍了参数化结构设计的基本概念，给出参数化结构设计的定义，然后对参数化结构设计相关领域的作用进行辨析，最后总结目前常用的参数化设计工具。

1.1 参数化结构设计基本概念

1.1.1 参数化设计概述

参数化结构设计源于参数化设计，因此，在介绍前者之前，必须先明确参数化设计的概念。参数化设计通过参数与规则来制定、编码和阐明设计意图和设计结果之间的关系，是一种基于算法思维的设计过程[1]。参数一词来源于数学专业，其原意是操纵或改变方程或系统最终结果的变量。因此，参数化设计的核心就是抓住控制设计结果的关键设计意图参数，并以之为基础，通过构建算法规则生成最终的设计方案。

虽然当前科技背景下的参数化设计大多依托于计算机技术，但是参数化设计的思想并不依赖于设计的工具。在一些早期建筑师，例如安东尼奥·高迪（Antonio Gaudi）的作品中，参数化设计的思想就已经得到了体现。他在设计圣家族大教堂的过程中，搭建了如图1-1所示的由细绳和小型铅弹共同组成的模型，并借助该模型自然产生的形状，创造出了复杂的拱形天花板和拱门。通过调整铅弹的位置或细绳的长度，最终生成设计方案的形状会发生不断的变化，其变化规律也可以直观地观察到。其参数化设计思想可以通过图1-2表示，细绳的长度、铅弹的重量以及锚固点的位置是体现设计意图的输入参数，最终生成模型中每个节点的空间位置则是输出的设计结果，而其中作为黑箱存在的生成逻辑则是在重力作用下的平衡状态。借助这一确定的生成逻辑，设计结果可以随着设计意图参数的改变产生即时变化。

图1–1　圣家族大教堂模型
（图片来源：https://en.wikipedia.org/wiki/Parametric_design#/media/File:Maqueta_funicular.jpg，Canaan）

随着计算机技术的发展，上述源于自然的生成逻辑可以借助编程的方式更加清晰地进行表达。与人工操作的设计过程相比，计算机参数化设计实际上提供了一个更为强大的抽象造型机器，他对参数的调整过程全部通过计算机实现，免去了早期参数化设计过程中人工调整输出参数的繁琐步骤。此外，参数化设计过程中的算法规则及描述规则所采用的计算机语言、参数模型、参变量，以及生成的方案都是显形可见且精确的，这种方式使得参数化设计的过程更加容易得到科学的控制。与计算机技术的结合使得参数化设计具备了数字与算法驱动的特性，是技术与设计思想碰撞产生的耀眼火花。

在应用层面，参数化设计可用在城市设计、建筑单体设计、室内设计、工业产品设计、景观设计等不同领域。依据设计意图参数的不同，参数化设计也可以针对特定的整体形状、节点样式、内部连接关系进行设计。世间万物小到茶杯，大到航空母舰都可以用参数化的方式进行描述。Thompson[2]对鱼类外形的几何形状进行了参数化，并通过对部分参数的调整得到了多种现存鱼类的外形，显示了参数化设计强大的多样性探索能力与方案调整能力，见图1–3。

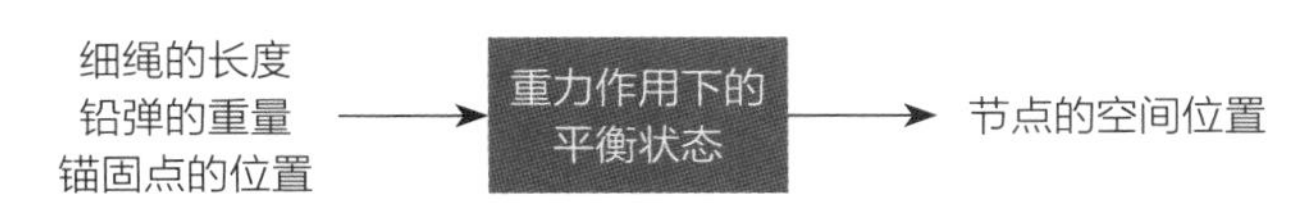

图1–2　圣家族大教堂的参数化设计思想

1.1.2 参数化结构设计定义

参数化结构设计是以结构为设计对象的参数化设计。Rolvink等[3]指出，为直接洞察结构设计变化带来的影响，并能够依据建筑师所做的几何设计变更快速调整结构设计，结构工程师应当拥抱参数化设计。程煜等[4]指出，结构参数化设计（Structural Parametric Design）是将建筑及结构构件的全部要素转换成拥有多个参数的函数，通过修改参数或调整预先设置的函数，从而获得相同或近似逻辑下不同建筑体形及结构布置方案的设计方法。这种定义的方式相对偏向于输入参数与输出结构，并未结合结构设计的背景阐述生成过程中关键的算法逻辑。

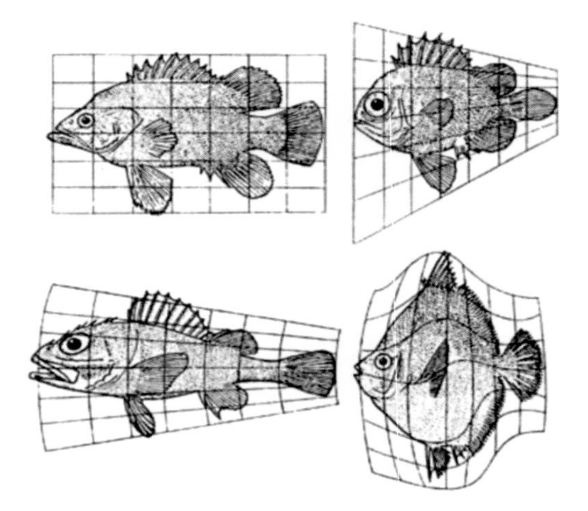

图1-3　鱼类外形参数化[2]

结合吕大刚和王光远曾于1999年提出的“结构智能优化设计”的概念[5]，本书所理解的参数化结构设计是以拓扑参数、形状参数、结构构件参数等结构方案参数为设计对象参数，以结构性能要求、建筑设计要求等作为设计意图参数，借助基于几何学、结构设计理论和优化算法等多领域混合的算法规则，实现全自动或半自动化动态智能设计的多学科交叉设计方法。参数化结构设计是以结构为设计对象的参数化设计，同时也是结构智能优化设计在当前参数化设计时代背景下实现的一种途径。依据参数化结构设计的基本概念，基于参数化技术对结构设计参数与设计结果之间定量关系的探索是参数化结构设计发展的核心工作。图1-4展示了参数化结构设计的思想，其并未脱离参数化设计的框架。

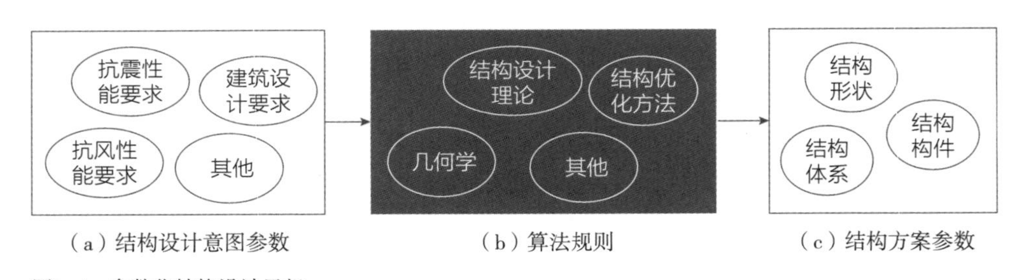

图1-4　参数化结构设计思想

1.1.3 结构设计参数化的意义

1. 数字化到参数化的转变

结构设计的参数化始于结构设计的数字化。数字化是将信息转换成计算机可读的数字格式的过程，其通过生成一系列数字来表示物体、图像、声音、文档或信号。数字化技术随着存储信息的发展，使得原先人们手动无法完成的计算任务能够在计算机中高效完成。迄今为止，结构设计领域内的两项数字化技术曾引发了行业内的重大变革，一是如图1-5所示的计算机辅助制图技术，二则是如图1-6所示的有限单元分析。两者可以说是结构设计领域中计算机辅助设计技术的两个里程碑。

计算机辅助制图技术的基础是计算机图形学（Computer Graphics），该概念由麻省理工学院学生Sutherland首次提出[6]。计算机辅助制图技术的出现显著提高了工程绘图人员绘制图纸的精度，缩短了图纸绘制的时间，同时也方便了各部门之间进行图纸交换。

有限单元法可帮助结构工程师更为快速和相对准确地预测结构在各类荷载下的响应，使得对复杂结构的分析成为每一个工程都能够快速掌握的手段。此外，有限元分析软件与计算机辅助制图软件的对接减小了重复绘图的比例，与设计规范的融合减少了人工计算与校核设计性能指标所需的时间，提高了结构设计的效率。有限单元法其本质是一种数值分析方法，同时设计规范中条文的校核是以数值对比的形式实现，因此当前的结构分析与设计本身就是数字化的。但是，当前分析与设计中数据的描述方式是破碎化的，尤其是几何信息。而参数化建模技术更为关注的是传统设计参数的耦合关系，其描述的语言是数字化语言的进一步整合和提升，具有更为清晰的物理含义和层次性，能够简明扼要地描述结构方案。图1-7为基于同一参

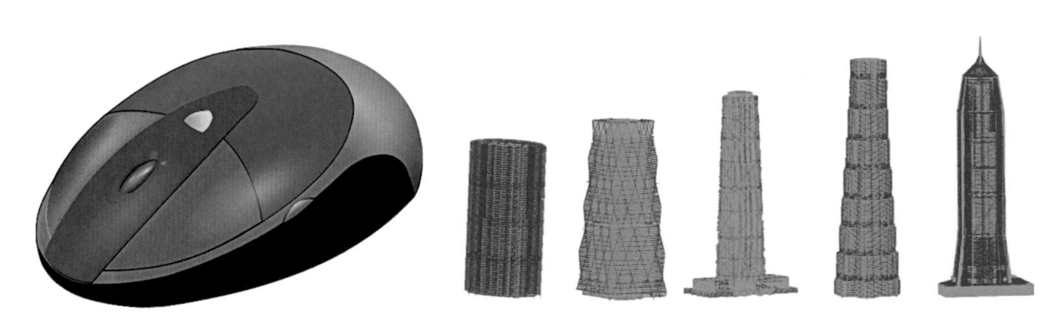

图1-5 计算机绘图技术①

图1-6 有限单元模型

① 来源：https://commons.wikimedia.org/wiki/File:Cad_mouse_1.svg，Eduemoni.

数化模型的旋转大厦结构方案，其输入的设计意图参数共有6个，分别是层高、楼层数、网格数、顶层尺寸的相对大小和X、Y方向的半轴长度。这个结构方案仅通过上述6个关键参数即可描述，而不再需要具体地描述每个节点所在的空间位置的数据信息。

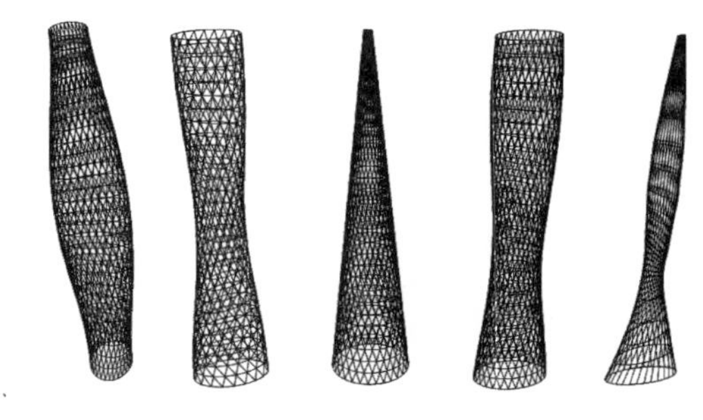

图1-7　基于同一参数化模型的旋转大厦结构方案

具体地，在传统的结构设计中，结构工程师往往对多种结构形式方案分别单独进行设计与各类技术经济指标和力学性能指标的对比，在综合考虑下才能够选择出某一建筑方案最佳的结构形式。这种设计方式虽然可以得到一个与建筑规模和环境条件相适应的较好的结构形式，但是同时也要求结构工程师建立多个结构模型，给结构设计带来了不可想象的工作量。尤其当建筑方案还处于不断调整阶段时，结构工程师往往不得不针对每个建筑方案修改或重建模型。参数化建模不是单纯地用技术生成图形，而是结合直观的环境现象因素将概念转化为形象作为建筑的形体，其本质上是由一系列关键参数通过既定的逻辑关系生成建筑形态，即一种逻辑式建模方法。逻辑式的建模方法将模型中的各类设计因素进行耦合，其建模过程需要设计人员以特定的逻辑进行，而非借助随手一画的灵感。随着建筑方案的改变，参数化结构建模的输入参数发生了变化，结构方案依据特定逻辑也会自动进行相应的变化。

图1-8中扎哈·哈迪德设计的盖达尔·阿利耶夫文化中心是运用参数化技术设计的典型作品之一。拥有优雅飘逸、冲入云霄的曲线形态的文化中心，刚刚竣工不久就成为阿塞拜疆重要的地标性建筑。这个复杂的建筑形体使用了12027块复合面板，拼接成了一个90km长的连续表皮。12027块复合面板看似相同，其实每一块尺寸都不一样，如果依靠传统的建模方法，工作量无法想象。设计师在参数化建模过程中给每一个幕墙单元编号，从而能够更方便地掌握每片幕墙的尺寸信息和位置，使得幕墙的生产与安装都变得更加容易。图1-9中的北京凤凰传媒中心通过编织的方式生成建筑外形，其“莫比乌斯环”的设计概念使整个建筑形式都呈现出缓慢变化的弧线，钢结构异常复杂，每根钢柱的造型和扭曲程度都不同，每一个部分的误差都会导致整个结构无法闭合。设计团队利用参数化技术建立了精确的BIM模型，并通过软件为每一个构件建立了详细的数据库，包括长度、曲率、定位点等。

图1-8　盖达尔·阿利耶夫文化中心
（图片来源：https://commons.wikimedia.org/wiki/File:Haydar_Aliyev_Culture_Center.jpg，Inv2estigation11111）

相比传统建模方法，参数化建模技术将本身静态的数字动态地串联起来，实现了结构设计对象参数的联动变化，减少了所需考虑数字的种类与数量，加快了模型调整或重建的速度，提高了设计效率，将设计人员从重复性劳动模式中解放出来，为在方案设计阶段提高结构工程师工作效率提供了技术支持。

图1-9　北京凤凰传媒中心
（图片来源：https://commons.wikimedia.org/wiki/File:凤凰中心西中庭与南楼.jpg，Hat600）

2. 算法规则的存储与再利用

结构体系的生成本质上是在形成一个完整的树形结构。图1-10是框架核心筒结构体系的树形分解示意图。可以看到，其结构体系是各种结构分体系的组合，结构分体系由各类结构组件组成，各种结构组件由更加细致的结构构件组成。算法规则是参数化结构设计的核心。从结构方案组合的角度来考虑，结构方案的生成本质上是各种算法规则的组合。在参数化结构设计中，算法规则以代码的方式存储在计算机中，这意味着预先制定的算法规则可以在未来参数化建模时使用。这一算法规则的再利用机制使得参数化建模相比于传统建模方式在速度上有着明显的优势。

以针对结构体系的算法规则为例，对于图1-11中左侧的框架结构，其参数化建模的基本逻辑是由底部自下而上提升各节点并相互连接形成框架。通过在提升的算

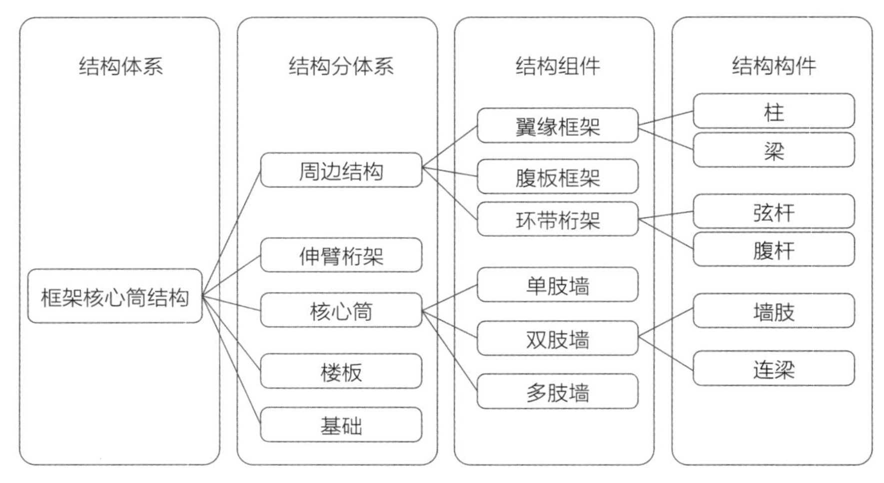

图1-10　框架核心筒结构的树形分解示意图

法规则中加入扭转规则，则可以进一步形成扭转的框架结构。

对于单个构件，尤其是具有复杂组合截面类型的构件，设计师也可以预先编写它们的算法规则并存储在计算机中，从而形成庞大的组件库。此外，设计师还可以预先制定特定结构组件的算法逻辑，例如X形桁架、人字形桁架等。

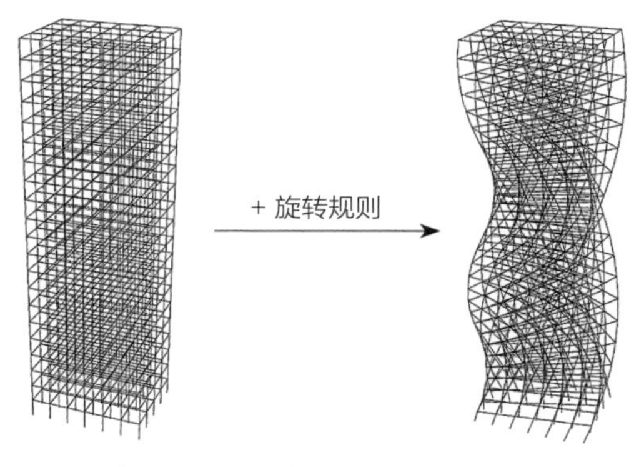

图1-11　提升规则与扭转规则的结合

3. 结构设计智能化

智能是人在逻辑理解、自我意识、学习、情感知识、规划、创新和解决问题等多方面的能力。它可以大致理解为在感知或推断信息后将这些作为知识应用于其他环境中的自适应行为。人工智能（Artificial Intelligence，AI）的概念始于1956年，其定义一致存在着争论。人工智能专家Russell和Norvig[7]认为：人工智能是类人行为，类人思考，理性的思考，理性的行动。在计算机科学中，人工智能被理解为“智能代理人”，即感知环境并采取实现目的最优行动的设备[8]。随着机器越来越智能，过去曾被视为需要利用人工智能才能完成的任务会逐渐从范围中消除，这种现象被称为AI效应。尽管AI在20世纪末迎来“冬季”，但是直到2017年，AI已经能够成功理解人类语音[9]，在策略游戏中取得胜利（如AlphaGo[10]），并在自动驾驶技术和军事模拟中的路线选取中成功应用。人工智能传统的研究问题（或目标）包括推理、知识表示、计划、学习、自然语言处理、感知以及移动和操纵物体的能力[11, 12]。实现的途径包括数据统计、计算智能和符号智能。AI中使用了许多工具，包括涉及电脑科学、数学、心理学、语言学、哲学等众多学科，如人工神经网络、优化算法、符号表示等。

在学科交叉日益紧密的今天，人工智能技术已成为技术行业的重要组成部分，进一步冲击着传统学科。相比金融、机械、医疗等专业，土木工程作为一个传统的学科在计算机革命的大潮中较为落后。然而正如王光远[5]所说："设计方法的人工智能化是工程系统设计的重要发展方向。"传统设计中所采用的试错法（Trial-and-error）设计方法是针对某一指标不合格的方案不断进行调试，使其满足业主、建筑师、结构师等多方的设计意图要求。在参数化设计中，上述重复性的工作可基于人工智能技术提升执行效率。参数化设计基于参数化模型，设计意图参数的变化会自动映射到最终的设计对象参数中。这种全自动化的方案生成方式在与优化算法的结合下，即可代替传统人为的Trial-and-error设计模式。其中，智能优化算法作为内置的算法规则，是设计方案的生成机器。设计意图参数则作为设计条件对智能优化算法得到的设计结果起到限制作用。

此外，参数化建模技术本身就基于计算机技术。对于已知且较为明确的设计经验，结构工程师可将它们以代码的形式存储于计算机当中，直接参与参数化设计算法规则的制定。同时，参数化设计具备利用机器学习等数据驱动的经验学习技术的潜力。正如前文所述，参数化模型就如同一个抽象的造型机器，它可以不断产生在相同算法规则下不同的结构方案，从而形成大量的样本以供机器学习。这些数据可以用于制定相关的专家系统，为之后的设计提供经验，弥补了新手设计经验的匮乏，减少了机械式工作的时间比重，提升了结构设计的效率，增强了结构方案的经济性与合理性。图1-12是借助多种参数化工具对具有四边形网格的空间曲面进行的基于最小应变能的形状优化。其中设计意图参数主要是设计人员对其中一些节点变化区间的限值。不难想象，如果要求设计师手动得到较优方案，建立足以进行充分方案比选的结构方案模型将会耗费大量的时间。智能化技术与参数化建模技术的结合将会进一步加快结构设计智能化的实现。

4. 结构形式多样化

建筑结构设计是一门软科学，其所要处理的是综合性很强的半结构化决策问题。当前高速的城市生长以及越来越高的城市密度导致建筑类型趋同化现象愈发严重。建筑形式在紧迫的工期要求和预算下被简单拷贝，逐渐失去了自己的个性。然

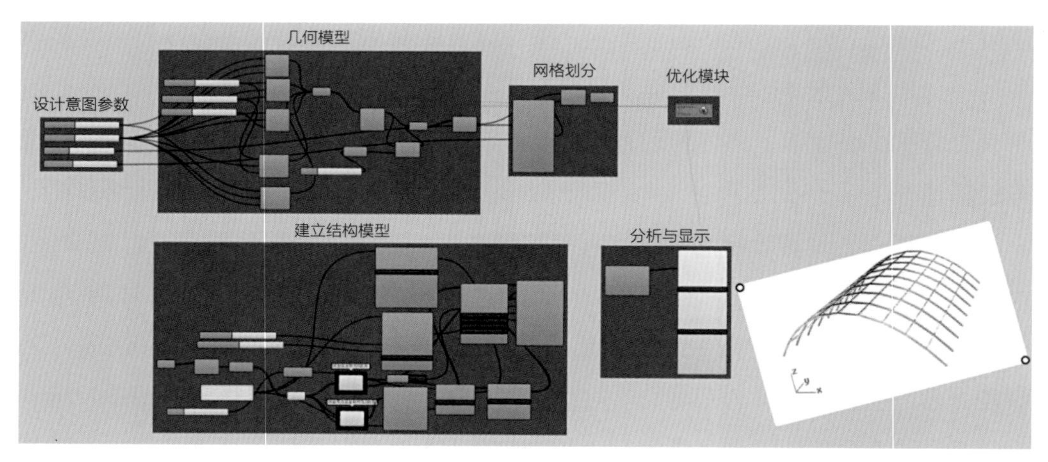

图1-12 基于最小应变能优化的网壳结构形状优化

而针对不同的环境条件与设计需求，理论上任何一栋建筑都应该是独一无二的。同样的，结构方案的确定除了需要考虑工程造价、结构性能等定量指标外，还需要考虑诸如美学等一系列定性因素，可以说结构工程师有着五花八门的方法来实现建筑师们的需求。古往今来，世界著名的结构工程师往往凭借经验和直觉头脑风暴出各种各样具有创意的点子，然后再对这些方案进行定性和定量的比选。图1-13展示对于同一跨度桥梁多样的设计方案。德国著名建筑师Engel[13]将所有结构体系按照传力的方式分为形态作用结构体系、矢量作用结构体系、截面作用结构体系、面作用结构体系和高度作用结构体系，每一类结构体系之下又包括了多种具体的结构体系形式。

由图1-13可知，在参数化结构设计的过程中，设计人员可以存储当前的算法逻辑或再利用已存储的算法规则。这意味着参数化模型中的算法规则是由众多的子规则组装而成的。这种拼接的建模方式就像是搭建乐高玩具，可以形成纷繁多样的结构方案。林同炎在其著作《结构概念和体系》[14]一书中详细研究了建筑结构各种竖向分体系和水平分体系。将该理论推广开来，结构总体系总是可以分为多个结构分体系。结构方案设计则可以理解为寻找实现某一特定目标的结构分体系物理参数及组合方式。这正与参数化结构设计中算法规则的组合相呼应。再者，参数化设计的算法规则本身也可以具有一定的随机性。即使针对相同的输入设计意图参数，抽象的造型机器也可以得到不同的设计方案。上述两点是参数化结构设计可以得到多样化结构形式的主要原因。结构出身的西班牙建筑师Calatrava设计的2020年阿联酋世博会新迪拜塔很好地诠释了结构形式多样性的本质，该结构方案是将传统的超高层

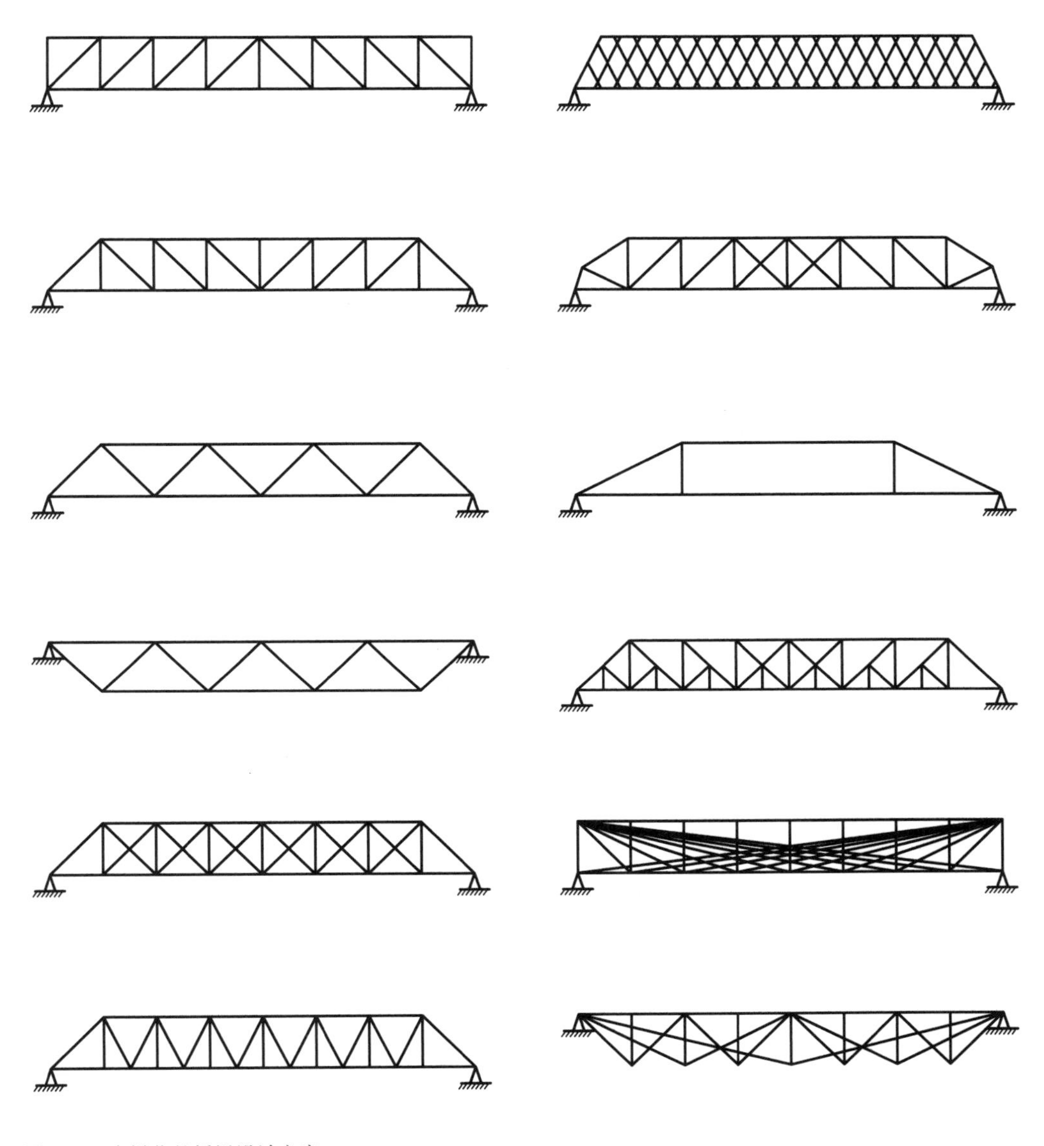

图1-13　多样化的桥梁设计方案

结构体系与拉索结构体系结合起来，既提高了结构的稳定性，又给人以优雅的动态美感，是算法规则组合产生新体系的典型作品。

有学者认为，基于特定算法逻辑的参数化建模限制了结构方案的变化方式，不利于方案多样性的发展[15]。然而，参数化设计包含的算法规则本身并不一定是确定性的。一方面，算法规则可以自带随机因子以提高生成方案的多样性；另一方面，以群体优化算法作为算法规则的参数化设计，可借助在算法中添加多样化因子，提升输出设计方案之间的差异性。

1.1.4 结构设计的参变量

参数化设计的输出方案依赖于算法逻辑和输入设计意图参数。设计意图参数在这里可以理解为设计要求信息数据化的产物。设计要求是设计的起点，如何以数字的形式刻画结构设计的要求是参数化结构设计的一个难点。

那么，结构设计的意图或者设计要求包含了哪些内容？从几何角度考虑，结构方案的几何设计要求主要来源于建筑方案。建筑专业关于使用功能与美学的几何设计要求参数既可以是简单的数字，例如建筑高度、平面尺寸等，也可以是复杂的参数化几何形体。从结构设计的角度考虑，工程师对结构方案在荷载与作用下性能所提出的要求一般均可量化。对于特定的建筑方案，上述两者框定了参数化结构方案变化的边界，对最终的结构方案提出了要求。当结构性能要求发生变化时，基于相同算法规则所产生的结构方案也会自然而然发生变化。施加在结构上的荷载也同样会引起生成结构方案的变化。以图1-14中的悬臂梁为例，如果把端部位移作为结构性能的评判指标，基于不同端部位移限值的最优梁截面尺寸是不同的。

结构方案的设计是一个循序渐进的过程。在参数化结构设计中，设计意图参数随着设计进程的推进逐渐变得清晰。在方案设计阶段的初期，结构方案的形状是设计师最优先确定的设计因素。在确定结构形状的过程中，输入的设计意图参数一般仅包括了结构性能要求以及数字化的建筑设计要求。在该阶段结束后，设

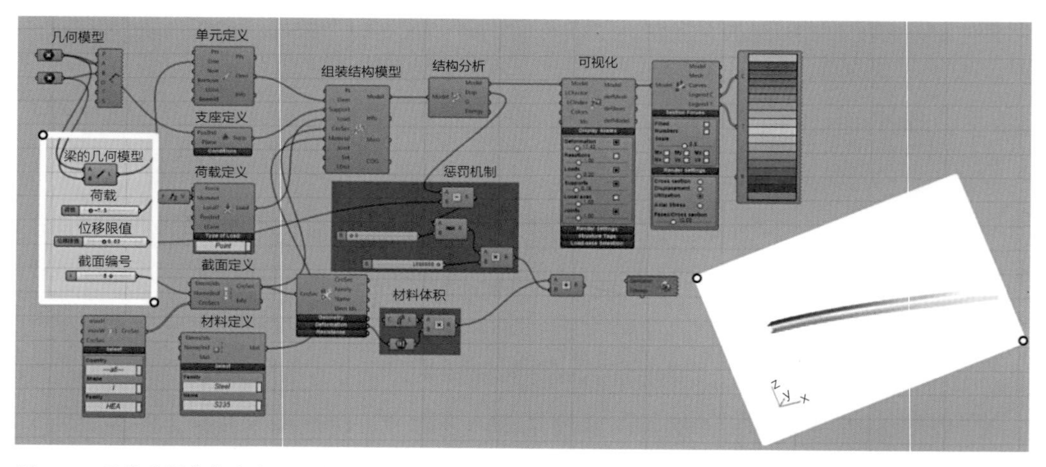

图1-14 以位移限值作为主要设计意图参数的悬臂梁方案

计师可以获得满足设计要求下的形状参数。这些形状参数则会进一步作为已经确定的设计意图参数参与结构体系其他参数的确定，同时结构体系在这些形状参数的要求下产生。同理，构件参数建立在形状参数和体系参数已知的基础上。因此，参数化结构设计的参数确定流程可以用图1-15表示。无论是针对全过程，还是针对每一类设计对象参数的设计过程均体现了参数化设计的基本思想。

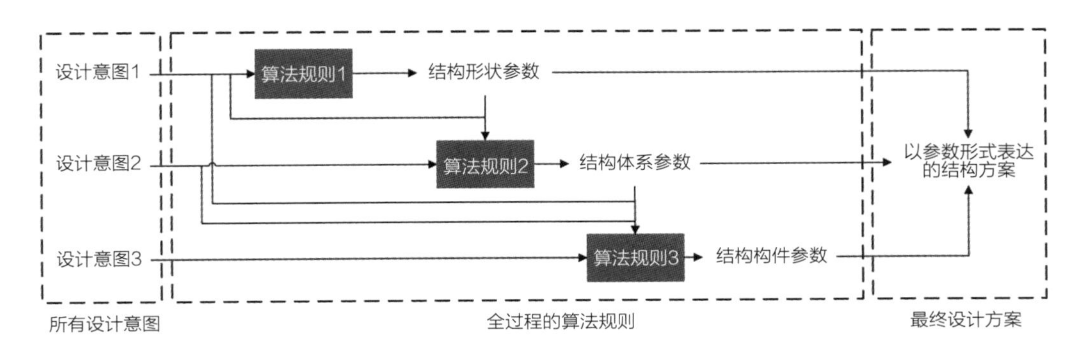

图1-15　参数化结构设计的参数确定流程

形状参数可明确地描述空间中曲面或曲线上各点坐标之间的相对关系。然而，不同的形状具有不同的曲面表达式，每一种形状表达式所能表达的形状都是空间中所存在形状的一个子集。通常情况下，曲面表达式的控制参数越多，表示形状所形成的子集就越大，但是可控性越差。结构体系参数描述了结构内部节点之间的连接关系与具体连接方式。其描述方式既可以针对单一的结构构件，也可以针对由多个结构构件所组成的结构模块。两种不同描述对结构体系变化的影响可见图1-16。

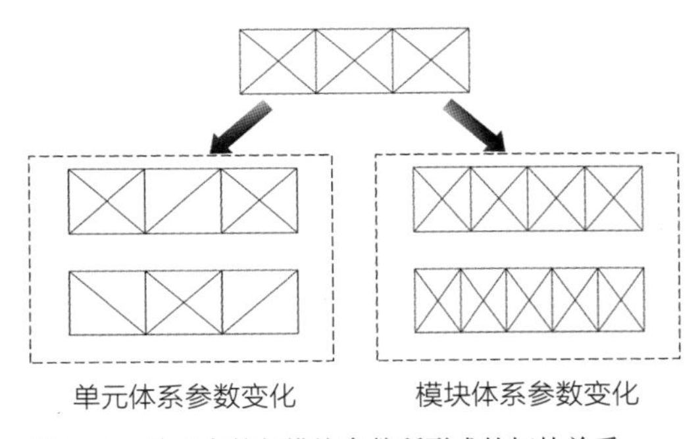

图1-16　单元参数与模块参数所形成的拓扑关系

上述参数化结构设计中的参数仅考虑了单一结构自身的设计要求。城市中各建筑物不可能单独存在，城市规划对其中某一建筑结构提出的设计要求也自然应当作为设计意图参数对生成的结构方案起到约束作用。

1.2 相关交叉学科的角色

参数化结构设计以设计意图参数为出发点，依据特定的算法规则生成结构方案。其中的算法规则是一套涵盖多个交叉学科的生成逻辑。本节就参数化结构设计中几个主要相关交叉学科进行简介。

1.2.1 传统结构优化

结构优化是参数化结构设计过程中引导设计趋向合理化和最优方向的主要手段。优化的概念最早源于数学专业，用于求解函数在其可行域中的极值。力学专业的研究人员在推导相关力学问题的数学方程后，利用数学领域中的优化算法对结构进行优化设计，这也就是结构优化的雏形。建筑结构设计专业是传统力学专业的进一步衍生和发展。由于建筑结构在设计时设计对象种类和规范限制因素数量众多、设计意图复杂，因此原本用于传统力学结构优化中的算法需要进一步地改进与提升后才可应用于建筑结构优化。此外，建筑结构设计具有一定的人文与艺术背景，而传统力学结构优化暂时无法合理地考虑上述问题。总的来说，传统力学结构优化与参数化结构设计中存在以下6点区别（表1–1）。

传统力学结构优化与参数化结构设计的区别　表1–1

区别内容	传统力学结构优化	结构参数化设计
设计对象参数	单元参数为主	单元参数与模块参数
设计意图参数	力学专业要求	结构设计要求 + 已确定的设计对象参数
结构模型的搭建	统一的建模逻辑	多种算法规则的组合
计算核心	结构分析	结构分析与设计
设计方向调整依据	力学原理	设计师设计经验 + 力学理论相结合
方案评估依据	单一专业控制设计	多专业协调设计

由图1–4可知，结构优化仅仅是算法规则的一部分，其主要作用是为参数化结构设计提供方案生成与调整的理论与技术支撑。参数化结构设计关注的不仅仅是结构设计的优化，更多地是所生成的结构方案是否能够满足建筑师和业主感性与理性的需求。当前，许多建筑师与结构工程师已在探索传统力学结构优化在初步方案设计中的应用，如图1–17中上海交响乐团的马鞍形屋面。在设计的中后期阶段，结构优化的关注因素则会从传统力学领域逐渐向建筑结构设计领域转变，如何在现有传

统力学结构优化的基础上发展出更具结构设计背景的优化算法是当前结构优化领域的热门问题。

图1–17　上海交响乐团
[图片来源：https://commons.wikimedia.org/wiki/File:Shanghai_Symphony_Hall_（20170908184127），N509FZ]

1.2.2　结构分析与设计方法

参数化结构设计的前提是结构设计，而结构设计本身需要建立在结构分析的结果之上。结构分析方法主要可以分为图解法和数值分析。在20世纪20年代前，图解静力法是结构工程师进行结构分析的主要手段，如图1–18所示。

随着设计结构复杂程度的日渐提高，大多数设计单位和院校不再使用图解静力法，转而采用数值分析方法。针对不同的荷载类型，结构工程师所采用的数值分析方法也不尽相同。数值风洞是评估不同形状结构方案抗风能力的主要手段之一，结构在罕遇地震下动力响应一般通过复杂的弹塑性动力时程分析得到。结构分析的目的是为了评估结构的性能，而评估结构的性能则是为了对当前方案进行调整与改进设计。

传统的结构设计方法所针对的设计对象往往是形状与结构体系已经确定的结构方案。当结构性能不能满足设计规范的要求时，由设计师对结构构件的参数进行修改。无论是基于位移的设计方法[16]，还是基于能量的设计方法[17]均偏向于后期的结构设计。在参数化结构设计中，传统结构设计方法主要应用于构件参数的确定，这也是该阶段自动化设计的核心。在形状参数和体系参数的确定阶段，结构工程师所关注的主要结构设计要素是结构效率及冗余度（Redundancy）。此时，结构工程师

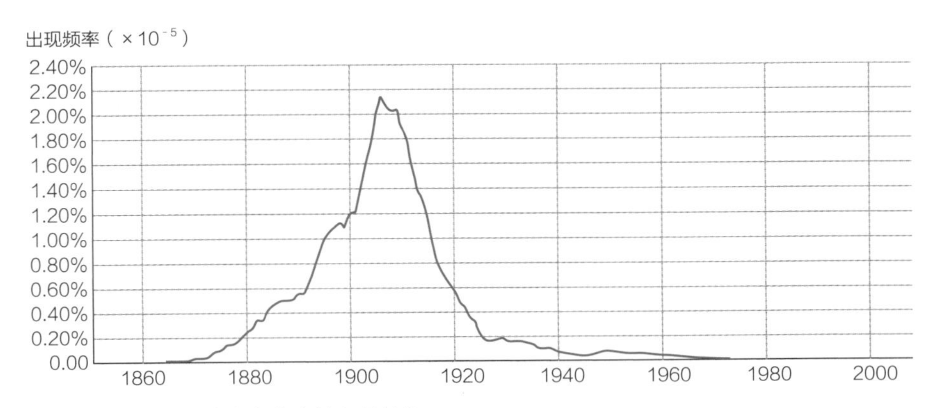

图1–18　“图解静力法”在出版物中的出现频率

不需要完整地执行传统结构设计方法，重点是依据特定的性能指标对方案的相对优劣进行评定。

1.2.3 几何学

几何这个词最早来自于阿拉伯语，指土地的测量，即测地术，后来拉丁语音译为“Geometria”。中文中的“几何”一词，最早出现在明代利玛窦、徐光启合译的《几何原本》[18]中，由徐光启所创。几何学是数学的一个分支，它主要用于处理形状、尺寸、图像的相对位置、空间的性质等问题。当代的几何学主要包括以下几个分支：欧几里得几何、微分几何、拓扑几何、代数几何、凸几何、离散几何等。

图1-19　北京康莱德酒店

在参数化结构设计中，几何学主要用于描述结构方案外在与内在的表现形式，包括结构形状、结构体系和结构构件三类设计对象参数上。这意味着几何学从始至终贯穿于参数化结构设计。参数化结构设计得到的最终方案的结构几何形式将作为信息传递给后续其他专业，进行协同工作。除了几何描述外，几何学也可直接或间接地用于结构分析，典型的代表分别是图解静力法和有限元分析中的网格剖分。过去十余年的参数化建筑设计对几何学在参数化设计中的应用进行了深入的探究，形成了众多极具创意的建筑形式，如图1-19所示的中由MAD建筑事务所设计的北京康莱德酒店。

参数化结构设计的核心是算法规则，而以几何学为基础的结构方案的几何变换逻辑决定了方案的几何设计信息，是参数化结构设计的重点研究内容之一。即使对于相同的算法规则，不同几何设计意图的输入都会产生不同的几何输出结果。图1-20概括性地表示了几何学在参数化结构设计中的参与方式以及参与位置。需

图1-20　参数化结构设计中的几何学

要注意的是：几何变换规则的驱动因素不仅仅是输入的几何要求参数，其他设计要求也会对几何变换规则产生影响，例如对节点几何位置进行优化的结构优化算法，其灵敏度计算不仅涉及结构方案的几何信息，同时也涉及材料属性信息等其他设计因素。

1.2.4 BIM

建筑信息模型（BIM）是建筑的物理和功能特征的数字化表达，从信息流动的角度来看，它又同时是一种建筑的共享知识资源，可用于建筑生命周期中的相关决策。传统建筑设计在很大程度上依赖于二维技术图纸（平面图、立面图、剖面图等），建筑信息建模将其扩展到3D之外，增加了三个主要空间维度（宽度、高度和深度），时间作为第四维度（4D）[19]，成本作为第五维度（5D）[20]。因此，BIM涵盖的不仅仅是几何信息，它还包括空间关系、光分析、地理信息以及建筑构件的数量和属性。BIM中各专业的数字化信息汇集存储并提供给其他相关专业调用。这种共享式的方法支持建筑工程的集成管理环境，可以使建筑工程在其整个进程中显著提高建筑业生产效率、节约成本并保证质量。图1–21为Autodesk公司BIM软件Revit的操作界面。

早期阶段的BIM模型只是单纯地将所有信息转变为数字进行统计、收集与管

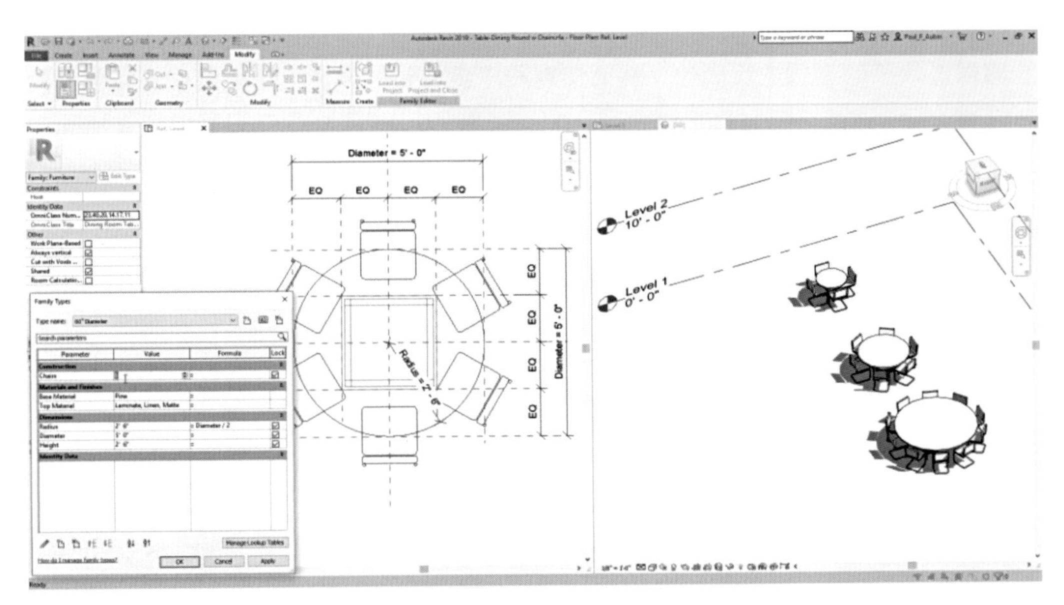

图1–21　Revit操作界面
（图片来源：https://www.autodesk.com/products/revit/features，Autodesk）

理，其重点放在各专业间信息的协调上，并未注重输入参数与设计结果之间的联系，这种方式一般适用于设计的中后期。在技术层面，参数化与BIM并没有冲突，没有参数化建模技术仍然可以实现BIM。然而，基于既定模式的现有BIM框架未能很好地兼容参数化模型，其中输入设计意图参数与输出设计结果之间的多样化对应关系依赖于算法规则中数据流灵活多变的传递、改变方式以及输入参数的选择。在各专业协同工作方面，参数化的模型也进一步要求原本单纯数据信息耦合的BIM模型向着逻辑耦合的方向发展。从系统实现的复杂性、操作的易用性、处理速度的可行性、软硬件技术的支持性等几个角度综合考虑，参数化建模是BIM得以真正成为生产力的不可或缺的基础，而BIM是使得多学科协同参数化设计得以实现的技术保障，两者的结合是必然趋势。目前，Digital Project[21]已经将参数化建模技术与BIM技术相结合，具备较为全面的建模、数据管理和项目管理能力。

1.2.5 人工智能

从能力的角度来看，人工智能是智能机器所执行的与人类智能有关的行为，如判断、推理、证明、识别、感知、理解、通信、设计、思考、规划、学习和问题求解等思维活动。在参数化结构设计中，人工智能的作用主要有以下两点：模拟结构工程师对软件的操作行为和学习设计经验。

在当前计算机时代的背景下，结构方案的建立与修改主要通过相关的软件进行实现。软件是一系列逻辑代码的产物。因此，结构工程师对软件的各种操作行为也能够通过代码的形式进行表达，从而实现程序自动化的操作。当前，许多结构分析软件具备了API接口，设计人员可以通过这些接口对软件进行二次开发，从而实现自定义的特殊功能。图1–22是SAP2000的API接口说明文件，其中包含了常用的材料定义、截面定义、单元定义、工况定义等。

设计经验学习的来源有两种：一是从程序外部直接输入由结构工程师收集并整理好的数据；二是由计算机产生的合理化数据。前文中提到，参数化结构设计的算法规则就像是一个抽象的造型机器，能够针对不同的输入参数产生各式各样的结构方案。这些生成的结构方案集可以被纳入智能设计系统的样本，从而逐渐形成设计优化的经验，为之后其他项目进行快速初步设计打下基础。因此，从设计经验学习的角度来看，人工智能可以说是参数化结构设计在长期发展过程中提升设计能力的一种有效手段。

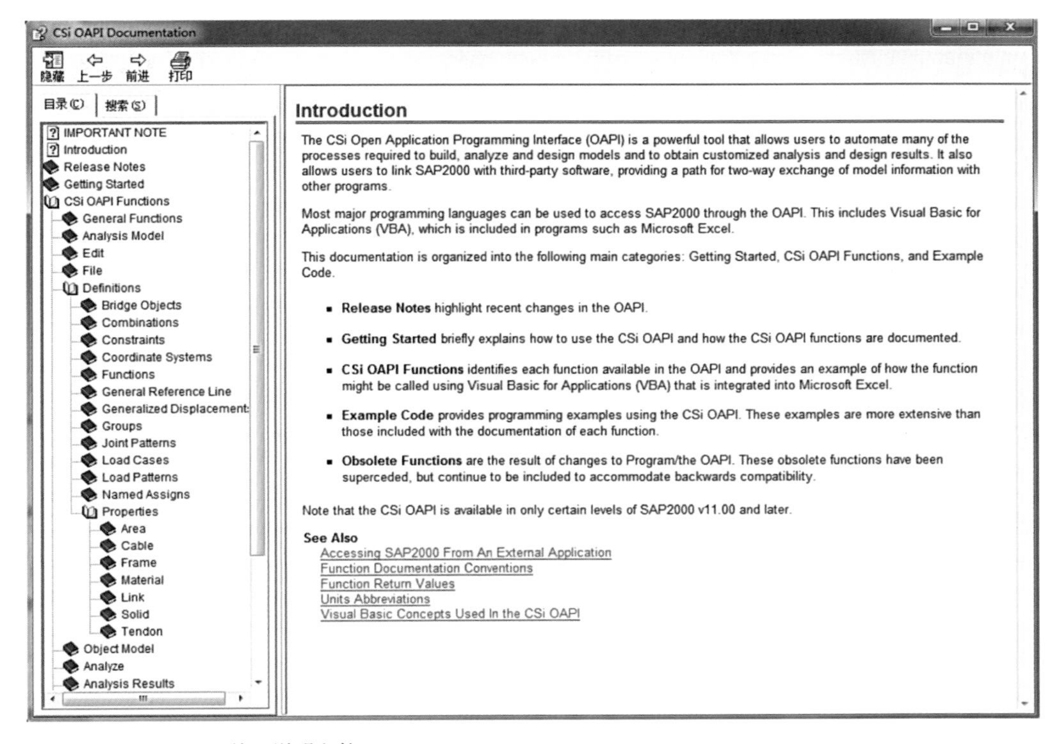

图1-22　SAP2000 API接口说明文件
（图片来源：https://www.csiamerica.com，CSI）

不过，这一学习过程注定是漫长的，因为学习的每一个样本都是一个具体复杂项目的设计结果。考虑到参数化结构设计中存在不同的设计对象参数，设计经验也可以基于这些参数进行获取。由1.1.4节可知，不同的设计对象参数在参数化结构设计过程中具有继承的关系。因此，基于末位设计对象参数的设计经验可以为前一位设计对象参数的设计提供指导，提升智能设计系统对结构方案的评估速度和调整质量，形成一个良性循环，从而形成如图1-23所示的全过程的参数化结构设计。

1.3　参数化设计工具

随着计算机技术的不断发展，越来越多优秀的参数化设计工具不断涌现。它们特色鲜明、知名度高，在国际上处于领先地位，有的偏向于概念设计和方案设计，有的集方案设计和施工图设计于一身。

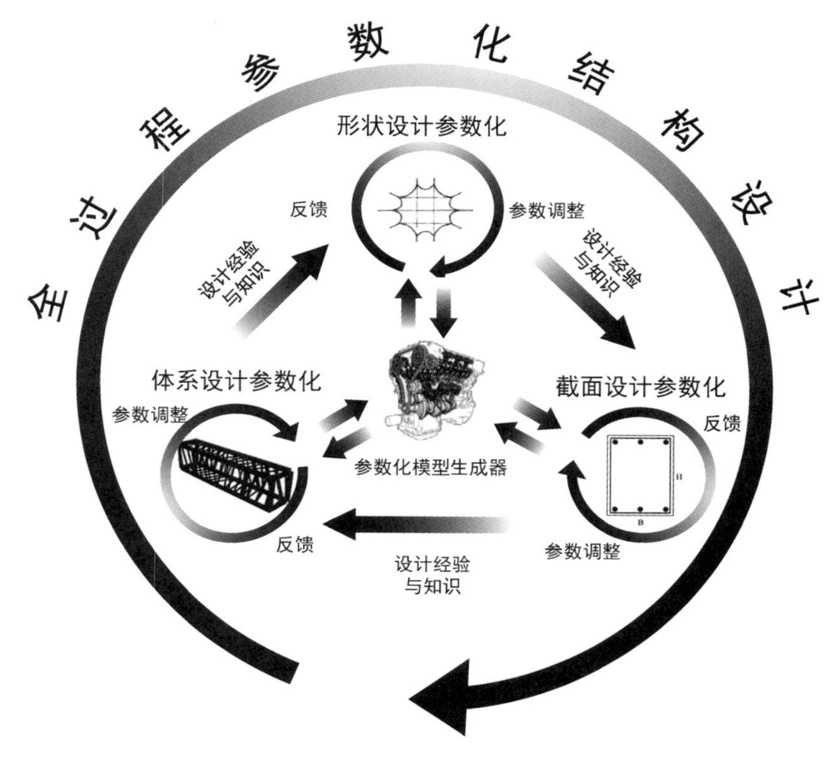

图1–23 全过程的参数化结构设计

1.3.1 Rhino 3D与Grasshopper

Rhinoceros 3D是一套基于NURBS的3D立体模型的专业制作软件，简称Rhino 3D，由位于美国西雅图的Robert McNeelu & Associates（McNeel）公司于1992年开始开发，1998年发售1.0版，目前最新版为Rhino 6[22]。Rhino产品的原始定位是辅助工业产品造型与生产的计算机辅助工业设计（CAID）软件，经过近20年的发展，已经成为一个完善的计算机辅助设计（CAD）软件。Rhino 3D所提供的曲面工具可以精确地制作所有用于彩现、动画、工程图、分析评估以及生产用的模型。Rhino 3D软件已被广泛用于工业设计、游艇设计、珠宝设计、交通工具、玩具与建筑相关等产业。其强大的造型能力和丰富的插件迎合了当今设计师及消费者对于作品和产品个性化和艺术化的要求。

Rhino 3D是一个开放式的3D平台，除了官方自己开发的插件之外，McNeel公司也免费开放SDK开发工具给第三方用于制作Rhino 3D软件的专属插件，目前推出的相关商用插件已超过200套。Rhino也有很强的交互性，可以将图形导入导出至其他现有制图软件。

在建模方面，Rhino 可以创建、编辑、分析、提供、渲染、动画和转换 NURBS 线条、曲面、实体与多边形网格，尤其在创建平滑的自由曲面方面展现出强大的能力，且不受精度、复杂、阶数或是尺寸的限制。它的主要优势包括以下几点：①作为一款基于NUBRS的曲面建模软件，它允许用户不受约束地自由造型；②具有很高的建模精度，可以创建完全符合设计、快速成型、工程、分析和制造所需精度的模型；③具有很高的兼容性，兼容其他设计、制图、CAM、工程、分析、着色、动画以及插画软件；④可以读取与修补难以处理的IGES文档；⑤操作简便，价格实惠；⑥效率高，不需要特别的硬件设备支持，即使在较低配置的计算机上也可以很好地运行。这些特点使Rhino赢得了广大设计师的青睐，确立了其在计算机辅助3D设计领域的重要地位，图1–24为利用Rhino进行建筑外形设计的一个实例。

使用Rhino辅助建筑设计最初源于国外一些建筑院校在建筑教学上的实践，Rhino优秀的曲面造型能力和RhinoScript参数化设计平台对于新建筑形式的表达是一个强有力的软件支持。一些著名的建筑师事务所将Rhino强大的曲面造型能力和Grasshopper[23]的参数化能力运用于建筑设计中。图1–25为Jürgen Mayer H.事务所设

图1–24　利用Rhino进行建筑外形设计
（图片来源：https://www.rhino3d.com/cn/gallery/5/54572，hesamodinjeddi）

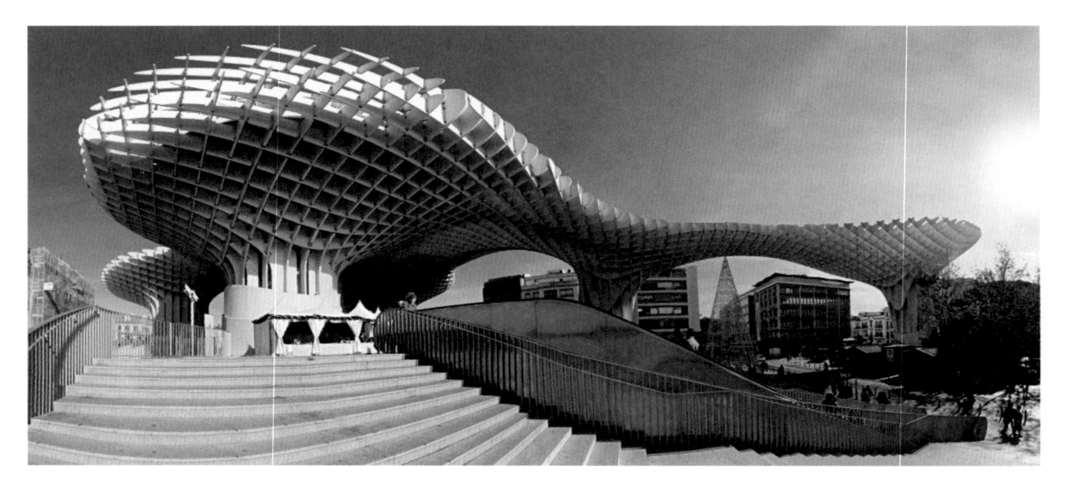

图1-25　Jürgen Mayer H.事务所设计的都市阳伞
（图片来源：https://en.wikipedia.org/wiki/Metropol_Parasol#/media/File:Espacio_Parasol_Sevilla.jpg，Rubendene）

计的都市阳伞，这些弯曲有机的建筑表面相对于传统的规则形状特色更加鲜明，赢得了公众的认可。如今，Rhino在国内建筑设计行业也得到了广泛的应用，国内的一些建筑院校也已经将Rhino引入课程设计当中。

在建筑设计领域刚刚起步的参数化设计，在工业设计领域的应用已经有20余年的历史。早期的建筑参数设计发展碍于当时的参数化软件基于脚本编程的复杂特性，需要非常专业的人员来从事这一工作。自从Rhino中加入了Grasshopper这款直观容易上手的参数化设计插件后，Rhino便逐步成为一个强大的参数化概念设计平台。

Rhino基于非均匀有理B样条（NURBS）的强大建模功能使得其建立的模型既精确又适于工业制造。对于异形化的建筑构件，Rhino生成的模型能够直接交予厂商进行生产而不必重新建模规划尺寸。Rhino同时又为设计者快速修改模型提供了便利，用户可以不受任何限制地自由编辑所想修改的地方，如图1-26可通过改变控制点来改变自由曲面的形状。Rhino本身自带的历史记录工具和参数化插件还能实现某一构件发生改变且其他相关构件随之自动修改的关联式修改。此外，Rhino还具备强大的参数化及扩展平台，尤其是参数化插件Grasshopper[23]的引入使得设计师们摆脱了枯燥繁复的计算机代码限制，开始以一种更直观、友好、互动的方式来进行参数化建筑设计的探索。

图1-27为Grasshopper操作界面，基本组成包括了画布、电池和导线，设计者只需将电池按照一定的逻辑通过导线连接并布置到帆布上，就可以得到想要的参数

图1–26 基于NURBS的曲面

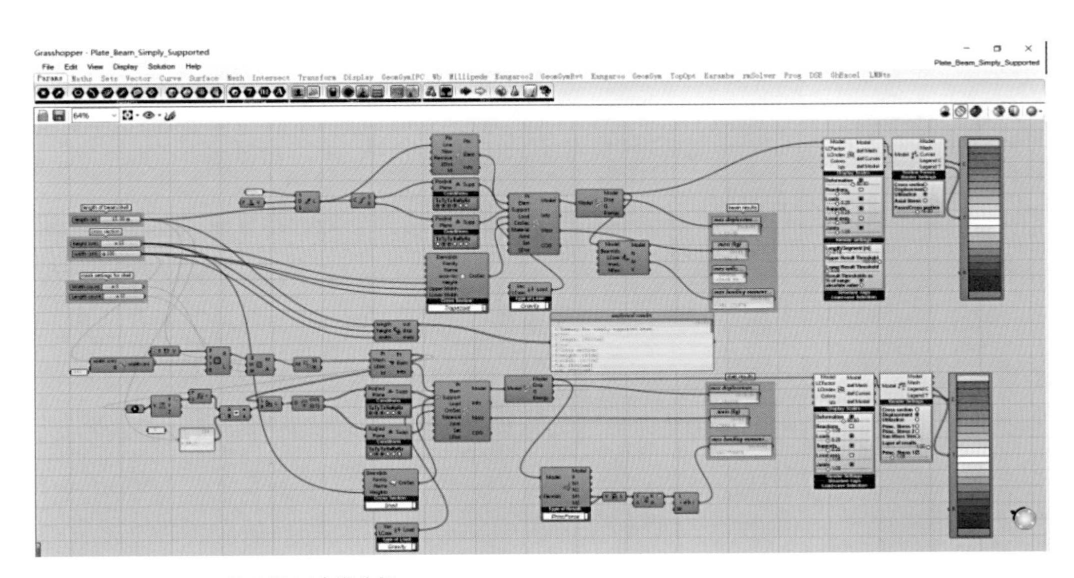

图1–27 Grasshopper简支梁板建模分析

化模型。Grasshopper最显著的特点便是由它所带的功能全面的运算器所提供的节点式可视化编程操作。这些运算器的功能包括数值运算、数组和树状数据操作、各种输入输出操作以及Rhino中各种几何类型的分析、创建和变动等，它们同计算机语言的函数一样，含有带有规则要求的输入项和输出项，运算器件的数值传递由直观的连线所表现，代替了基于代码的繁琐数据传递方式，让使用者能够更加清楚地把握与驾驭自己的复杂设计思维，从而实现自定义的算法。同时，不同于脚本编写后执行的模型，Grasshopper的每一个运算器在识别到有输入项发生变动的时候，都会自动以最新的输入数据再次运行自己内部的程序，形成运行结果的实时展示。基于上述设计方案对输入参数的实时反馈机制，设计人员具备了观察设计参数变化对设计方案影响的能力。通过对不同输入参数情况下的设计方案性能的评估，设计人员可以进一步实现设计方案的比选与优化。Grasshopper所创造的形体在用户操作层面就强调了严谨的数据传递关系，建模的过程与结果中任何一步可能用于生产的数据都能够在Grasshopper中获得，并由此制定出一套完整的用于实施建造的数值依据与优化方案。

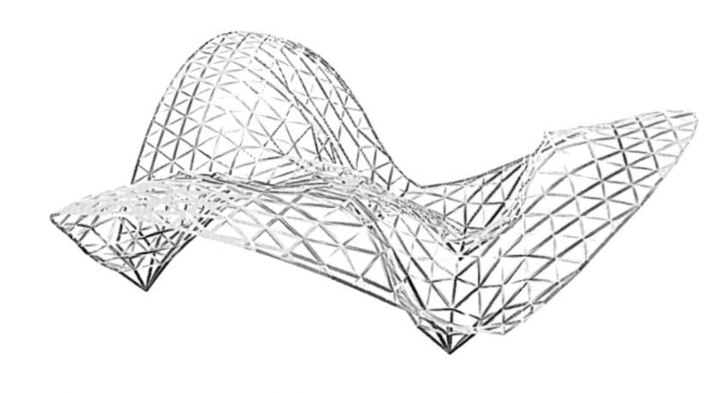

图1-28 Karamba结构分析

Grasshopper极具有开放性，它允许用户利用高级语言进行广泛的插件自定义功能拓展，用户可以开发自己的运算器，满足了用户差异性的需求，加强了各专业的协同工作能力，加快了参数化设计发展的进程。

在结构分析方面，BIM Geometry Gym[24]作为Grasshopper插件能够将建筑模型转化为结构分析模型，并与多个BIM相关的软件实现模型对接。此外，Karamba[25]和Millipede[26]插件能在Grasshopper平台上进行传统结构分析中的材料选择、截面定义等操作，并在后台直接进行结构分析，将分析结果返回至Grasshopper，图1-28为利用Karamba进行结构分析的材料使用率结果。Concha是专用于壳体分析的有限元插件，能够对壳体进行自动剖分，并且对贴合度欠佳的接触面在网格划分时进行修正，然而该插件是以Rhino 3D为基础，尚未设计成Grasshopper插件。ParaStaad插件[27]连接结构设计分析软件StaadPro和Rhinoceros，可进行复杂大型结构的分析。

在找形方面，Block[28]以图解法的扩展——推力网格分析（TNA）为核心开发了RhinoVAULT。该工具基于三维建模软件Rhinoceros，可用于纯受压壳体的找形。Rhino Membrane（图1-29）是IxRay ltd. [29]以更新参考策略（Update Reference Strategy）为核心开发的一款用于张拉结构最小曲面找形的Rhinoceros插件。Kangaroo是由Piker[30]开发的一款基于物理引擎的交互式模拟、找形和约束处理Grasshopper插件。

在实体单元拓扑优化方面，TopOpt[31]（图1-30）是一款基于SIMP方法的Grasshopper插件。目前已具有基于IOS和Android开发的交互式优化应用程序，可进行二维拓扑优化。此外，谢亿民团队于2017年年底正式发布了自主研发的拓扑优化插件“变形虫”（Ameba）[32]，该插件基于双向渐进结构优化法（Bi-directional Evolutionary Structural Optimization, BESO）[33]，通过底层求解器、中间层数据转换、

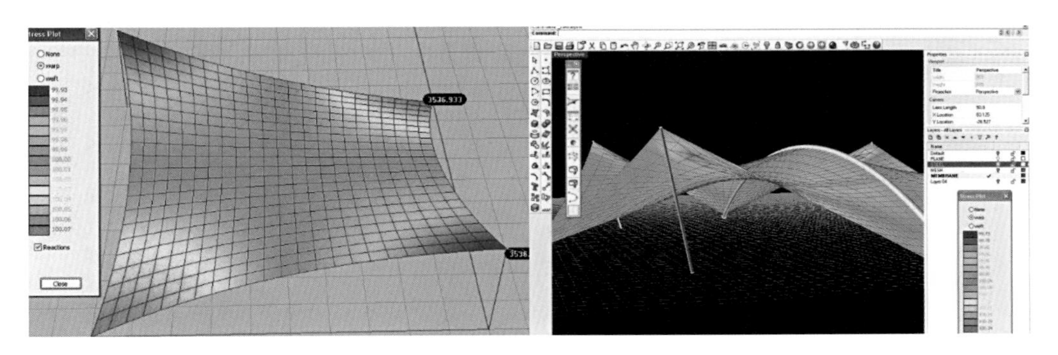

图1-29　Rhino Membrane

图1-30　TopOpt相关插件及某一悬臂梁优化结果

上层用户插件的数据流程和云端计算解决了传统拓扑优化软件不方便使用、计算缓慢、与参数化平台结合程度低等问题。

美国MIT大学数字结构研究组开发的Stormcloud[34]则充分利用参数化设计的特点，可在特定的逻辑下依据既定参数的控制对象进行形状和拓扑优化（图1-31）。其插件本身并不具备结构分析功能，但可借助Karamba进行有限元分析。Opossum[35]与Stormcloud的功能相似，它使用先进的机器学习技术，通过少量功能评估找到最优的解决方案。Opossum的GUI与Galapagos[36]类似，它的专长是在100~300个评估中找到接近最优解的方案，而遗传算法和粒子群通常需要更多的步骤。Opossum有一个结果表格，通过双击表格中的条目，可以回顾之前的优化结果。

此外，Grasshopper平台中也包含了许多数学优化的独立插件，如Galapogos、Goat[37]、Nelder-mead Optimisation[38]、Octopus[39]等，将智能算法引入参数化设计中，提高了整个设计过程的寻优能力。这些集成式参数化工具的迅速发展，也为多

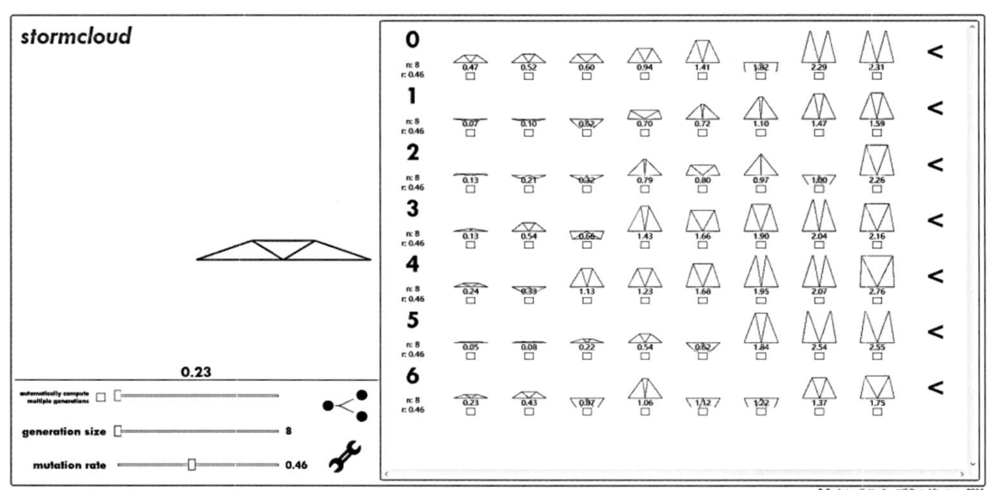

图1-31　Stormcloud

专业协同工作创造了良好的工作环境。

1.3.2　Processing

Processing[40]是一种基于Java的开源编程语言，专门为电子艺术和视觉交互设计而创建。2001年，MIT媒体实验室的Casey Reas和Benjamin Fry发起了此计划，其目标之一便是作为一个有效的工具，通过激励性的可视化反馈以及简化的编程语句帮助非程序员进行编程的入门学习，并在此基础之上表达数字创意。Processing可使用简化的语法和图形编程模型。图1-32为Nóbrega利用Processing编程创作的Possible Structure系列中的一幅艺术作品，作品通过机械臂创作于一张大小为14.8cm × 21cm的纸上，旨在通过编程手段表达其艺术的思想。

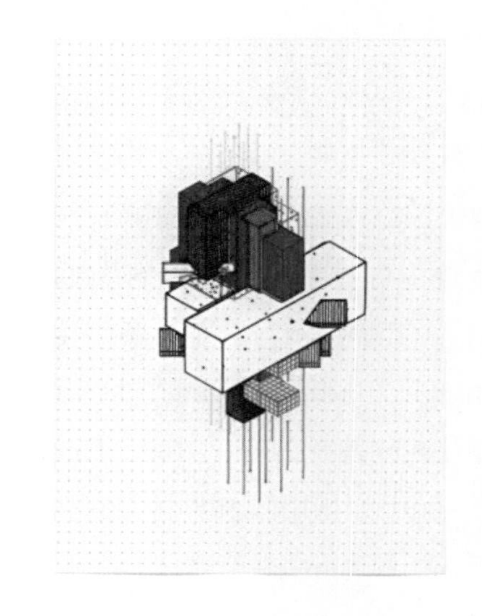

图1-32　利用Processing进行艺术创作
（图片来源：http://superficie.ink/possible-structures/possible-structures-series-drawing-40-fw92l-a4k6b-wfl9k-8mlhl-xf9bw-rnra8，Miguel Nóbrega）

在一些早期语言如BASIC和Logo以及电子艺术的启发下，Processing最初被设计成为一种用于高中以及大学计算机科学教学的编程语言。但Processing与其他编程语言的不同之处在于其编程的目的是为了将其作为一种可视化的交互式的媒体，因此其在Java语言的基础上加入了图形学以及人机交互的元素。在这种动机的推动下，一些从事设计、艺术以及建筑的学生也逐渐加入了该课程的学习并用于设计工作中。一些博物馆，例如旧金山探索博物馆也将该软件用于其展览工作。此外，该软件也被运用于电子以及无线电等领域。

Processing给用户提供了许多可以自由组合的工具，利用这些功能与工具，研究者或者编程人员可以快速获得满意的结果。Processing也包括了100多个函数库的扩展，使得其应用范围也相当广泛，可以涉及声学、计算机视觉、数字建造、建筑设计等多个领域。

Processing相对于其他编程设计软件有着如下几个特点：

1. 开源性

Processing是一个开源软件，用户可以在GitHub上查看其原始代码，也可以根据自身的需求进行功能的扩展并进行分享，开源性使得Processing具有很强的灵活性，在官方以及用户的推动下得以迅速发展与完善。

2. 简单易操作

为了避免复杂的语法给编程初学者造成困难，Processing在一开始就力求简单易学，提供给初学者一个相对友好的编程环境。

3. 社区共享

Processing给用户提供了可以用于学习与资源共享的社区平台，对于那些在学习中所遇到的困难都可以通过社区交流得到及时反馈。

4. 应用性强

Processing不同于一般的编程环境。无论是面向过程的C语言、C++，以及面向对象的Java、C#等，它们都是通用的计算机编程语言，语法也相对复杂。而Processing从一开始就被设计成一种用于辅助设计与教学的编程语言，更多针对于创作而不是简单的运行结果，适用于直接的设计问题。

5. 可视化

Processing的可视化是其一个重要特点。编程人员可以在编程过程中及时通过图像得到反馈以进行调整，而避免进行复杂的调试工作。同时，可视化的功能也使得设计人员不再需要额外的工具就可以通过简单的编程得到想要的设计结果，使编程与设计可以很好的结合。

6. 参数化

由于在编程的过程中，各种参数都可以进行调整，使得设计的灵活性得到大大的加强，这种基于参数的设计也能给设计师提供灵感，创作出超越常规的作品。

在建筑设计领域，Processing也可以给设计师提供设计灵感，作为一个灵活的参数化设计工具，Processing引入了用于绘制以及渲染3D图形的可视化接口程序OpenGL。对于大多数开发环境而言，开发者要调用OpenGL接口中的函数需要储备相当多的知识，而Processing为了便于使用者编程操作而大大简化了这一过程。图1-33为利用Processing编程进行壳体结构数字化找形的一个实例。

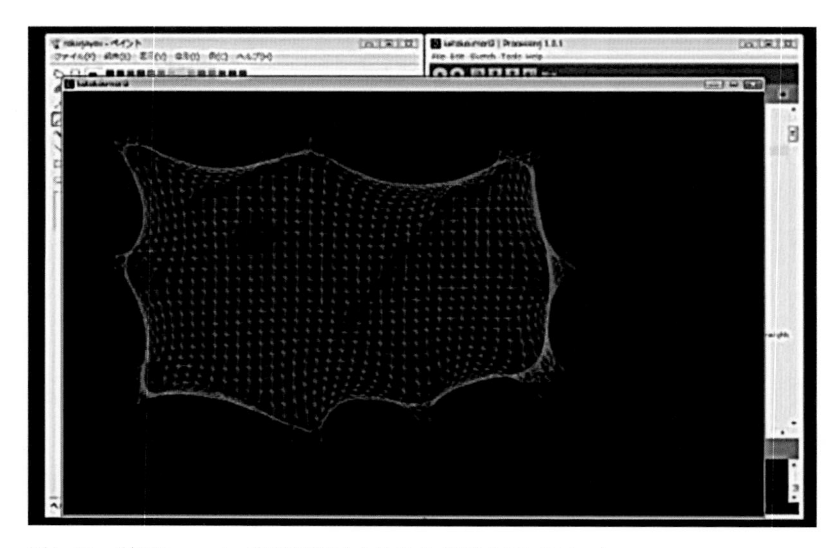

图1-33　利用Processing编程实现动力松弛法找形（Nils Seifert）
（图片来源：https://www.youtube.com/watch?v=fCdy4DuZULI&itct=CA4QpDAYASITCPaKldmjitMCFdRiTgodDvYDeTIHcmVsYXRlZEiSj92y6Y-KqXY%3D&gl=US&hl=en&client=mv-google&app=desktop，kensukehotta）

1.3.3 Revit和Dynamo

Autodesk Revit是一款由Autodesk开发面向建筑师、园艺设计师、结构工程师、MEP工程师等的建筑信息模型软件。它允许用户在3D空间中设计建筑或结构的构件，用2D绘图元素注释模型，并且能够从模型数据库中获得建筑的信息。此外Revit也可以作为一种4D BIM软件来追踪建筑生命周期中各个阶段的状态，为建筑后期的维护甚至是拆除工作提供方便。

最初这一软件的设计意图在于使建筑师和相关专业设计人员以三维参数化模型的形式设计和储存建筑的相关几何、非几何以及建造施工信息，这也就是如今广泛推广和使用的建筑信息模型（BIM）。在当时，已有诸如ArchiCAD等软件允许用户在三维环境下构建虚拟模型，并且可以通过调整参数来改变相关的单元。Revit与ArchiCAD等其他参数化软件的不同之处主要在于两点：一是其参数化是通过“族编辑器”而不是编程语言来实现的。所谓“族”是Revit中构件的分类方式，众多的构件分属于不同的族，用户也可以定义自己的族，通过在“族编辑器”中修改参数得到不同属性的构件；二是建筑中组件、视角、标注等元素都是相互关联的。一旦一个单元或元素改变，相应的元素都会自动进行更新以保证模型整体性。而所谓参数化建模之所以区别于一般的建模方式，也在于其改变参数时整个模型以及相关联的信息都会发生改变，而不是单一的构件或元素发生改变。这种思路既提高了工作效率，利于设计者从解空间中选择适合设计及工程需要的结果，又保证了模型的准确性。

Dynamo[41]则是由Autodesk公司于2011年推出一种用于支持Revit及Maya等软件进行分析设计的插件，2015年又推出了可独立运行的版本。Dynamo和Grasshopper有着许多相同的属性，它们均为可视化编程插件，用来协助建模软件进行参数化建

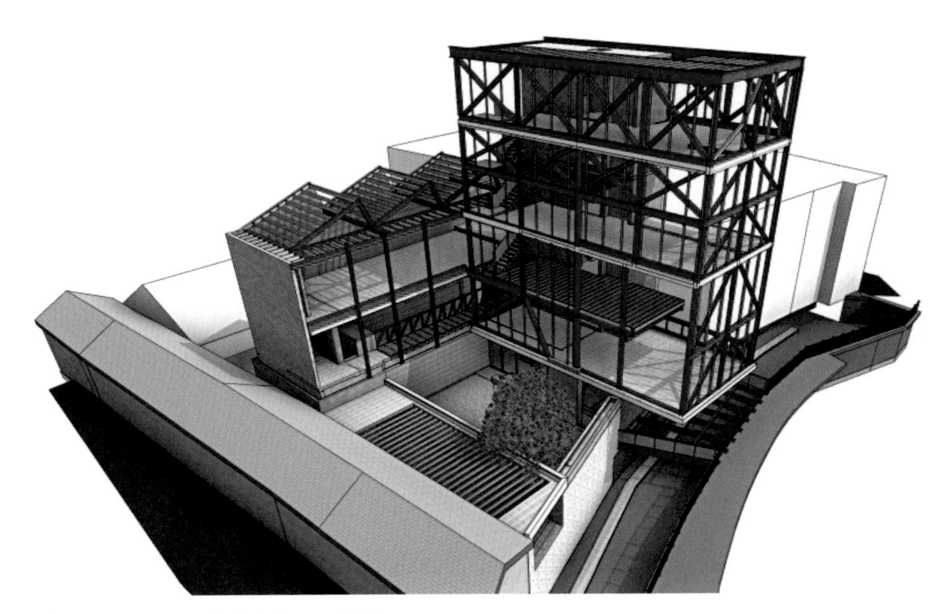

图1-34　West Cork艺术中心Revit模型
（图片来源：https://www.engineersireland.ie/EngineersIreland/media/SiteMedia/groups/Divisions/structures/2-CORA-BIM-Presentation-at-IEI-April-2012.pdf?ext=.pdf，John Casey）

模，并扩展其分析计算等功能。它们都有着广泛的使用者，网络上都有着强大的开发者社区，开发者在社区中分享各种功能性插件，这也使得它们得以快速的发展并应用于广泛的领域。设计者可以构建逻辑来自动化工作流，在解集中找到最优解，设计过程中各个部分之间的视觉、系统或者几何关系全部由工作流开发，这些工作流按照一定的规则，即可将输入转化为结果。这一过程从表面上来看，就是将算法进行打包，数据通过电线传播为节点提供输入，经过算法处理成新形式的输出数据，并得到可视化的结果。Dynamo具有如下功能与特点：

1. 轻量可视化脚本

Dynamo作为一种可视化的编程工具，既可以作为一款独立的软件运行（Dynamo Studio）（图1-35），也可以作为Revit或Maya等软件的参数化插件（Dynamo Interface）运行（图1-36），同时，还可以作为一款轻量化计算设计脚本协同其他软件共同工作。这一特点使得Dynamo可以在多种工作环境下轻便高效地处理各种问题，使设计师和架构师在设计中更加灵活。它允许用户操作数据，雕刻几何体，探索设计选项，自动化设计流程等。利用Dynamo，设计师可以创建符合规则和逻辑的模型，利用其自身的可视化能力，设计师能够得到及时的反馈，大大增加了设计师对于结果的监控与调整能力，提高了设计过程的效率。

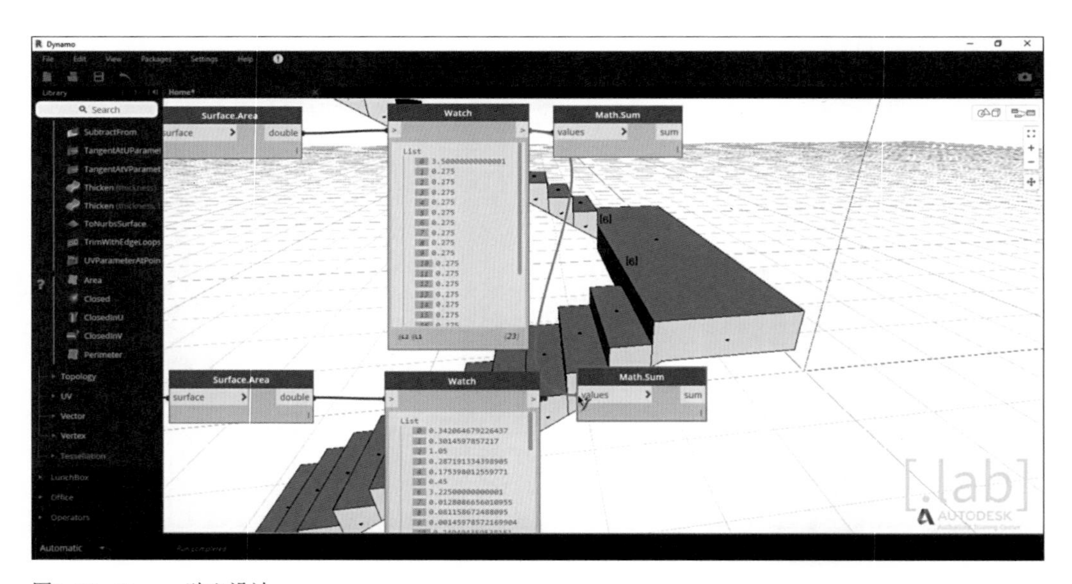

图1-35　Dynamo独立设计

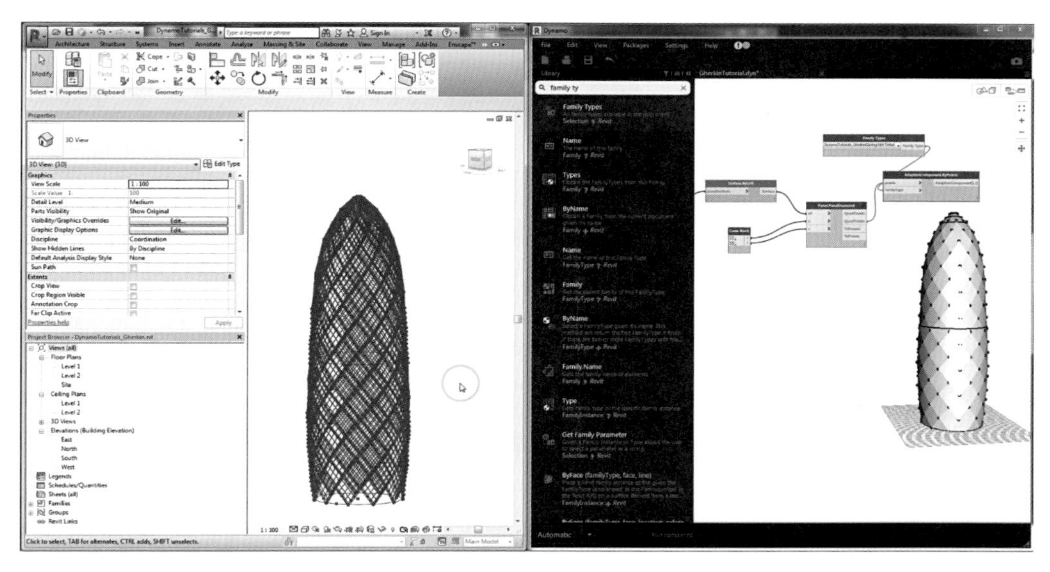

图1-36　Dynamo协同Revit进行设计

2. 可扩展性

Dynamo具有强大的拓展功能，用户可以根据自身的需求运用Python语言对Dynamo的功能进行扩展，也可以直接引入dll文件来创造节点。此外，在Dynamo的用户及代码分享社区中，用户及官方会提供各种用于功能拓展的插件供用户使用和交流。

3. 数据管理与关联软件

利用Dynamo，使用者可以实现将其在Rhino/Grasshopper中建立的曲面转换为Revit中的建筑信息模型、进行结构分析、导出数据至Microsoft Excel或其他软件、扩展Revit的功能等。

4. 对比Grasshopper

同样作为可视化编程工具，Dynamo相对于Grasshopper在数据处理方面更胜一筹，但在建立相对复杂的几何模型时，由于其几何处理引擎的相对落后，生成几何模型的时间相对更长。

总的来说，Dynamo主要可以用来执行两种任务：一个是通过参数化关系创造几何模型；二是从外部数据库读取和编辑模型。它的这一特点也使其能够和Revit等软件相互配合完成工作，Dynamo可以通过Revit API从Revit数据库中读取和重新写入数据，数据可以是参数值、原始几何、原始位置等。实际上Autodesk公司最初开发Dynamo也是为了扩展Revit的可视化编程设计功能来替代传统的文本输出型软件。

这种可视化编程软件可以帮助那些不是非常熟悉.NET框架下编程语言如VB、C#、C++的使用者同样利用编程逻辑进行设计与分析，同时对于那些有编程基础的设计工作者，可以节省大量的编程时间，并可以根据自身的需要进行二次开发，大大缩短了设计周期。

Dynamo本身给使用者提供了一个工具库，使用者也可以在此基础上利用外部库或任何具有API的Autodesk产品工具进行二次开发，在Github上也有大量的开源代码供使用者扩展自己的内容。此外，Dynamo作为一款参数化软件为使用者在短时间内进行测试、迭代、研究多种设计方案提供了可能，使用者可以在没有大量编程知识的情况下解决复杂的几何设计问题，通过可视化界面全面理解设计中的系统相互关系并从初始阶段进行风险的衡量与控制。Dynamo允许使用者通过少量的数据，通过逻辑和分析得到相当复杂的几何形体。同时，Dynamo可以用来创造或编辑BIM模型中的族或类，协助设计师进行诸如能源、结构、建筑外形等方面的工作。

1.3.4 Digital Project

Digital Project（DP）是一款基于Catia的计算机辅助设计软件，起初Catia主要应用于航空以及汽车设计领域，后来一些大型建筑设计公司的介入使得该软件的应用延伸到了建筑领域。DP在这种背景下由Frank Gehry建筑旗下的Gehry科技研发出来。该软件最初在对CATIA改进时引入了一种新的适用于建筑工程的可视化界面，该软件在建筑设计领域最为知名的应用当属古根海姆博物馆（Guggenheim Museum Bilbao），它以奇美的造型、特异的结构和崭新的材料博得了世界的瞩目（图1–37）。不同于一般的CAD软件，DP能够直接在设计过程中将信息传递给使用者，大大提高了工作效率，在这一点上类似于其他BIM软件如ArchiCAD及Revit。其与Revit的主要不同点在于Revit在设计过程中将每一个特定的建筑视为独立的实体并储存其相应的特征，如钢梁所有的几何、结构以及可视化特征，而DP只是识别钢梁在空间中的点，存储的信息将大为减少，这也使得几何形状可以变得更加复杂。另外一个好处在于其绘制平面图的方便性要强于一般的BIM软件。

由于建立在强大的CATIA软件基础之上，并整合了Gehry科技十几年的经验，DP具有大规模数据管理能力，可以进行建筑创作、多专业协同设计、施工管理，支持复杂集合形式建模，并且具有业界最强大的参数化和自动化功能。DP将这些功能集成在一起，为世界上最复杂建筑形式的建造和基础设施项目提供了解决方

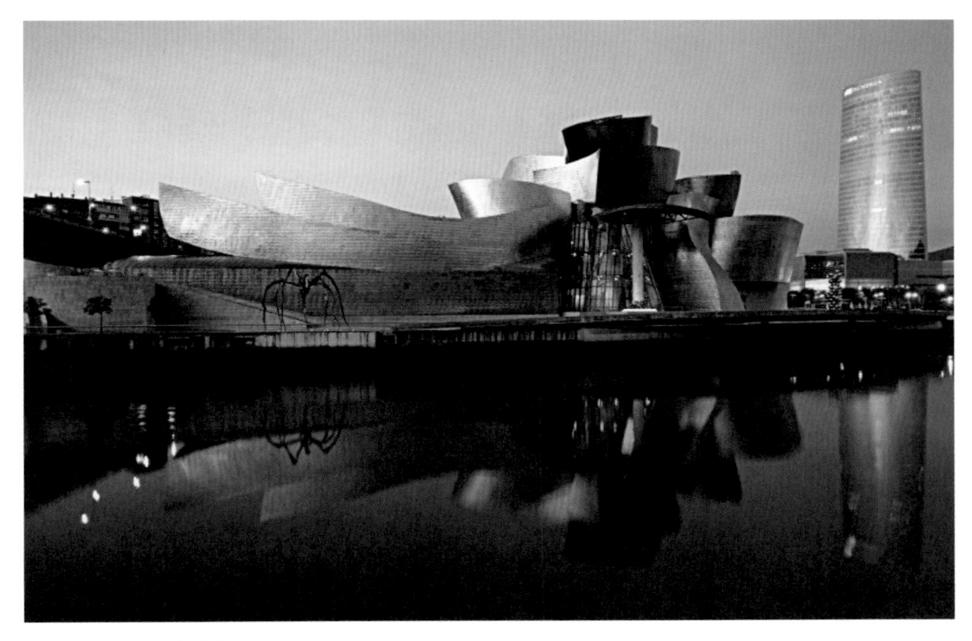

图1-37　古根海姆博物馆
（图片来源：https://en.wikipedia.org/wiki/Guggenheim_Museum_Bilbao#/media/File:Bilbao_-_Guggenheim_aurore.jpg，PA）

案。DP具有以下特点：

1. 先进的几何建模能力

DP可以用于自由曲面建模，对于相对复杂的BIM或CAD模型，DP具有明显的优势，DP给用户提供了包括面、线框、实体等多种模型的选择，也允许用户进行3D标注，适用于大多数工程的需要。

2. 知识驱动建模

智能参数化族能够很好地进行局部处理，并自动化模型的生成、优化、反馈，几何信息通过参数关联，根据各种参数和需求模式进行建模或基于建造建模，其中可以设置各种不同约束的参数，也可基于优化和先进的知识建模。

3. 无限制扩展

允许用户创建城市规模的模型，同时也可以涉及建造细节、方向等局部尺度上信息的创建与访问。

4. 交互性

可以创建和管理建筑、结构及BIM资料，允许用户方便地从其他软件获取数据或传递数据，支持Excel数据传递，支持DWG、DXF、IFC、CIS/2、SDNF、IGES、STEP等多种格式，充分发挥协同工作能力。此外，也可以进行实时逼真的可视化模拟，进行4D模拟，并且具备与项目管理软件Primavera和MS Project的交互功能。

5. 信息管理

管理建筑结构的信息，进行准确的数字取样和检测，包括建筑构件属性、项目管理数据、成本及预算的控制、专案管理数据整合、数据表或Excel表生成。

6. 图纸生成

能够从三维模型自动提取二维图纸，并且在团队协作中能够进行交互式图纸生成。

DP主要的主要产品包括了Designer，Manager以及一些延伸产品。Designer配备有高性能的3D及BIM建模引擎用于建筑设计、结构设计及施工，其中涉及参数化表面生成、先进的实体模型生成、知识驱动的自动化生成技术、项目组织、工业转换、Excel数据双向传递等功能。Designer给用户提供了一系列延伸工具来建立和管理建筑信息，这种信息可以从方案设计阶段一直延伸至施工阶段。此外，Designer也支持2D图纸的生成、造价评估等功能。Designer给用户提供了诸多的便利，其中主要包括全3D环境、高品质几何模型、完整的施工安排信息、强大的交互性等。值得一提的是，使用者可以在Designer中进行参数化的三维自由曲面（NURBS）和实体建模，能够进行基于线框的建模以及实体曲面混合建模。

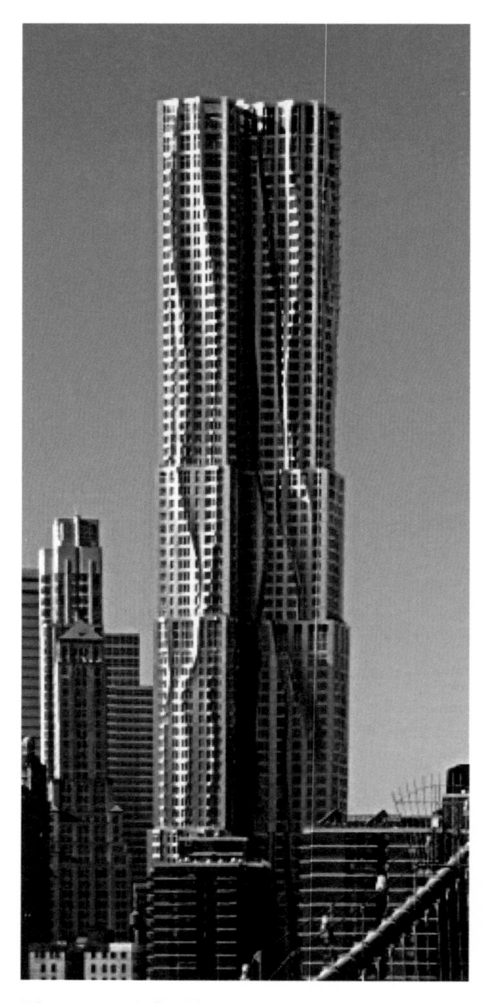

图1-38　云山街8号

（图片来源：https://en.wikipedia.org/wiki/Guggenheim_Museum_Bilbao#/media/File:Bilbao_-_Guggenheim_aurore.jpg，Jim.henderson）

Manager是DP中用于项目监管、信息管理轻量化、易操作的管理平台。它提供用于项目管理中的监视3D模型、测量和注释、工程量估算、4D建模、进度规划、项目合作等方面的支持。Manager支持全工程属性编辑，为获取工程数据库和工程质量控制检查提供了相关的工具。同时，Manager也为现场活动提供支持，它可以从工程数据库中调取关键信息用于现场作业。总之，Manager是面向工程管理者、造价评估者、工程建设者等的工程管理软件，用于实时提供项目的信息以帮助决策。除Designer和Manager外，DP另外还有一些专门的附加产品支持各种专业工作，形成完整的产品组合。

延伸产品允许用户扩展Viewer和Manager的功能。其中包括了机械、电器、管道线路、细分表面模型、模型优化、云端点导入/导出、透视及渲染等。

建筑师使用DP主要集中在两个阶段：一个是设计前期阶段的方案推敲，另一个是后期与各工种配合进行的施工图设计；对于前一个阶段，DP 更像是一个性能优越、全面的参数化软件，主要流程与其他参数化软件类似，通过树形数据结构对关键控制参数进行管理，控制方案的几何形体。DP系统层级清晰的几何系统能够很好地帮助建筑师定义建筑几何形式的关系，实现复杂几何形式的建模。相比之下，其数据结构形式与模型组装方式固化，在进行方案设计时不如Grasshopper灵活。施工图阶段的应用是DP性能体现最全面的阶段。在这个阶段，建筑师可以通过DP对建筑各个系统进行综合建模和信息管理，便于系统化集成和纠错优化。目前，在世界各国，已有许多标志性建筑是利用DP而设计、评估和建造的，如图1–38中的云山街8号。此外，强大的参数化建模能力以及建筑信息管理能力在世贸中心遗址、北京奥林匹克中心、林肯表演艺术中心和哈利法塔等著名建筑的设计中均得到了良好的推广与应用。

CHAP

2

PTER

第 2 章

参数化建筑设计与参数化结构设计

参数化技术在建筑行业中最先被应用于建筑设计，它将建筑师传统基于感性的设计思想逐渐转变为基于逻辑的设计思想。参数化建筑设计与参数化结构设计在继承传统建筑设计与结构设计之间相互关系的同时也将这种相互作用关系与参数化设计思想相结合，形成了一套基于参数的互动设计模式。本章在对参数化建筑设计进行概述后，对参数化建筑设计中的找形算法进行介绍，而后辨析参数化建筑设计与参数化结构设计中关键要素的异同，最后讨论参数化设计中基于参数的互动设计模式。

2.1 参数化建筑设计概述

参数化建筑这个术语的概念和使用出现在计算机普及之前，源于意大利建筑师Moretti在20世纪40年代创造的词汇“Architettura Parametrica”。Moretti在没有电脑的情况下对建筑设计和参数方程之间的关系进行了研究。当今参数化建筑设计与Moretti所提出的概念在本质上是一致的。英国建筑联盟的Schumacher[42]于2008年提出了“参数化主义”。他指出，参数化主义不是一种设计工具，而是后现代主义之后的另一种全新的建筑风格，并从五个方面（子系统间的系统关联性、参数化加强、参数化成形、参数化响应、参数化城市主义）出发推动参数化主义的发展。本章将从非线性建筑设计理论基础、参数化设计与非线性建筑、参数化建筑设计的关键环节和参数化建筑设计的发展现状四个角度对参数化建筑设计进行概括性地介绍。

2.1.1 非线性建筑设计理论基础

1. 德勒兹哲学思想

德勒兹是法国伟大的后现代哲学家，他所提出的褶子、平滑、生成等概念对非线性建筑的发展有着重要的影响。褶子思想是德勒兹通过巴洛克风格的启示，对莱布尼茨单子理论创造性阅读及诠释而创造出来的哲学概念。矫苏平等[43]将褶子理论概括为：褶子是世界的组构微粒或基元，与世界相互折叠包裹，世界上万物存在、相互作用与发展时各种褶子相互折叠的过程，即打褶与展开褶子的交互过程。韩桂玲[44]认为，“褶子”是指宇宙万物的固有本性与内在本原，它具有创生性、延异性、变异性、多样性和过程性；它是宇宙万物产生和发展的根本性动力；没有褶子和引发褶子的背后力量，即折叠、褶皱、弯曲、叠加、累积、重复和建构，就没有眼下的全部宇宙。李云强[45]则进一步将褶子理论的基本观点总结为“褶子与世界的交

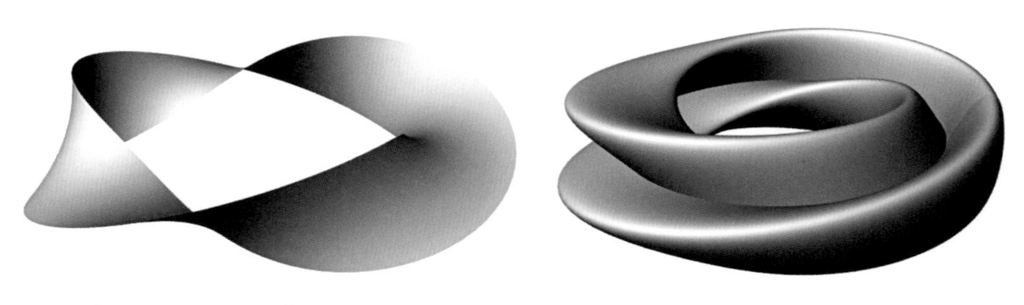

图2-1　莫比乌斯环和克莱因曲面

互”“时间与空间的迭合”以及“界限的模糊转化”。图2-1是体现“褶子”思想的典型空间构成：莫比乌斯环和克莱因曲面。

平滑代表的是“游牧空间（Nomadic Space）”，这是一种无中心、无限制、无边界的开放空间形式，运动是自由的，可以在任意点之间进行。这种平滑的空间形式则与建筑师们所追求的具有流动性的空间形式十分相似。在这种建筑中，不同的空间平滑衔接，室内空间与室外空间、主体空间与非主体空间之间的界限变得模糊，这也使得建筑空间从传统趋同性重复转变为差异性重复[46]。

在德勒兹的哲学观念里，生成是事件的根本属性。生成概念强调的是事件的运动状态。引申到建筑学上，其意义是将作为“结果”的建筑转化为作为“过程”的建筑，将寻求确定解答的设计过程转化为寻求开放系统的设计过程[47]。这种自下而上强调过程的设计方法与自然界中生命有机发展的过程相对应，得到的建筑方案应该是其功能、结构、材料等因素共同作用的结果。

2. 复杂系统与非线性科学

简单性原则是现代科学发展的一种范式。简而言之，它是指“在科学研究中应以尽可能少的互相独立的初始假设为基础，通过逻辑上的演绎，去解释尽可能多的经验事实”[48]。将经典科学对事物的解释原则可以总结为简单性原则，因为在简单性原则指导下的经典科学认为纷繁复杂的世界万物的表象之下隐藏的是简单的规律。经典科学在此思维范式影响下的研究往往也是用尽可能简单的语言或公式对复杂事物加以描述，并将其作为研究的目的或成果。而这些被总结的语言或公式通过推演和展开又可以对更多的复杂现象进行解释和描述。

建筑设计也受到简单性思维的影响。建筑师往往对不同功能的建筑进行分类，并依据一套功能排布或是流线设计的模板来设计某一类型的建筑。这样一来，复杂的建筑问题往往就被简单化。或许是因为经济及技术条件的限制，这确实是最实际、经济的解决问题方式，但如若摆脱当前建造技术等实际因素的限制，仅在计算机模拟的情况下，这种在简单性思维主导下解决复杂问题的方法是否是最佳的解决方案？汪坦[49]在《建筑的复杂性与矛盾性》一书中就直接指出了现代主义对于建筑复杂性问题认识的不足，希望引发建筑师对建筑复杂性问题的探讨。

复杂性科学不是一门具体的学科，而是分散在许多学科中，是学科互涉的。它力图打破传统学科之间互不来往的界限，寻找各学科之间的相互联系、相互合作的统一机制。非线性建筑概念的产生源自对建筑复杂性问题的探讨。复杂性科学中的涌现理论、混沌理论、分形几何理论等均对建筑设计产生了深远的影响。涌现（Emergent Properties）是一个复杂系统中由子系统之间简单的互动所造成的复杂现象，此为复杂系统重要特征之一。在具备涌现性质的复杂系统中，子系统之间通过非线性的相互作用构成整体，从而使得这个整体呈现出了子系统所不具备的新属性。大自然中鱼群、鸟群、蚂蚁群等均表现出了上述复杂性的特征（图2-2）。建筑设计是受各种影响因素共同作用的非线性动态过程，就像是涌现理论所描述的复杂系统对象那样，而设计成果也应当是各种影响设计的参数相互动态作用所形成的具

图2-2　大自然中的“涌现”现象
（图片来源：https://commons.wikimedia.org/wiki/File:Auklet_flock_Shumagins_1986.jpg，D. Dibenski；
https://commons.wikimedia.org/wiki/File:School_of_Pterocaesio_chrysozona_in_Papua_New_Guinea_1.jpg，Brocken Inaglory；
https://commons.wikimedia.org/wiki/File:Safari_ants.jpg，Mehmet Karatay；
https://commons.wikimedia.org/wiki/File:Border_Collie_sheepdog_trial.jpg，Scot Campbell）

有流动性的非线性建构形态[50]。

Lorenz[51]依据“蝴蝶效应”提出了著名的混沌理论（Chaos）。混沌理论也在过去几十年的发展过程中逐渐完善为一种兼具质性思考与量化分析的理论，用以探讨动态系统中无法用单一的数据关系，而必须用整体、连续的数据关系才能加以解释并预测的行为。如果将建筑也视为一个动态的系统，那么在混沌理论观念下，建筑的产生也应是受到各种因素的作用，逐步从无序到有序的自发生长过程。

图2-3　各种各样形状的雪花
（图片来源：https://commons.wikimedia.org/wiki/File:SnowflakesWilson Bentley.jpg，Wilson Bentley）

Mandelbrol[52]在《大自然的分形几何学》里提到：“为什么几何学常常被说成是‘冷酷无情’和‘枯燥乏味’的？原因之一在于它无力描写云彩、山岭、海岸线或者树木复杂的形状。”图2–3中各种各样形状的雪花就难以用欧几里得几何的语言进行描述。他认为正是由于这些图形的存在，才激励着人们去探索那些被认为是“无形可言”的形状。Mandelbrol短短的几句话道出了传统欧几里得几何学在描述大自然的复杂形态时的苍白无力，而他开创的分形几何学为自然界中许许多多的复杂形态找到了合适的描述方法。建筑设计者分形的应用由来已久，在中西方的建筑发展过程中，都有其代表作品，例如图2–4中文艺复兴时期的玫瑰花窗和中国南宋时期重建的六和塔。

2.1.2　参数化设计与非线性建筑

传统的建筑设计倚重灵感和经验。建筑师使用草图或模型具象化自己脑海中的建筑方案，并在形象思维和草图的帮助下绘制出建筑方案，然后根据实际场地条件、环境条件等利用个人的直觉调整模型或重绘草图，不断完善自己的设计方案来获得最合理的建筑方案。这种“自上而下”的设计方式容易赋予建筑以莫须有的内涵，陷入形式主义的误区。

非线性建筑是一种思潮，是对建筑全新的阐释与理解；参数化设计是一种设计手段，是计算机技术发展的产物。非线性建筑建立在复杂性科学理论对建筑的认识

（a）玫瑰花窗

（b）六和塔

图2-4　玫瑰花窗和六和塔
（图片来源：https://commons.wikimedia.org/wiki/File:Strasburg_muenster_rosette_westfassade.jpg，Sansculotte；https://commons.wikimedia.org/wiki/File:Liuhe_Pagoda_2016_January.jpg，Morio）

上，认为在地形、风景、气候、文化传统、经济条件、建造手段等各类因素影响下的建筑应该以一种非线性的形式存在，并呈现出一种动态的、不确定的、多样化的特性。参数化设计同样也认为建筑是复杂的，复杂的算法规则暗含了建筑系统内部组件之间复杂的拓扑关系。其通过对各类影响因素的分析和参数的调控动态生成不同的建筑形态，同样呈现出一种动态的特性，突显了设计过程的重要性，体现一种“自下而上”的设计理念。

此外，参数化设计与非线性建筑相互促进对方的发展。非线性建筑理论所认为的建筑是各种因素影响之下的一种存在，这是一种动态的、较少人为干预的存在。因此这样的存在形式往往是人们难以想象的，更加难以设计，只能通过计算机技术去模拟出一个抽象的结果，作为设计参考。参数化技术则为上述复杂的生成过程提供了一条可行之径，让非线性建筑不再停留在理论层面，利用计算机模拟非线性建筑的生成逻辑，并最终生成模型，辅助非线性建筑的设计与建造，而这是难以通过建筑师传统的工作方法完成的。非线性建筑的实现需求在一定程度上推动了参数化设计在建筑领域内的应用。与此同时，在参数化建筑设计中，建筑不再是建筑构件或建筑单元的简单群聚，而是逻辑思维和理性分析的结果。由于各参数的影响复杂，最终的建筑形体也必然具有复杂非线性。

除了深入设计层面为设计师提供方案的灵感与启示外，参数化建筑设计的另一种倾向是将其视为一种优化设计过程，以更加合理和便利的方式处理在传统建筑设计方法中存在的复杂问题。这种参数化设计的倾向主要对设计概念的生成进行辅助，对已经成形的设计雏形做进一步修缮处理，日照作用下建筑表皮的优化设计以及遮阳构件的优化设计均属于上述范畴[53, 54]。图2-5为广州市某建筑项目中以自然光环境的优化为目标，利用参数化技术得到的最优侧窗遮阳构件设计方案及其相关参数标定[55]。

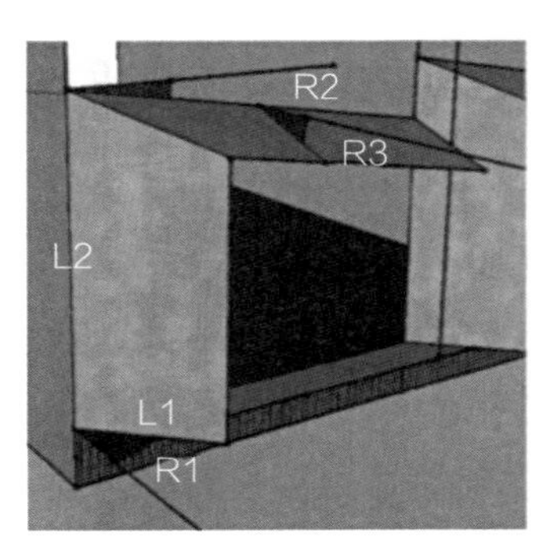

图2-5　最优侧窗遮阳构件设计方案及其相关参数标定[55]

2.1.3　参数化建筑设计的关键环节

为实现参数化建筑设计，徐卫国[56]将参数化设计的基本思想进一步细化，总结了参数化设计用于建筑方案生成过程中的六个关键环节，分别是设计要求信息的数字化、设计参数关系的建立、计算机软件参数模型的建立、设计雏形的进化、最终设计形体的参数化结构系统及构造逻辑以及设计成果的测试与反馈。

当代的参数化建筑设计依赖于计算机技术，因此在进行设计时，设计师需要将所想的建筑设计要求，如周边环境要求、人活动对建筑的要求等数字化，从而允许计算机进行读取和识别。这些作为设计意图参数的信息是设计的起点，同时也是建筑形态生成的基础。

设计参数关系包括了设计意图参数之间的关系、设计对象参数之间的关系以及设计意图参数和对象参数之间的关系。上述三层关系的表现形式即为最终方案的建筑性能。在建立设计参数关系之前，设计师需要提炼得到影响设计的主要因素，也就是前面所提到的设计要求信息的数字化。如果设计参数关系的逻辑发生改变，即使是相同的输入参数，最终建筑方案也同样会发生变化。因此，设计参数关系的建立可以认为是参数化建筑设计的核心。当有了基本的设计参数关系，需要找到某种算法规则来构筑参数关系以便生成建筑形体，并用计算机语言描述规则系统，形成软件参数模型。可采用的参数化设计工具可参考本书第1.3节。

从设计要求的某些主要因素得到的设计雏形一般只解决了建筑设计这一复杂系统的主要矛盾，许多其他因素也应该对设计结果产生作用，以便最终设计成果能最大程度地满足使用者活动与行为的要求，并与环境相适应。这样，设计雏形还需在其他因素的作用下进化，正因为设计雏形是在参数化软件条件下的图形，所以它可以接受其他的操作指令，从而发生形态优化变形并发展出令人满意的设计结果。

参数化设计的终极目标是要获得最高程度满足设计师和业主要求的设计结果，上述过程只是形成了建筑师认为较为合理的建筑形态，但是设计结果究竟如何进行建造，是否能够满足结构抗震、抗风等安全性能的要求仍是需要解决的问题。为此，设计师需要对方案进一步深化，通过结构设计和构造研究实现建筑方案的可建造性与安全性。目前的主流方式是依靠专业模拟软件对结果进行检测，并将结果通过参数化平台反馈到设计的各个环节，同时调整各个环节使设计结果更趋完善。

2.1.4 参数化建筑设计的发展现状

在国外，一些设计院校和建筑师从20世纪90年代就开始探索参数化设计在建筑领域中的应用。相比传统教育强调形式、空间、环境、结构、材料、流线的教育方式，现代教育更加注重与其他现代学科的交叉，例如人工智能、互动方式。

英国建筑联盟学院（AA）是全球最具声望与影响力的建筑学院之一。这所学校曾诞生了Zaha Hadid、Rem Koolhaas、Lord Richard Rogers等多位获得普林兹克奖的当代建筑大师。该院校以其对先锋建筑的探索与实践，在学界独树一帜，学生的作品呈现出一种非常前卫、面向未来建筑和城市，甚至狂野和奔放的姿态。AA的Patrik Schumacher与Brett Steele于1996年共同创立了建筑研究实验室（DRL）。如果说AA被誉为建筑大师的摇篮，那么DRL则是参数化主义的摇篮。DRL的工作聚焦于参数化主义的研究，至今已成功开展了14年。如今，DRL已经成为AA的招牌课程，DRL的研究课题也成为AA国际研习班中的必选课题。DRL毕业生以极高的就业率，遍及世界各地最著名的建筑师事务所。此外，西班牙的加泰罗尼亚高等建筑研究院（IAAC）、瑞士的苏黎世联邦理工大学（ETH）、美国的麻省理工大学（MIT）、哥伦比亚大学都是世界上参数化建筑设计的领先院校。

在国内，徐卫国是我国最早涉足参数化非线性建筑设计领域的学者之一，也是国际上这一领域重要的开拓者之一。李建成[57]主编的《数字化建筑设计概论》系统地介绍了参数化建筑设计的基本概念和有关知识，以及现有的建筑设计参数化软件、参数化技术和参数化方法，是目前国内高校主流的数字化建筑教材。李飚系统研究了计算机程序及复杂适应系统在建筑学领域的前沿性应用，开发了多智能体系系统模型[58]。袁烽[59]与徐卫国[60]同时也关注参数化建筑设计与数字建造技术的结合，深入探究了3D打印技术和机器人技术在打印参数化模型时可能遇到的问题。刘育东研究了数字建筑新理论，并出版了相关专著[61]。孟宪川则致力于研究图解技术，并在最近开始探索拓扑优化技术在建筑概念设计阶段的应用[62]。此外，为丰富参数化建筑设计的成果，同济大学、清华大学、南京大学等院校每年定期举办Workshop，邀请国际知名专家进行演讲并指导学生利用参数化技术进行设计。

建筑教育行业对参数化建筑设计的重视进一步推动了设计行业的发展。扎哈团队的计算机研究组（CODE）是一个纯粹的研究小组，他们把参数化技术和扎哈事务所的独特风格结合在一起，创造出具有丰富造型的建筑方案。Norman Foster也有一个“特殊建模小组”。该小组会参与设计的所有阶段，从概念设计一直到施工现场，工作内容包括计算机辅助设计、环境建模与分析、优化设计、施工制造、互动性以及可视化设计等方面。毕业于美国耶鲁大学的马岩松所创立的MAD建筑事务所，借助参数化技术设计了建筑界的性感之最的梦露大厦（图2-6）。

图2-6　梦露大厦
（图片来源：https://commons.wikimedia.org/wiki/File:Absolute_Towers_Mississauga._South-west_view.jpg，SarbjitBahga）

可以说，国内参数化设计的生力军大多是从英国建筑联盟学院（AA）、伦敦大学学院（UCL）、荷兰鹿特丹贝尔拉格建筑学院（Berlage）等国外知名建筑院校毕业的海归派建筑师。如今，国内众多Workshop的开展再加上设计单位对参数化技术日趋重视，推进了国内建筑行业参数化的发展。华东建筑设计研究总院就在所参与的“长沙冰雪世界”项目中利用参数化技术进行找形与结构模型快速调整[63]。图2-7~图2-9中的香港理工大学赛马会创新大厦、广州大剧院和杭州奥体博览城主体育场均采用了参数化技术。参数化技术在这些项目中主要用于建筑方案的形体生成以及幕墙分割优化与深化设计。

近年来，随着参数化技术和计算机生成设计的日渐普遍，全球各地逐渐成立了相关的研究组织，并定期举行国际会议。目前主要的学术组织包括美国的ACADIA、欧洲的ECAADE、亚洲的CAADRIA、中美洲的SIGraDi、中国的DADA、IASS中的结构形态学小组和计算方法小组、中日结构建筑学研究国际学术论坛（A.N.D）等，其中，美国的ACADIA（Association for Computer-aided Design in Architecture）是最早的CAAD（Computer-aided Architecture Design）专业学术组织，该组织以引导计算机技术与建筑设计的融合为其宗旨。数字建筑设计专业委员会（Digital Architecture Design Association, DADA）是隶属于中国建筑学会建筑师分会的学术机构，由23位国内从事数字建筑设计的建筑师及学者于2012年10月发起

图2-7　赛马会创新大厦
（图片来源：https://en.wikipedia.org/wiki/File:Wikimania_2013_04404.jpg，Sebastian Wallroth）

图2-8　广州大剧院
[图片来源：https://commons.wikimedia.org/wiki/File:Guangzhou_Opera_House（Near）.jpg，Mra]

图2-9　杭州奥体博览城主体育场
（图片来源：https://commons.wikimedia.org/wiki/File:Hangzhou_Olympic_Sports_Expo_Center_05.jpg，Huandy618）

成立，涉及数字建筑相关的多个领域，包括参数化建筑设计、建筑性能模拟与优化、数控加工与建造、互动建筑与互动设计等。IASS是国际壳体和空间协会，旗下的结构形态学小组创立于1991年，专注于探究形状与结构之间的关联。计算方法小组则创立于1984年，除了针对传统结构分析的研究外，该小组还研究计算机生形、结构优化和壳体的找形。

2.2 参数化建筑的算法找形

依据设计意图参数，通过特定算法规则得到建筑方案形体的过程被称为找形（Form Finding）。算法规则是“找形”的核心，其思路的来源既可以是单纯的空间几何关系，也可以是大自然中生物原型。本小节主要介绍了五种思路的参数化建筑找形。

2.2.1 基于空间几何关系的找形

所谓基于空间几何关系的找形算法可理解为基于对影响建筑设计的光照、视线、空间构成、功能组织等的几何描述来生成建筑形状。

晶体几何学是近几年参数化建筑设计领域的研究热门。晶体学包含多个分支，如研究晶体外部形态的晶体形态学、研究晶体内部结构的晶体结构学、研究晶体成分与结构的晶体化学等。晶体几何理论构成了晶体学在数学方面的研究基础，它侧重于对晶体内部微观粒子（质点）的空间分布的研究，内容涉及对称操作、群论、空间格子（空间点阵）等[64]。其中，经典晶体几何与准晶体几何相关理论是晶体几何学在建筑设计领域中应用最广的两方面内容。经典晶体几何理论强调基本构成单元的单一性。根据理想晶体的周期性微观结构，其基本构成单元具有相同的化学组成、空间结构、排列取向、周围环境，这种基本单元称为基元[65]。

将晶体中一根固定直线作为旋转轴，整个晶体绕它旋转$2\pi/n$角度后而能完全复原，称晶体具有n次旋转对称性。经典晶体理论认为晶体只有1次、2次、3次、4次或6次旋转对称性，但是20世纪80年代以来发现的准晶体突破了这种认识。准晶体的微观衍射图具有5次对称性或者更高的6次以上对称性。准晶体曾在古老的伊斯兰图案中出现，以其魔幻般的序列为伊斯兰建筑增添了神秘而迷人的色彩。“Penrose Tilling”是著名的二维形式准晶体。

冰岛Harpa音乐厅的表皮设计与晶体外部形态有一定关系，其设计灵感来自结晶玄武岩几何形态。建筑南立面由1000多个12面体镶嵌构成，其他立面及屋顶的表

图2-10　冰岛Harpa音乐厅
（图片来源：https://en.wikipedia.org/wiki/File:Harpa.jpg，Ivan Sabljak）

皮网格则由这种12面体的镶嵌模式经过剖切得到。矿物结晶般的外形，加之玻璃晶莹剔透的效果，营造出纯净的“晶体”幕墙（图2-10）。

在基于准晶体的设计研究方面，吕晨晨等[66]利用高度投影法进行了超阴影灯具、准晶体碗和空间结构的设计。图2-11中的墨西哥曼努埃尔·冈萨雷斯·基伊埃医院（Manuel Gea González Hospital），是位于柏林的建筑设计事务所Elegant Embellishments的标志性工程，其中的模块是一种兼具功能与装饰作用的模块化组件，实现了设计形式与分子技术的融合。受自然界分形学的启发，起伏的形状使二氧化钛涂料的表面积最大化从而达到漫射光线的目的，并引发空气紊流以吸收空气中的污染。该表皮从准晶体网格派生出来，其看似毫无规律的底层网格，实际上只有两种类型组成。除了晶体几何学外，还存在诸如螺旋几何、多面体几何等其他基于空间几何关系的找形思路。

图2-11　曼努埃尔·冈萨雷斯·基伊埃医院
（图片来源：https://www.flickr.com/photos/elegembe/8435627594/in/album-72157632747496701，Alejandro Cartagena）

2.2.2　基于物理场作用的找形

前面提到，在具备“涌现”性质的复杂系统中，子系统之间通过非线性的相互作用构成整体，从而使得这个整体呈现出子系统所不具备的新属性。子系统之间非线性相互作用的实现方式除了直接的空间几何关系外，还可以从物理场的角度来实现。在物理学中，习惯将某个物理量在空间的一个区域内的分布称为场，如温度场、密度场、引力场、电场、磁场等。物理学上的场论可以分为经典场论和量子场论，其中，经典场论是描述物理场和物质相互作用研究的物理论[67]。

徐卫国[68]等以电场线和等势线为概念，在尝试了不同极性和电量的静电荷在各种分布下的电场线形态以及研究其空间序列形式的基础上，以交通枢纽位置作为不同极性和大小电荷的放置位置，形成多变的地景和建筑表皮设计。图2–12为该设计的平面电场线形状。

流体运动所占据的空间称为流场。某个区域内的风速可以用空间的每一点的向量来表述。郑静云等[69]以物理风洞作为主要的实时获取风环境数据的模拟工具，通过对传感器收集到的风速值与舒适风速的比较，选出最优形状。在研究单个模型风环境中最优形状问题的同时，他们还对多个模型之间的相互影响进行了探究。图2–13是正在进行试验的三个动态主体建筑模型。

2.2.3 基于实验现象的找形

设计的灵感大多来源于生活中的点点滴滴。基于实验现象的找形是指在观察某种实验现象之后，通过数字化或参数化工具对该实验现象进行模拟得到的建筑方案。

扩散是指物质分子从高浓度区域向低浓度区域转移直到均匀分布的现象，是用于生形的常用实验现象之一。陈寰宇等[70]将牛奶、洗洁精与食用颜料混合在一起。他们观察到：牛奶附着颜料迅速扩散，之后以洗洁精为扩散源，不断有着有色液体流辐射涌出，最终形成复杂的平面图案，图2–14为该设计的实验过程。

2.2.2节中基于物理风洞的找形规定了建筑只能绕固定轴发生旋转。风场下物体

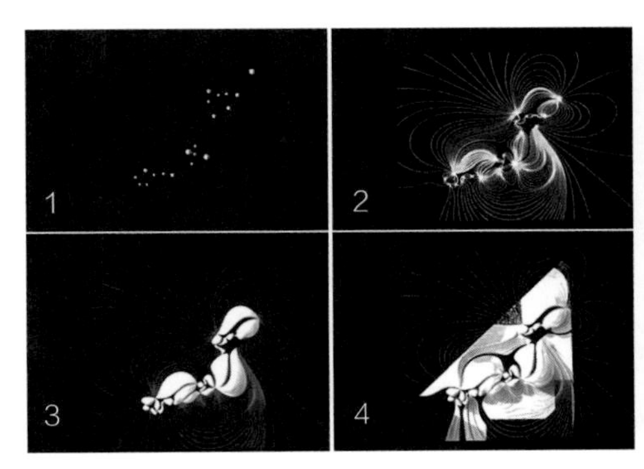

图2–12 “Elechitecture”平面电场线形状[68]

图2–13 风洞中的三个动态主体建筑模型[69]

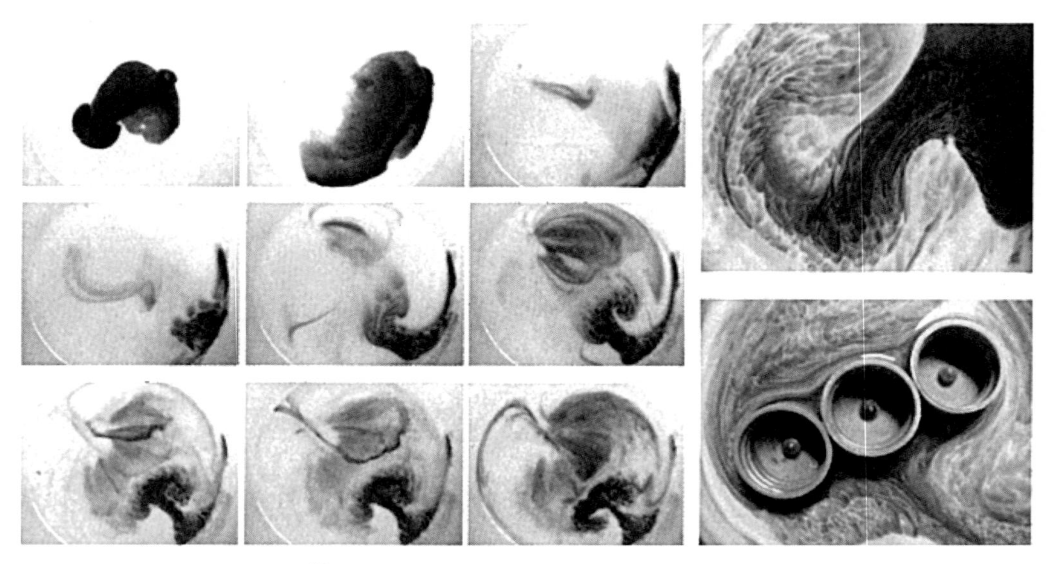

图2-14 “混合”牛奶实验过程[70]

的运动可以为建筑师提供新的设计思路。图2-15是设计作品“飘带”的最终效果图。在该建筑方案的找形过程中，设计师首先观察了风扇吹飘带的形状，在实验分析的基础上，用支点弹簧模型模拟动力学中的找形过程，结合场地分析后得到最终的建筑方案。

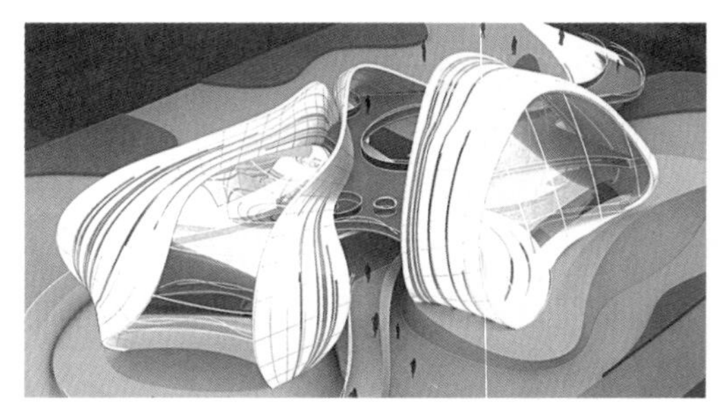

图2-15 “飘带”设计效果图

《变形金刚》电影导演Michael · Bay的“爆炸美学”是吸引观众眼球的一大利器，爆炸时的火花四溅给人一种极具张力的冲击感，建筑师可以在计算机程序中模拟“爆炸”后的系统变化，并以此为基础形成设计方案。图2-16为“爆炸艺术”的算法研究示意图。

2.2.4 基于生物学原型的找形

生物体和生物系统具有高度的复杂性。仿生建筑以生物界某些生物体功能组织和形象构成规则为研究对象，探寻适应环境和自身功能需要的合理化生成规则，丰富和完善建筑的处理手法，促进建筑形体结构以及建筑功能布局等的高效设计和合理形成。这种仿生设计的思想是参数化建筑生形的重要途径之一。

管胞（Tracheid）是绝大部分蕨类植物和裸子植物的主要输水机构。管胞是一

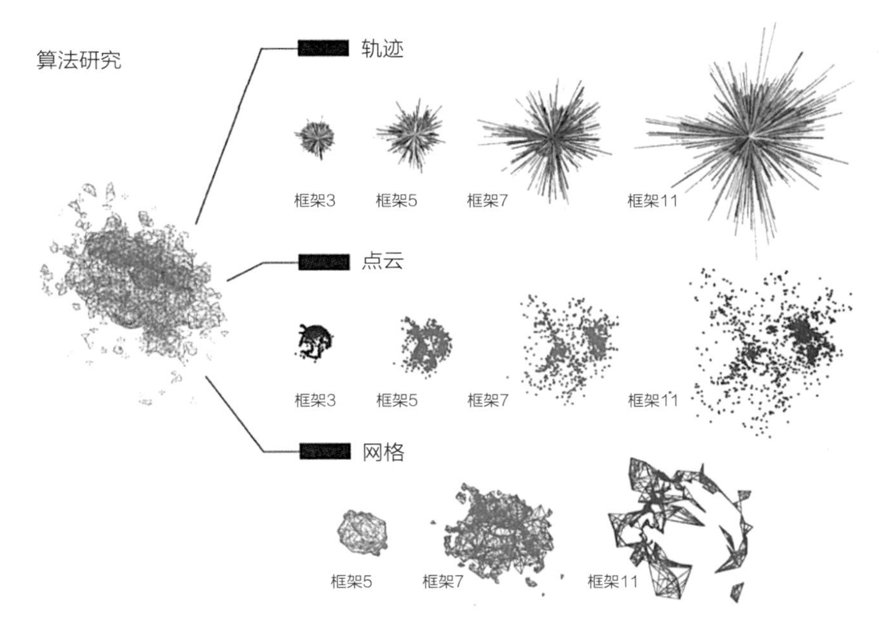

图2-16 “爆炸艺术”算法研究[71]

个两端斜尖，径较小，壁较厚，不具穿孔的管状死细胞。管胞的次生壁增厚，也常形成环纹、螺纹、梯纹、孔纹等类型。相叠的管胞各以其偏斜的两端相互穿插而连接，水溶液主要通过其侧壁上的纹孔来运输。“城市管胞”的设计灵感正是来源于上述管胞工作的机理[72]。该设计企图在支持城市功能的同时，能够起到引导人流、沟通城市和人之间关系的作用。其最终的设计形状通过流线与对应的功能布局得到。图2–17是“城市管胞”的人流模拟图。

珊瑚的生长反映了珊瑚虫群体在海水中争取空间并与周边环境进行物质交换的过程，通过对珊瑚的个体形态和表面肌理的研究，生成算法可以控制与单元体形态相关的基本参数来形成形状各异的珊瑚形态。图2–18是参数化生成的珊瑚形态。

2.2.5 基于多代理系统的找形

多代理系统是由多个相互作用的智能代理所组成的系统。每个智能代理一般具备多个属性特征值，且具有一定的自治性（Self–organisation）。各代理之间相互影响，整个系统随着时间动态地发生变化，涌现出某种宏观特征，充分体现了从基础构件到全局系统的“自下而上”的建筑设计策略。

细胞自动机（Cellular Automata System，CAS）是最基本的多代理系统，其中的空间与时间都是离散的。基本的CAS包括晶格、相邻部分、细胞状态、转换规则

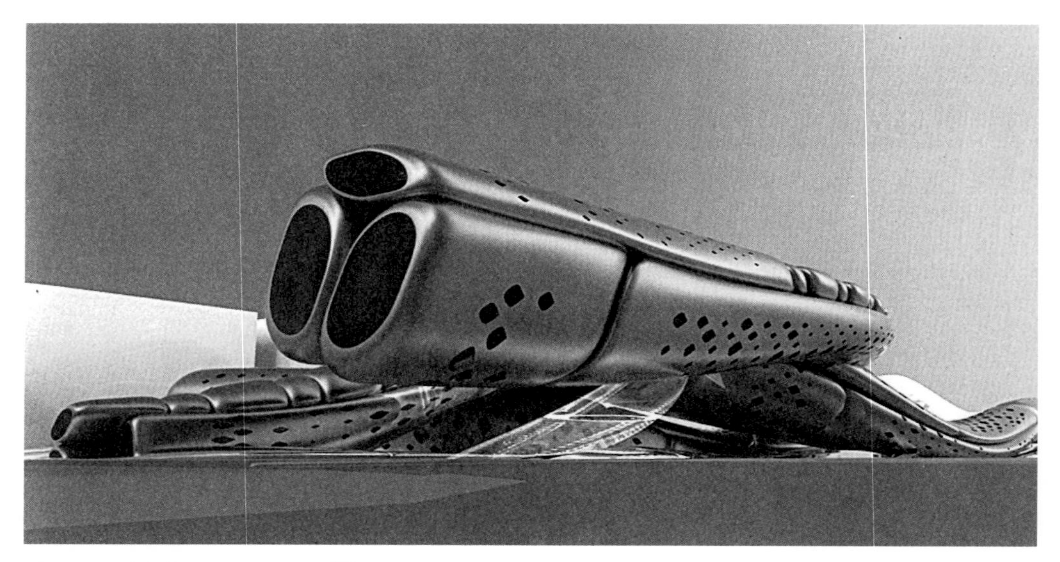

图2-17 “城市管胞”人流模拟图[72]

图2-18 参数化形成的珊瑚形态[73]

等。晶格是CAS所在的空间，其基本单元是一个个的细胞。每个细胞的相邻部分是其生存的环境。细胞则通过细胞状态进行区别，常用的状态即为“死亡”和“生存”。转换规则是CAS的核心，它通过检测细胞自身及其周围细胞的状态来决定该细胞未来的变化，从而控制整个CAS的变化。每个细胞的变换规则都是有限的，但由诸多细胞所组成的CAS却能够生成令人无法预料的图像。图2-19是Krawczyk[74]借助CAS生成的部分建筑方案。李飚团队[75,76]先后基于CAS开发了“Happy Lattices”

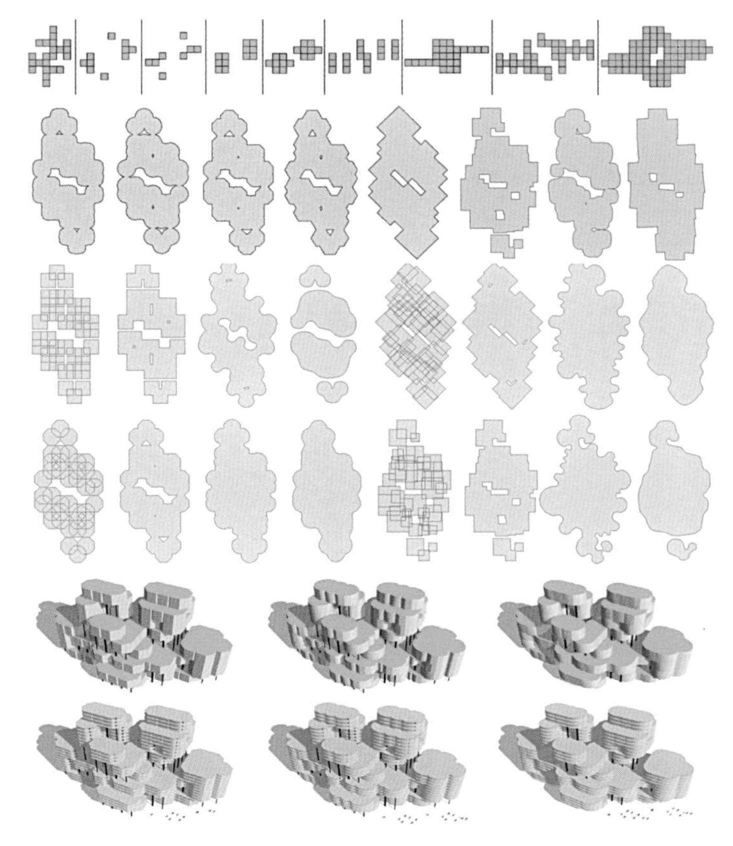

图2-19　基于CAS生成的建筑方案[74]

和“Cube1001”程序，并利用这些程序进行了建筑方案的初步设计。

多代理系统不仅限于CAS一种，在“城市起居室”的设计中[77]，不同的球体代表不同的活动。这些球体在场地红线和限高范围内相互吸引或排斥，逐渐稳定后形成了同类功能相对聚集的分布，最终借助Voronoi算法（泰森多边形算法，一种基于空间中若干指定位置的控制点进行空间划分的算法）进行空间的划分。图2-20演示了“城市起居室”的找形过程。

不同于“城市起居室”中相同功能区域的聚合，在李飚[58]开发的“gen_house2007”及其后续版本中，建筑功能关系图（俗称“泡泡图”）对方案生成起到了控制作用。各功能区域的理想面积大小及与其他功能区域的连接关系预先设定，后在程序中借助算法实现自动的房屋空间布置。这种方案生成方式逻辑简单，且易于实现，但缺点也很明显，只能针对特定的方向形状进行操作，难以适用于其他复杂形状的建筑方案生成。

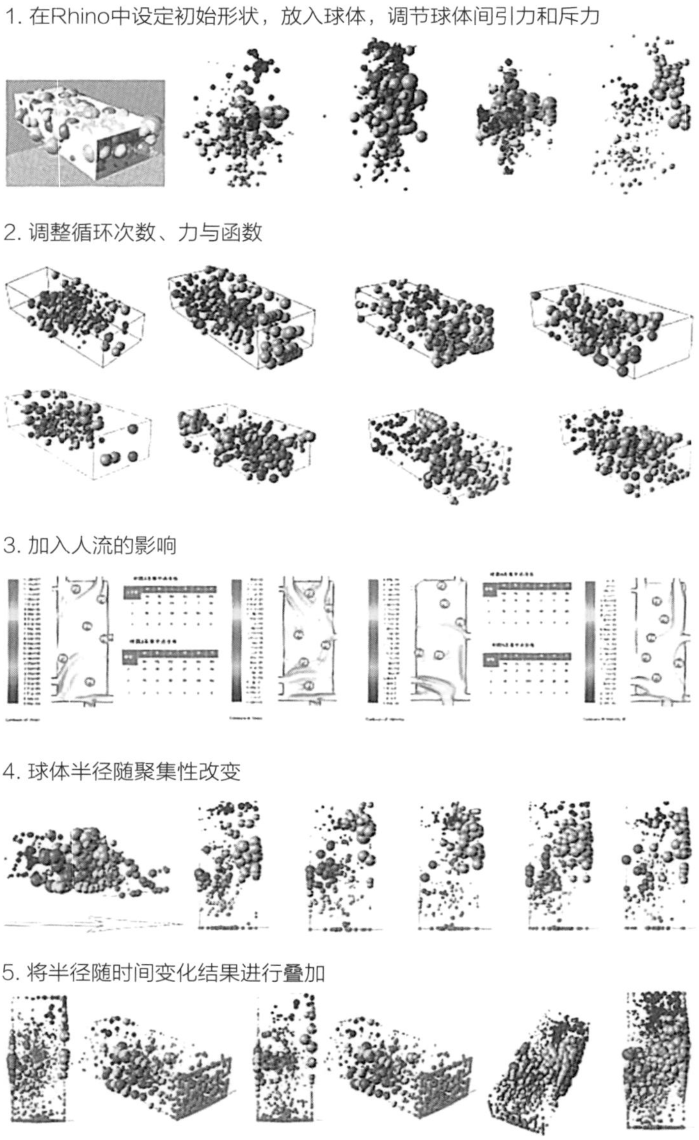

1. 在Rhino中设定初始形状，放入球体，调节球体间引力和斥力

2. 调整循环次数、力与函数

3. 加入人流的影响

4. 球体半径随聚集性改变

5. 将半径随时间变化结果进行叠加

图2-20 "城市起居室"找形过程[77]

2.3 参数化设计关键要素

参数化设计的基本思想可以用以下函数表达：

$$设计对象参数=f（设计意图参数）\tag{2-1}$$

从该函数表达式可以看出，参数化设计的关键因素即设计意图参数、设计对象参数和作为函数的生成算法规则。本节将从参数化设计的关键因素出发，讨论参数化建筑设计与参数化结构设计的异同。

2.3.1 设计意图与设计结果

由式（2-1）可以看出，当参数化设计的核心生成算法规则不变时，函数自变量（即设计意图参数）的种类与取值直接影响了最终的设计对象参数。同时，从反问题的角度考虑，设计人员最终希望得到的设计对象参数也在一定程度上对参数化设计选取的设计意图参数产生影响。这里将重点介绍参数化建筑设计与参数化结构设计在设计意图和设计结果方面的异同点。

1. 设计意图参数种类

参数化设计的设计意图参数体现了设计人员在当前设计阶段所关注的主要设计要求，而设计对象参数则是设计结果参数化的表达方式。在建筑设计中，设计意图参数常常包括数字化后的建筑功能与空间要求、建筑环境要求、建筑造型要求、行人流线要求等。这些设计意图中既含有规范对采光率、容积率等指标的硬性要求，也含有造型、室内环境等软性要求。因此，参数化建筑设计的设计意图参数具有较大的浮动空间，生成方案也就因此具有较高的设计自由度。

结构设计在传统的设计流程中往往扮演着建筑设计后续专业的角色，两者的设计意图参数种类有着较大的区别。通常情况下，大部分结构设计的工作都需要基于建筑设计的阶段性成果，其目的则是在尽可能满足建筑设计要求的前提下实现结构体系的配置与结构构件的设计。因此，对于参数化结构设计而言，建筑设计阶段性成果中的建筑几何造型、建筑功能需求等被数字化为设计意图参数，从而输入到以结构设计为主要算法规则的生成流程中。在设计意图参数的表达层面，设计师不仅可以采用实数，而且可以直接以具有复杂空间逻辑的几何模型作为设计意图参数。

除承接建筑设计外，结构设计本身的设计意图同样也不可忽略。相比于建筑设计要求，结构设计对整栋建筑、每个楼层和每根构件都有着具体的设计要求，具有明显的“硬性”特征，这也直接导致了结构设计空间的压缩。与此同时，在结构设计过程中，工程师还要考虑结构与非结构构件的施工难易程度，如幕墙设计。三角形划分算法简单，能够保证面板的平整性，但拟合曲面时所需的单元数量庞大，且会产生大量的异形节点，导致施工难度增加和工期延长。四边形划分与原曲面贴合度较高，在拟合曲面时所需的单元数量较少，且具有较少的异形节点，但却难以保证面板的平面性。诸如此类结构设计对施工的影响，是结构工程师在设计过程中需要认真考虑的。因此，体现施工效率与难度的设计意图也需要参与到参数化结构设

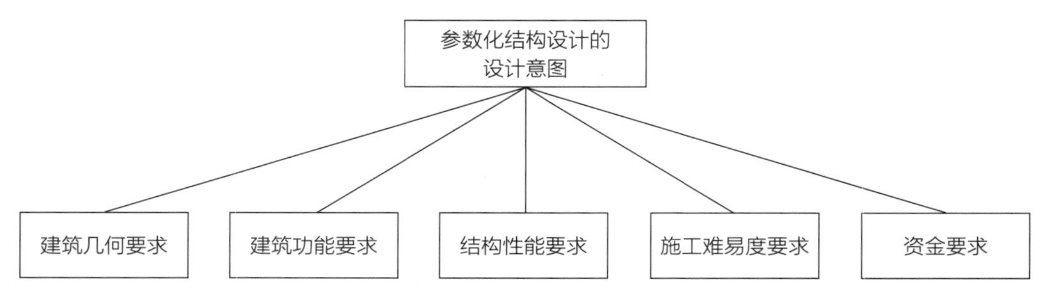

图2-21　参数化结构设计中主要的设计意图参数

计中。设计成果终究需要投资方来买单，因此投资方对资金的限制也是结构工程师在设计时需考虑的设计意图参数。图2-21是参数化结构设计中主要的设计意图。

2. 设计对象与设计意图的相互影响

模型一般比原型系统更简单，建模过程需要对原型系统简化，从系统属性中寻找典型性指标，再根据系统与实际需要之间的最大程度逼近，以此简化传统方法很难或需要长时间解决的问题[58]。参数化建筑设计的对象或结果是通过几何参数表达的生成建筑方案。以基于生物学原型的找形为例，最终生成方案与生物学原型的逼近程度由初期所设定的设计意图参数决定。同样，设计人员对方案与生物学原型的逼近程度的需求也对设计意图参数的选取起到了指导作用，越高的逼近程度需要越多的设计意图参数来实现。在设计对象与设计意图之间相互影响的层面，参数化建筑设计与参数化结构设计具有一致性。

参数化结构设计的对象一般是指结构形状参数、结构体系参数和结构构件参数。在设计要求或意图层面，结构工程师在进行结构形状参数的设计时应当关注结构形状改变对设计要求的影响，而暂时不需要关注实现该结构形状的结构体系是什么以及结构构件是什么截面类型。因此，在结构形状参数的确定过程中，结构工程师通常直接采用连续曲面进行方案的评定，而不会细化结构体系或结构构件。在该阶段中，结构整体性能的设计要求较构件设计要求更为重要。然而，随着设计过程的推进，设计要求会愈加具体，最终实现与可建造设计结果的最大程度逼近。以构件参数设计为例，此时的结构形状参数与体系参数均作为确定的设计意图参数输入设计系统中。结构构件在设计时，除了要保障自身的性能参数能够满足规范的设计要求外，还需要保障结构整体性能满足要求，同时应当尽可能考虑施工便利性，减少截面种类。

2.3.2 生成算法规则

生成算法规则是参数化设计的核心，它直接决定了生成设计方案的变化形式，即设计空间的形状。参数化建筑设计与参数化结构设计均体现了复杂系统的特征，其中子系统之间的非线性相互作用则借助生成算法规则得以实现。参数化建筑设计与参数化结构设计生成算法规则的不同主要体现以下两个方面：逻辑构成和逻辑隐秘程度。

1. 逻辑构成

逻辑构成应当涵盖与设计意图参数相关的各类学科。参数化建筑设计中的逻辑构成按照对生成方案的影响可分为生形主导逻辑和进化逻辑。生形主导逻辑控制了建筑方案生成雏形的基本逻辑。王嵩在《现代建筑结构的十四种表现策略》[78]一文中列举了14种结构表现策略：力的图示、纪念性、拉与压的对比、动态、不稳定、漂浮、令人惊奇、装饰性、对历史和文脉回应、对宗教和情感的召唤、对自然物的模拟、与自然景观的对比、透明性、光。每一种表现策略在设计过程中也可被理解为建筑师主要的设计逻辑，与之相对应的也就是生形主导逻辑。进化逻辑是对基本逻辑的修正，体现了硬性的设计要求，它们在原设计雏形不发生较大改变的前提下，会对设计雏形进行再调整，设计意图在较大程度上是建筑师与结构工程师对于有关设计规范的妥协。

参数化结构设计与参数化建筑设计逻辑构成成分的不同主要体现在以下两点：

（1）逻辑构成成分种类

参数化结构设计的算法规则逻辑构成成分主要以提高建筑结构的安全性和经济性为目的，这也就直接导致了其种类相对单一。与此同时，设计规范中的条文作为设计意图参数对参数化结构设计起到了控制性作用，大量的“硬性”设计要求在导致方案进化逻辑占据了主要的逻辑部分的同时提高了逻辑构成成分的复杂性与专业深度，结构构件之间非线性的相互关系也就因而变得更加难以刻画。

（2）逻辑构成成分内涵的层次性

参数化结构设计中的逻辑构成成分因设计意图参数的层次性需要作出相应调整。当针对不同类型的设计对象参数进行设计时，参数化结构设计算法规则的构成成分种类可能基本不会发生多大变化，但其包含的具体内容却可能发生较大改变。例如，在对结构形状参数进行设计时，结构分析可以采用静力图解法等含有诸多假定条件的简化分析方法，但在对结构构件参数进行设计并校核时，可能需要采用更有针对性的方法，如动力时程分析法等。

2. 逻辑隐秘程度

参数化设计过程中设计意图参数与设计对象参数之间逻辑关系的隐秘程度直接决定了设计人员对设计结果的理解程度。虽然参数化设计中的设计逻辑由设计师自己决定并由此编制相应的生成程序，但当部分算法规则超出设计师的个人能力以至于需要借助其他手段加以实现时，设计师往往只能选择不去研究该部分算法规则的结构和相互关系，仅从其输入输出的特点了解它们的规律。因此，参数化设计本质上属于一种含有局部“黑箱”内容的“白箱”设计。

参数化建筑设计与参数化结构设计在逻辑隐秘程度上的区别体现在算法规则中“黑箱”部分所占的相对比重。在参数化建筑设计中，设计师利用代码以尽可能明确的算法逻辑对前文中提及的生物学原型、物理场作用等进行模拟来得到能够体现个人设计思想的设计雏形。尽可能避免“黑箱”操作是控制生成建筑方案最低程度违背建筑师设计思想的一种手段，因此，参数化建筑设计中“黑箱”逻辑的成分相对较少。

逻辑隐秘程度与采用的模拟或分析方法直接相关。诸如有限元分析等“黑箱”式方法在结构设计中的应用必然导致参数化结构设计逻辑隐秘程度的提高。此外，由于生形进化成分在参数化结构设计中起到控制作用，结构优化算法作为一种自动化调整方案的手段是近几年建筑领域具有极高关注度的话题之一。具备较高数学和力学功底要求的结构优化技术对于大多数设计师同样也是一种“黑箱”式的操作，以此作为生形逻辑得到的结构形状可能会完全超出设计师的想象。

2.4 基于参数的互动设计模式

建筑与结构两个专业在设计过程中相互影响，以迭代循环的设计模式实现最令业主满意的设计。这种相互影响的设计模式同样也存在于参数化建筑设计和参数化结构设计之间，并被提升为一种基于参数的互动设计模式。本节在介绍建筑与结构相对关系的基础上，分别就建筑对结构的需求和结构对建筑的评估与反馈两个方面展开，论述两个专业基于参数的互动设计模式。

2.4.1 建筑与结构的相对关系

建筑与结构相对关系取决于项目本身的定位、功能需求、工艺水平、时代背景、经济水平等。

1. 建筑装饰结构

“建筑装饰结构”是指通过一系列精巧的工艺对位于建筑表面的结构构件上进行装饰，从而体现出当地历史、人文气息、宗教色彩等。这种建筑表达方式基本不对结构设计做出要求。

雅典的帕特农神庙（图2-22）是古典建筑中“建筑装饰结构”关系的代表。帕特农神庙原意是处女神庙。这座雄伟的卫城主体建筑是公元前5世纪希腊古典时期艺术达到巅峰的代表作，也是希腊精神的杰出体现。帕特农神庙是经典的梁柱体系，其立柱采用了多立克柱式，除柱身雕刻的20条槽纹外，没有其他细节装饰。以结构为主的“硬汉”形象很好地体现了神殿类型建筑的庄重神圣感。

图2-23为上海浦江饭店，原名礼查饭店，始建于1846年（清道光二十六年），整个饭店是维多利亚巴洛克式建筑，其鲜艳华丽的砌体外墙无不让人联想到豪华奢靡的生活。德国建筑师Peter Behrens设计的AEG涡轮工厂属于典型的工业化建筑。玻璃和建筑装饰在建筑物的侧壁上交替出现，钢结构的节奏构成了视觉词汇的重要组成部分，几乎没有任何其他建筑装饰。

2. 结构装饰建筑

“结构装饰建筑”是指通过特殊的结构设计来突显建筑作品的时代感和技术感，形成一种视觉冲击。此时结构工程师的工作从通常的保障建筑安全进一步转向更具创意性的“半建筑师”设计工作。

这类关系中最为典型的作品就是图2-24中所展示的Richard Rogers及其合伙人共同设计的伦敦劳埃德总部大厦，其大厅内部的立柱设置在楼面板之外，借助突出的

图2-22　帕特农神庙
（图片来源：https://commons.wikimedia.org/wiki/File:The_Parthenon_in_Athens.jpg，Swayne S）

图2-23　上海浦江饭店
（图片来源：https://commons.wikimedia.org/wiki/File:Astor_House_Hotel_%26_Resteraunt_Shanghai.jpg，Legolas1024）

图2-24　伦敦劳埃德总部大厦内部与外部
（图片来源：https://commons.wikimedia.org/wiki/File:Lloyd%27s_building_interior.jpg，Lloyd's of London）

预制混凝土托架与其连接，彰显出了简单、干练的视觉效果。这种突显结构的方式，把结构作为建筑的一种装饰。其交通竖筒与管道同巴黎蓬比杜中心一样建设在主体建筑的外部，圆形的轮廓掩盖了主体结构直线型的线条，给人一种现代工业的动感。

3. 建筑与结构无关

“建筑与结构无关”是指建筑师在思考建筑设计意图时没有将结构因素考虑在内，结构设计被完全当作是独立于建筑设计的部分存在。这种关系往往体现在地标性建筑、文化建筑等以美学和人文作为主要因素进行设计的建筑作品中。建筑的表皮是建筑的“脸面”，是建筑师体现其设计风格最好的舞台之一。图2-25中的伯明翰图书馆就是该类关系的典型代

图2-25　伯明翰图书馆
（图片来源：https://commons.wikimedia.org/wiki/File:LoB_001_20131030.jpg，Bs0u10e01）

图2-26　维特拉设计博物馆

（图片来源：https://commons.wikimedia.org/wiki/File:Vitra_Design_Museum，_front_view.jpg，en：User：Sandstein，a.k.a. User：TheBernFiles）

表。该图书馆是欧洲最大的公共图书馆，总建筑面积约3.1万m^2，楼高10层约60m。图书馆建筑工期达39个月，总成本约1.888亿英镑，由圆形和方形交织而成的外表皮带给人一种安静、庄重的感觉。

20世纪后期，计算机建模技术和有限单元分析的出现赋予了设计人员在造型上几乎无限的自由发挥空间。同时，随着现代混凝土和钢材材料性能的逐渐提升，一些令人惊叹的建筑造型得以实现。图2-26中的瑞士维特拉设计博物馆是复杂造型的典型代表，该建筑外立面设计新颖独特，充满动感，复杂多变，相互穿插，相互扭曲，给人以一种"建筑雕塑"的感觉。然而，由于这种建筑设计意图中未纳入对结构合理性的考虑，最终得到的方案有可能会极大地增加施工难度和项目成本。

4. 建筑体现"结构之美"

建筑是人的行为与周围环境因素共同作用的产物，是一种人与自然和谐相处的媒介。建筑体现"结构之美"是指建筑师主动希望通过发掘结构的建构及美学价值来增强建筑的美学表现力，此时建筑设计意图与结构设计意图具有高度的一致性。

德国结构工程师Frei Otto一生致力于轻型建筑的研究，他所参与的大部分项目都是通过制作模型的方法进行设计，这种依据物理模型的设计方式本质上是一种基于结构确定建筑方案的设计过程。图2-27中曼汉姆多功能大厅就是Otto的典型作品。该大厅屋顶是将水平网格进行悬挂，通过调整悬挂模型的边缘支撑以及改变悬链的长度得到的理想曲面。

图2-27 汉姆多功能大厅
（图片来源：https://commons.wikimedia.org/wiki/File:Herzogenriedpark_Mannheim_Multihalle_Deckenkonstruktion.jpg，Giel I）

日本结构大师坪井善胜曾说过：“结构的美存在于少许偏离结构合理性的地方。”作为一名结构工程师，坪井善胜不仅在力学上提供适合建筑师造型的结构形式，而且从建筑设计整体的视野推动了整个项目的前进。体现“结构之美”的建筑方案并不一定是结构上最合理的，但确实最能令设计各方均感到满意。图2-28是坪井善胜与建筑师丹下健三合作的东京代代木体育馆。该体育馆是为第18届奥运会修建的，其中一馆为两个相对错位的新月形，二馆为螺旋形，被称为20世纪最美的建筑之一。

图2-28 东京代代木体育馆
（图片来源：https://www.flickr.com/photos/dalbera/40937712410/in/photolist-25nwtDL-7ZDrrk-5FTMyx-7ZGC7o-oCRP6c-iSrNqy-iSqTz3-21Gj8B7-aaao5F-DhwtZH-iSt4Eb-trCrdq-rdszDR-8euK37-aaao96-U52PK8-tJkprz，Jean-Pierre Dalbéra）

2.4.2 统一的设计平台

传统设计过程中，二维的数字化图纸是建筑师与结构工程师之间沟通的桥梁。但是，二维的数字化图纸是设计末端的产物，不能显式地表达设计师的设计意图与逻辑，这会导致结构工程师在进行结构设计时不得不反复与建筑师沟通，以确保结构方案对建筑方案的影响令建筑师满意。这种基于末端成果的交流模式明显降低设计效率。为此，建筑师与结构工程师需要在统一的平台上，在初步了解对方设计意图和逻辑的前提下进行交流。

参数化设计工具为建筑设计和结构设计提供了统一的平台。在该平台中，建筑与结构专业除了可以实现类似BIM的数据信息共享功能外，还可以结合参数化建模的特性对两个专业共同的参数进行耦合，从而尽可能提高建筑与结构设计的一体化程度。由此，建筑师与结构工程师不再拘泥于各自专业的图纸，转而借助参数化平台上的同一个模型进行方案的探讨。

统一的设计平台为建筑方案和结构方案的协同变化提供了条件，是“互动模式”实现的前提。参数化平台提供的不是基于末端设计图纸或模型的专业间“互动模式”，而是基于设计意图和设计逻辑的“互动模式”。在参数化平台中，数字化后的设计意图以参数的形式对设计起到整体的控制作用。而设计逻辑则依赖于设计意图参数才能够完成方案的生成。因此，统一的参数化设计平台最终实现的是一种基于参数的互动模式。建筑师与结构工程师通过设计意图和算法规则逻辑使对方更加了解自己的设计思想，并通过尽可能地归并设计意图参数和算法规则来实现两类方案的协同变化。图2–29采用了参数化设计的语言描述了传统设计互动模式与基于参数的互动模式的区别。

参数化设计能够实现算法规则的存储与再利用。统一的参数化设计平台提供了建筑设计与结构设计共用的一些算法规则，尤其是几何规则，例如Grasshopper的Karamba插件中删除重复节点和线段的电池在建筑方案和结构方案的生成中都有较高的使用率。此外，参数化平台还提供了除建筑和结构专业外其他诸如水、暖、电专业的算法规则模块，有助于形成整个建筑行业基于参数的统一设计模式。图2–30描述了理想的参数化设计平台。

2.4.3 方案性能的实时评价

方案性能的评价是指针对不同的建筑方案或结构方案，借助不同的分析手段

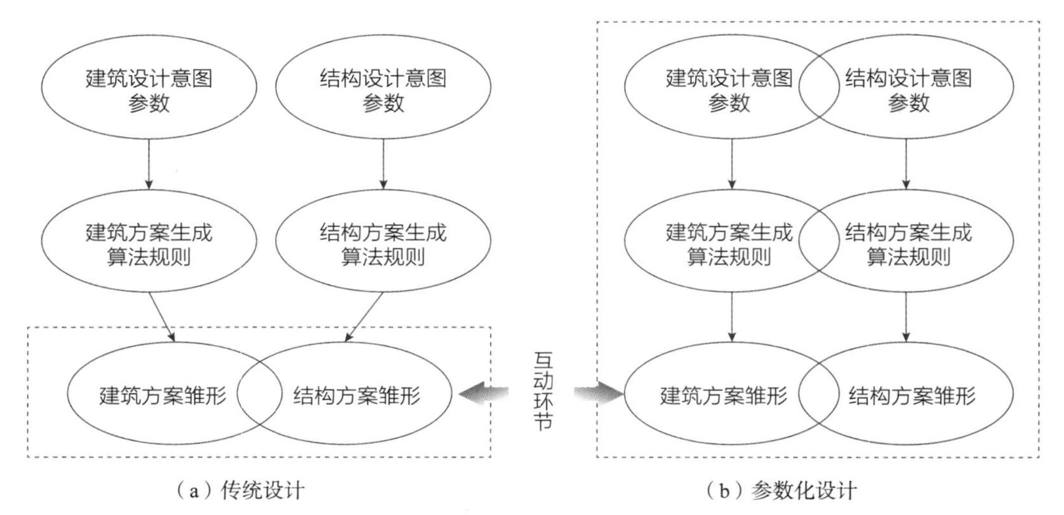

图2-29　传统设计互动模式与基于参数的互动模式的区别

和评价方法给出结构性能指标、施工难易程度等各方面的指标，以衡量各方案之间的相对优劣。在传统结构设计过程中，结构工程师为进行方案比选需要手动建立多种方案的模型并加以分析和对比。实时评价是指通过计算机编程技术、简化分析方法等手段，实现上述方案性能评价过程的高效自动化。

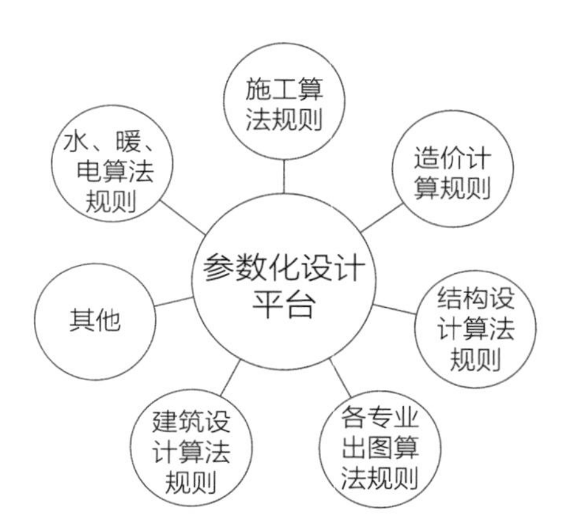

图2-30　理想的参数化设计平台

在参数化平台下，设计师可以通过调整设计参数快速生成在相同算法规则下不同的设计方案。为了高效地进行不同方案性能的对比，方案性能的评价要求具有实时性，即在设计人员所能接受的一定时间内依据外部设计参数的改变给出方案的各类评价指标取值。图2-31概括性地总结了参数化结构设计中的实时评价机制。

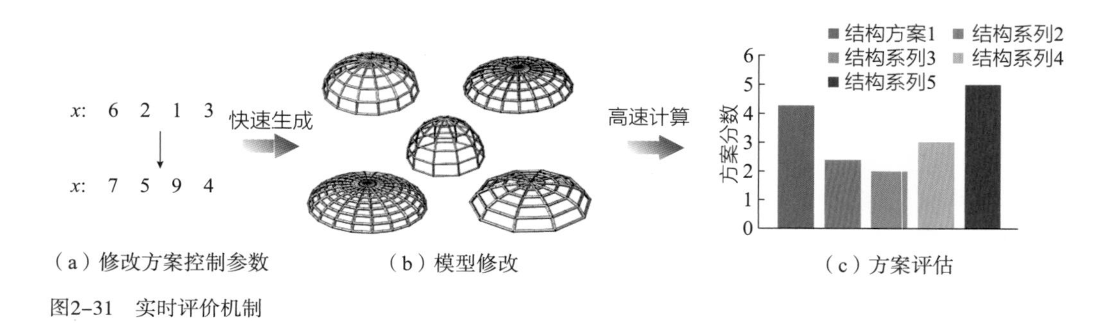

图2-31　实时评价机制

结构性能实时评价分为两种情况：一是在参数化建筑设计的过程中直接考虑结构性能，依据结构合理性生成方案雏形；二是在参数化建筑设计依据生物学原理、实验现象等原理生成雏形后，再对雏形进行方案评估并依据结构性能进行方案的调整与修改。相比较而言，后者容易在一定程度上缺乏结构合理性，但更有机会生成能够表达建筑师个人设计思想的方案。

结构性能的实时评定在方案比选时必不可少，是生成算法规则逻辑构成中的一部分。在参数化结构设计的过程中，尽管前期的建筑设计可能已经保障了大部分的建筑功能，但结构方案与建筑设计意图相冲突的案例屡见不鲜，建筑性能的实时评价仍不可缺失。如何通过结构方案尽可能提升整体建筑品质是结构工程师必须思考的问题。相比于参数化建筑设计中对结构合理性的考虑，参数化结构设计对结构可靠性的分析与设计更为详尽。

方案性能的实时评价改变了设计师的工作模式。一方面，将他们从大量重复性建模工作中解放了出来，减少了人力、物力、财力的浪费，缩短了设计周期，提高了设计效率；另一方面，将他们的工作重心从建模转向了探索结构的变化形式。它在帮助设计师探索结构多样性、提升结构创意的同时，也能够引发设计师对所选设计参数的思考，总结不同参数对结构性能的影响，提炼出新的结构设计知识和经验。基于这些新的知识和经验，设计人员在之后的项目中就可以进一步完善评价系统，使之做出更加合理化的决策。

在技术层面，上述实时评价机制可以在参数化建筑方案与参数化结构方案之间建立耦合关系，并在同一平台下实现结构性能的分析。目前，Karamba[25]和Millipede[26]等参数化设计工具已具有简单结构分析的功能，能够满足参数化建筑设计对结构性能评价的基本需求。然而，参数化结构设计是一项细致到构件设计的工作，与设计规范紧密相关。因此，参数化平台需要发展更加完善的结构性能评价工具。

2.4.4 设计方案的动态调整

在进行设计方案的生成过程中，设计师往往会遇到以下三种情况：

（1）设计方案的生成结果超出设计师的想象，设计师无法接受；

（2）设计方案不能满足相关设计规范的要求，设计新手难以快速完成方案的调整；

（3）设计方案华丽，但施工难度大、造价过高。

为应对上述三种情况，在参数化设计系统中需要引入动态调整机制。设计方案的动态调整是系统在已知方案或方案群性能评价的基础上，将已有的设计方案不断向设计人员期望的目标接近的一系列技术手段，是参数化设计中算法规则的一部分。它以设计意图参数为调整依据，通过改变设计对象参数来实现方案的调整。

动态调整机制中最重要的是设计方案的调整方向。调整方向是设计对象参数与方案性能指标之间逻辑关系的反映，它决定了参数化设计过程中方案调整的趋势。目前最为常用的是由计算机依据方案性能实时评价自动计算所得到的调整方向，它既可以是具有直接物理含义的显式表达式，也可以是数据驱动的推断型表达式。这种调整方向的制定需要具备丰富结构分析和设计经验的设计师介入。在算法可靠的前提下，由计算机主导的方案调整模式能够自动满足相关规范的设计要求。

然而，计算机并不能完全取代设计师。对于不符合设计规范的结构，经验丰富的结构工程师会根据一系列结构指标，结合设计经验和结构知识，对其进行修正，而这一过程目前难以借助计算机完全实现。因此，系统需要在设计方案动态调整的过程中赋予设计师足够的权力。这种人机协同的方案调整模式更有利于生成感性合理性与理性合理性兼具的方案。

表2-1比较了上述两种调整模式的优缺点。

两种调整模式的对比　　表2-1

对比内容	计算机主导方案调整模式	人机协同方案调整模式
调整速度	依算法而定，全过程速度变化幅度不大	依设计人员的水平而定，前期调整速度快，后期调整速度慢
自动化程度	高	相对较低
设计师参与内容	关于决定调整方向算法流程图的制定	关于决定调整方向算法流程图的制定＋主观选择偏爱方案
方案特征	单一性明显，设计方案理性化	体现设计师的设计思想，设计方案兼具感性与理性

相比较而言，参数化建筑设计处于整个设计流程的前端，更适合人机协同的方案调整模式，而参数化结构设计，尤其是针对结构构件参数的设计，感性设计成分较弱，由计算机主导的方案调整模式会更加适合。

设计师服务的最终对象是投资方。违背投资方的意愿或者给投资方带来巨大经济损失的设计方案是不能被接受的。丹麦建筑设计师John Utzon设计的悉尼歌剧院虽然在2003年获得了普利兹克建筑奖，但正是这个被人夸如盛开的洁白莲花的悉尼歌剧院在实际建造过程中宛如建筑史上的一场噩梦。在1955年最初的建筑方案中，设计师希望利用混凝土薄壳给人一种轻盈的感觉，但是经过众多结构专家的分析，该原始方案难以建成，不得不对原方案进行了大量的调整，在1973年建成时的视觉效果已与原方案的效果相差甚远，项目经费总额超过了1亿澳元。图2–32是建成后的悉尼歌剧院。悉尼歌剧院背后的故事提醒设计师在设计方案的动态调整过程中要充分考虑结构合理性与施工难易度，避免在实际施工过程中出现造价的大幅度提升以至于严重超出投资方的预算。

图2–32　悉尼歌剧院
（图片来源：https://commons.wikimedia.org/wiki/File:SydneyOpera_House.JPG，Bkamprath）

CHAP

3

第 3 章

参数化结构形状生成

结构形状的选择直接影响建筑物的适用性和美感。相较于材料、构件截面尺寸和结构体系，结构整体的形状对结构整体性能的影响要大得多[79]。可以说，结构的形状直接决定了力的分布及其相对比例[80]，如图3-1所示，设计的多样化程度与设计所需的专业知识呈现相反的变化趋势。当结构的几何外形确定后，后续的设计工作均围绕着该结构外形展开，为此，确定一个合适的结构形状对于整个设计有着至关重要的作用。

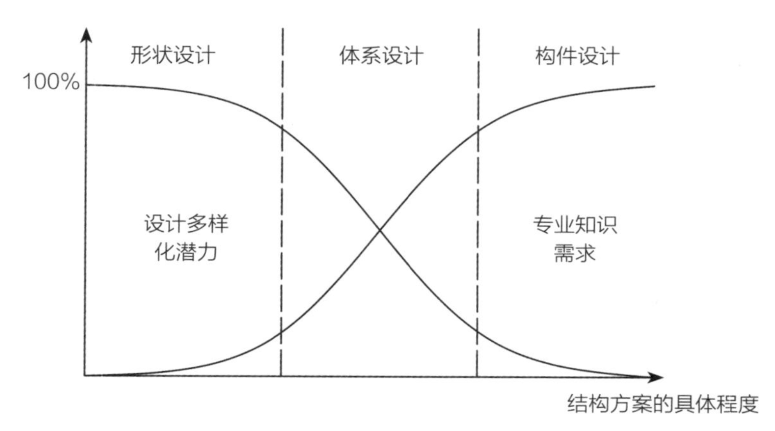

图3-1 设计多样性潜力与专业知识需求的相对关系

结构形态学工作组（SMG）是国际壳体与空间结构学会（IASS）于1991年成立的特殊研究小组，他们首次提出结构形态学（Structural Morphology）的概念。结构形态学是研究“形”与“态”的相互关系，寻求二者的协调统一，目的在于实现一种以合理、自然、高效为目标的结构美学。其中，“形”是指结构形式，包括几何形状、结构体系和内部拓扑关系等内容；“态”是指结构性能，应包括结构的受力状态、适用性（即是否符合使用功能的要求），以及结构效率等内容。基于上述结构形态学研究的目的，设计出想要的结构形状的过程也称为“找形”。曾有许多学者给出了他们各自对“找形”的定义。Lewis[81]关注结构性能，他认为找形是寻找静力平衡状态的过程。Bletzinger[82]在Lewis的基础上进行了补充，认为找形是在给定边界条件下寻找特定应力状态所对平衡形状的过程。Coender和Bosia[83]则跳出了“平衡状态”一词的限制，给出了更为广义的找形定义，即寻找一种合适的建筑与结构形状。

参数化结构形状生成可以理解为利用参数化技术进行结构找形的过程。在该过程中，“态”作为设计要求输入抽象的生成机器，并依据特定的算法规则输出结构的几何形状。这种算法规则可以是大自然的规律，也可以是依据数学和物理原理编制的程序代码。按照生成原理的不同，参数化结构形状生成的算法可以分为：实验法、动力平衡法、几何刚度法、有限元分析法和语法类算法。

3.1　结构找形目标

由于结构找形是在结构设计的初期阶段，其内部的结构体系、材料和构件尺寸均未知，因此相关结构设计规范中的条文尚未能对其起到明确的约束作用。结构找形中的“态”更多的是作为一种体现特定设计目标的设计意图参数输入到找形机器中，并输出实现了该特定设计目标的形状方案。这些特定目标既可以是一种特定的平衡状态，也可以是某一性能设计指标的最小化或最大化，还可以是某些设计指标极致化的综合。以下将对参数化结构形状生成中作为设计意图参数的性能目标进行简单介绍。

3.1.1　结构静力性能

结构在静力作用下的设计要求包含两个层面：一是达到静力作用下的平衡状态；二是得到最合理的静力平衡状态。在静力荷载作用下，结构相对于周围的物体处于静止平衡状态，是结构保持稳定的前提。只有当结构的静力平衡状态能够实现，后续结构设计才能够继续进行。因此，在过去几十年中，许多找形算法的研究学者将注意力集中于如何生成一种处于静力平衡的结构形状。

随着近代数值分析技术的快速发展，结构的静力分析已经能够轻易实现，因此，许多专家将注意力转向了探究不同结构形状的静力性能合理化。虽然合理化可以有众多的理解，但从结构设计的角度来说，静力作用下结构性能的合理化与结构刚度的最大化一致。

从宏观层次来讲，刚度就是力与相应变形量的比值，它反映了物体抵抗作用力下变形的能力。同样的一件物体，改变其形状就会产生不同的刚度。例如，在吃披萨的时候，人们总是习惯将披萨略微卷起来，通过提高披萨的抗弯刚度来防止披萨下垂过大而不便食用。结构的刚度主要包括拉压刚度、弯曲刚度、剪切刚度和扭转刚度等。

在以刚度最大为目标的结构找形算法中，应当充分考虑结构在控制荷载作用下的主要变形形式，选择与之相对应的变形指标来反映该结构的主要刚度。结构上某一特定点的位移是最为直观的静力性能指标。该特定点的选择要能够反映结构的整体性能，并且其位移的方向要与荷载作用的方向保持一致。例如，在确定网壳结构在静力作用下的最合理形状时，常采用顶点的竖向位移作为其刚度的评价指标。此外，结构应变能也是常用的体现整体刚度的静力性能指标。结构应变能又称变形能，是结构通过变形所储存的能量。在静力学中，依据能量守恒定理，外荷载对结构所做的功都会以结构应变能的形式存储在结构中。对于相同的外荷载，结构应变能越小，位移就越小，结构的刚度越大。然而，在实际工程中，结构工程师无法直接估算材料的用量。当材料体积无穷大时，上述两项结构静力性能指标均趋于无穷小，结构的刚度也就趋于无穷大，这显然不合理。因此，在利用上述两项结构静力性能指标进行结构找形时都需要考虑材料体积的影响。最为直接的一种方式就是将静力性能指标转化为单位材料对结构整体刚度的贡献。

3.1.2 结构抗风性能

在结构设计过程中，风与地震是需要考虑的两种典型的动力作用。风是空气相对于地球表面的运动，其最直接的原因是不同区域空气的气压差。季风、热带气旋（包括台风）、温带气旋、雷暴、龙卷风等气候均对建筑有着不同程度的影响。

加拿大西安大略大学的Davenport[84]曾提出了如图3-2所示的风荷载链（Wind Load Chain）。结构工程师在对结构形状参数进行设计时，主要关注空气动力效应和结构力学效应，其中，空气动力效应即是确定由风作用在结构上的荷载。风荷载的大小不仅与风本身的特性有关，还在很大程度上受到建筑外形和周围建筑环境的影响。此外，风荷载还会随着时间和建筑表面的空间位置发生改变。结构动力学则是确定风荷载作用下的结构动力响应，包括自然风湍流和建筑所致特征湍流（气流绕过建筑时产生的不同尺度涡流）引起的顺风向随机振动、由涡流脱落引起的横风向涡流共振等。目前，风洞试验和计算流体动力学是用于探索空气动力效应和结构力

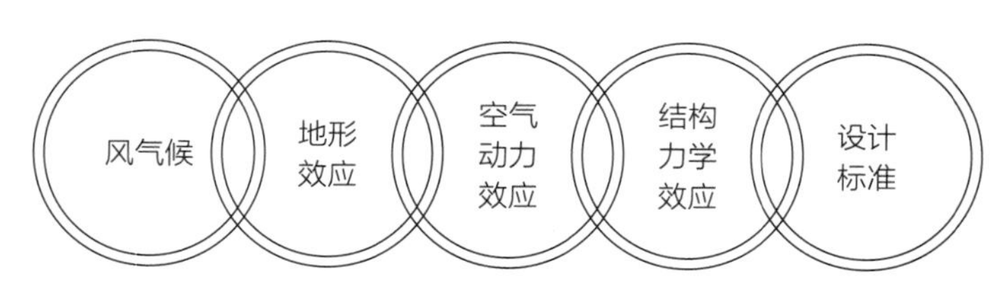

图3-2 风荷载链

学效应的主要手段。后者适用范围广，不受实验条件限制，参数调整方便，但在求解效率和湍流模型等方面还存在一些问题，其计算结果还需要风洞试验的结果加以验证。

由于结构的自振周期尚未确定，风荷载体型系数则成为评价结构形状所受风荷载大小的主要指标之一。该指标描述了建筑物在平稳来流作用下的平均风压分布规律，主要与建筑物的体型、尺度以及地面粗糙度有关。对于具有复杂外形的结构，其风荷载体型系数一般通过风洞试验确定。通过最小化结构体形系数，结构风荷载能够显著降低，从而从荷载层面节省了后续结构设计所需的材料。建筑物表面某点i处的风荷载体型系数计算公式为：

$$\mu_{si} = \frac{2w_{w,i}}{\rho_a v_{w,i}^2} \tag{3-1}$$

式中，ρ_a为空气密度；$w_{w,i}$为风作用在i点处引起的实际压力（或吸力）；$v_{w,i}$是i点高度处的来流平均速度。由于建筑物表面风压分布不均匀，因此常采用加权平均的方法来得到该建筑某一面的体形系数：

$$\mu_s = \frac{\sum_i \mu_{si} A_i}{A} \tag{3-2}$$

式中，A_i是测点i所对应的面积。

大量风洞试验表明，建筑外形的改变能够有效降低结构的风荷载体形系数。如上海中心通过其外形的旋转与收缩减小了建筑不同高度处的横风向气动力相关性，从而有效减小了结构的风荷载响应。

3.1.3 结构抗震性能

地震是地球内部介质局部发生急剧的破裂，产生地震波，从而在一定范围内引起地面振动的现象。地球上板块与板块之间相互挤压碰撞，造成板块边沿及板块内部产生错动和破裂，是引起地震的主要原因。在结构设计中，地震作用的大小与结构自身的动力特性密切相关。在参数化结构形状生成的过程中，对于地震响应的考虑应当分为两种情况：一是外部结构与内部结构分离；二是外部结构与内部结构相连。第一种情况多出现在空间结构中。此时，外部结构自身为一独立的结构，其结构性能与内部结构无关。此时可直接对外部结构进行抗震性能评估。

然而，实际结构中不乏外部结构与内部结构相连协同抗震的案例。对于此类情况，由于结构动力特性未知，一般可以从概念出发，假设结构为实体，从材料力学角度对结构整体性能做出简单评估。某一特定形状下结构底部单位面积提供的惯性矩是常用的指标。在相同的面积下，图3-3中哈利法塔的三叉戟平面的截面惯性矩远大于相同横断面面积下的矩形截面的惯性矩。表3-1是常用截面的截面扭转常数，相同的截面面积下截面扭转常数越大，则可以近似认为这种截面的抗扭性能越强。

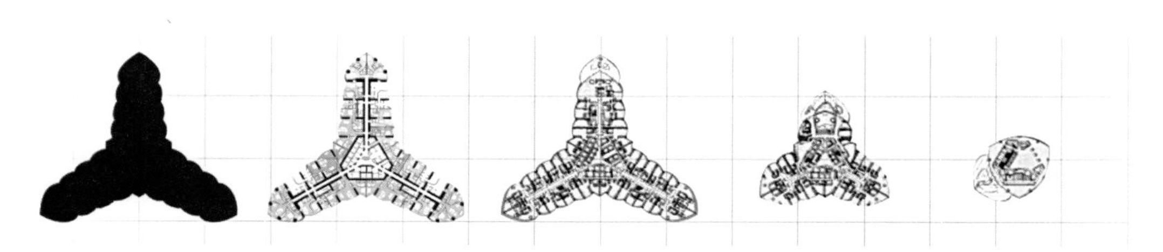

图3-3　哈利法塔平面图
（图片来源：https://commons.wikimedia.org/wiki/File:Comparisonfinal001fx7.png，Paul C. Martens）

常用截面的截面扭转常数　　表3-1

形状	圆形	椭圆形	正方形
扭转常数 J	$J_{zz}=J_{xx}+J_{yy}$ $=\frac{\pi r^4}{4}+\frac{\pi r^4}{4}=\frac{\pi r^4}{2}$	$J\approx\frac{\pi L_a^3L_b^3}{L_a^2+L_b^2}$	$J\approx 225a^4$
参数含义	半径 r	长轴长度 L_a 短轴长度 L_b	半边长 a
形状	长方形	等厚薄壁管	圆形等厚薄壁管
扭转常数 J	$J\approx\beta ab^3$	$J=\frac{1}{3}U_pt^3$	$J=\frac{2}{3}\pi r_at^3$
参数含义	a 为半长边；b 为半短边；β 为矩形截面扭转系数	薄壁厚 t 薄壁中线周长 U_p	薄壁厚 t 平均半径 r_a

3.1.4　生成途径

参数化结构形状生成途径大体可分为两种：一种是基于参数化建筑生成的结果，通过对其外形进行调整和优化生成新的结构外形；另一种则是以“态”作为设计要求直接输入到抽象的生成机器，依据特定的算法规则输出结构的几何形状。两者的最大区别在于对建筑功能的考虑程度。前者在参数化建筑生成的过程中已经考虑了人流线、采光等功能要求，结构优化则是对已有方案的再修正；后者则是以结构为起点，将其作为探索建筑外形的工具，其生成的结果并不一定能够满足建筑设计的要求，适用于建筑功能相对单一的建筑。若将后者用于具有复杂建筑功能的建筑，则需要在找形的过程中加入更多对非结构性能的考虑。

3.2 实验找形法

实验找形法是最早的参数化找形方法。其实验条件中的每一个参数都会对最终生成的形状产生不同程度的影响。Robert Hooke在1675年就已经发现了通过翻转悬吊方式来进行拱顶找形的方法。这种方法后来被发展成为逆吊实验法，该方法是一种曲面自形成方法，是一种基于力学平衡原理的零弯矩结构形态创建方法。其基本原理是利用柔性材料在荷载作用下只能承受拉力的自然法则，通过事先给定边界条件和荷载分布，获得在悬吊状态下的纯拉结构形状，再对模型进行固化、翻转操作，获得在相应荷载作用下的纯压结构形式。这一特性也使该方法在混凝土壳的生成中有着广泛的应用，并在早期结构形态学发挥了重要作用。西班牙建筑师Antonio Gaudi采用逆吊实验法设计了具有丰富多样曲面的圣家族大教堂。逆吊实验法思路简单清晰，实现相对容易，对于壳体结构理论上能够实现零弯矩。但该方法也存在一些弊端和不足，它只代表了一种验证稳定性的方式，在实际设计中还需要考虑建筑容量、光照、卫生等其他因素。此外，悬挂模型任何局部的改变都会影响全局的平衡状态，很难获得想要的最终构型，整个过程需要小心谨慎地进行。尽管如此，由于该方法通用性好，同时考虑了结构合理性和建筑美学，早期多应用于剧院、泳池、体育馆等的屋顶设计。

Otto[85]在对帐篷式建筑进行研究过程中，总结出了“最小曲面”对帐篷式结构设计的重要性。为了找出“最小曲面”，Otto进行了肥皂泡试验，后称为皂泡法，该方法是把闭合的外框架浸入肥皂水中后再取出，使得皂泡水会在框内形成很薄的膜。这种膜的表面积总是最小的，并且各处的表面压力基本相同，是一种理想的膜结构形状。

与Otto一个时期的Lsler[86]也进行着混凝土薄壳的找形实验。他发现，枕套受到内部填充材料的挤压，枕头会自动获得其独特的形状。枕套在内部压力作用下受拉而不承受弯矩。上述充气薄膜找形法可以描述为在特定边界条件下通过充气使内部压强增大直至稳定生成结构形状。这种方式产生的结构体系经济、合理，适用于多跨组合空间，在工业建筑中得到了大量的应用。Bini[87]于20世纪60年代设计的Bini壳（图3–4）就是典型的充气薄膜找形作品。

早期的实验找形法是基于真实模型试验的方法，实验过程中存在着模型制作过程复杂、加载方式单一、测试精度难以保证等问题。然而，随着计算机技术的发展，数值分析与逆吊实验法的结合被广泛应用，大大提高了找形效率，缩短了设计周期。Hangai[88]根据广义逆矩阵理论解决了悬索等形状不稳定体系的初始形态确定问题，实现了逆吊实验法的数值化；Ramm和Mehlhorn[89]通过对特定荷载作用下的薄壳结构进行非线性有限元分析，获得了与逆吊实验类似的平衡曲面；Bletzinger等[90]对数值找形方法进行了系统研究，实现了皂膜实验、逆吊实验的数值模拟。结合现代传感技术，风洞中感应器所获取数据代表的环境性能与相应建筑形态物理参数的逻辑一开始就被植入代码中，为风荷载作用下高层建筑的找形提供了技术支持。然而，实验法仍难以在考虑多工况的前提下寻找结构的最优形状。此外，在单一荷载作用下所得的形状种类单一，不一定能够满足建筑师的审美要求。

图3-4　Bini壳
（图片来源：https://commons.wikimedia.org/wiki/File:BiniShell.jpg，lifeasdaddy）

3.3　动态平衡法

动态平衡法通过求解动力平衡方程，达到与静力平衡等效的稳定状态。动力松弛法是该类算法的典型。

3.3.1　基本原理

Day和Bunce[91]于20世纪70年代首先针对索网结构提出动力松弛法的概念。动力松弛法的基本思想如下：离散后的非平衡初始构形，在非平衡力的作用下围绕平衡位置进行有阻尼振动，终将达到某一静力平衡状态。由于各单元的大小在找形的初始阶段未知，因此，在动力松弛找形分析的过程中需要假定各节点的质量和阻尼，即虚拟质量和虚拟阻尼。该方法实质是利用动力方法解决静力问题，达到结构体系的总势能稳定状态，其原理和有限元方法类似。动力松弛法概念明确，算法简洁，能够稳定地自动进行，收敛性好，并且可以不组装总体刚度矩阵，节省计算机内存，相比于有限元分析法计算更快。动力松弛法基本理论的推导过程如下：

索网结构体系的总势能表达式：

$$\phi = C + V_{\mathrm{p}} \tag{3-3}$$

式中，ϕ为结构总势能；C为结构弹性应变能；V_{p}为外力势能。

当结构离散为网格后，上式可表示为式（3–4）所示的离散形式：

$$\phi = \sum U_{\mathrm{m}} - \boldsymbol{F}^{\mathrm{T}}\boldsymbol{d} \tag{3-4}$$

式中，U_{m}是第m个单元的弹性应变能；$\boldsymbol{F}$和$\boldsymbol{d}$分别为结构的外荷载向量和节点位移向量。总势能对节点位移的偏导数如下：

$$\frac{\partial \phi}{\partial \boldsymbol{d}} = \sum \frac{\partial U_{\mathrm{m}}}{\partial \boldsymbol{d}} - \boldsymbol{F} = \boldsymbol{K}\boldsymbol{d} - \boldsymbol{F} \tag{3-5}$$

由最小势能原理可知，当结构在外力下处于稳定平衡状态时，结构的总势能最小，即总势能对节点位移的梯度为零。由上式可知，总势能对节点位移的梯度等于恢复力和外力的差，结合动力平衡方程，可将上式进行转化，得到如下表达式：

$$\frac{\partial \phi}{\partial \boldsymbol{d}} = -\boldsymbol{R} = \boldsymbol{M}\ddot{\boldsymbol{d}} + \boldsymbol{c}\dot{\boldsymbol{d}} \tag{3-6}$$

式中，$\boldsymbol{R}$为各个节点存在的不平衡力向量；$\boldsymbol{M}\ddot{\boldsymbol{d}}$与$\boldsymbol{c}\dot{\boldsymbol{d}}$分别为运动过程中的惯性力和阻尼力向量。结合差分法不难得到：

$$\dot{d}_i^{\mathrm{t}+\Delta \mathrm{t}/2} = \left| \frac{\dfrac{m_i}{\Delta t} - \dfrac{c_i}{2}}{\dfrac{m_i}{\Delta t} + \dfrac{c_i}{2}} \right| \dot{d}_i^{\mathrm{t}-\Delta \mathrm{t}/2} + \frac{R_i^{\mathrm{t}}}{\dfrac{m_i}{\Delta t} + \dfrac{c_i}{2}} \tag{3-7}$$

$$x_i^{\mathrm{t}+\Delta \mathrm{t}/2} = x_i^{\mathrm{t}} + \dot{d}_i^{\mathrm{t}+\Delta \mathrm{t}/2}\Delta t \tag{3-8}$$

由于各节点的位移与速度在迭代时可以单独进行，因此不需要形成总体刚度矩阵。求得位移后，可计算出结构的内力还有各节点新的不平衡力，然后进入下一轮迭代直至结束。

3.3.2 发展与应用

动力松弛法早期主要用于索网结构的找形。Cundall[92]在20世纪70年代提出运动阻尼的概念。依据该概念，动力松弛法的找形过程被分为若干个无阻尼阶段，在每个阶段依据动能最大的原则，确定该阶段的临时平衡位置，之后再从该平衡位置开始，以零初速度为初始状态寻找下一个临时平衡状态，直至收敛。当最终平衡状态的实际质量和阻尼与虚拟质量和阻尼相差较大时会产生较大的误差，因此时间步长的选择对算法的收敛性有极大的影响。Oakley和Knight[93]给出了自适应动力松弛算法以及保证计算收敛的充分条件：如果时间步长的取值大于应力波在结构节点间传递的最短时间，则算法不收敛。Ochsendorf[94]将动力平衡的思想融入粒子弹簧系统，实现了三维索网结构的找形。

随着结构类型的逐渐丰富，许多学者也开始研究该方法在其他结构体系中的应用。膜结构可以近似理解为空间密度极高的索网结构。众多研究结果表明[95~98]：在利用动力松弛法对膜结构进行找形过程中，阻尼系数的取值不会影响到算法的收敛性，但会对收敛速度产生影响。当采用临界阻尼时，算法的收敛速度最快。当结构的节点数较少时，动力松弛法有很好的收敛性，但是随着节点数的增加，收敛性变差。此外，由于需要求解大量的动力方程，采用动力松弛法得到最终平衡形态的总体速度较慢[99]。图3-5中的荷兰海事博物馆是应用动力松弛法进行找形的典型结构。

动力松弛法的参数选择大多与算法有关，例如虚拟质量和虚拟阻尼的取值。当然，初始形状的网格划分也是影响最终生成结构形状的主要因素，因此在参数化设计的过程中可以利用一些参数控制初始形状的离散方式，从而生成不同的曲面。

3.3.3 算例

Grasshopper[23]中的Kangaroo插件[30]是当前较为流行的找形工具，其基于粒子弹簧系统，通过动力平衡法寻找稳定状态。使用Kangaroo插件进行找形的过程包括：网格的建立、锚固点的确定、结构张力以及外荷载的施加和动力迭代生成形状共四个过程，整个电池组装结果如图3-6所示。在该算例中，首先建立矩形平面网格，并通过Spring from Mesh电池向网格赋予弹性，同时设置纵向均布荷载作为结构的外荷载。在该算例中，选用4

图3-5 荷兰海事博物馆
（图片来源：https://en.wikipedia.org/wiki/Nederlands_Scheepvaartmuseum#/media/File:National_Maritime_Museum_Amsterdam.JPG, BristolIcarus）

个点作为可移动的突出点，对于突出点进行坐标的调整即可得到形状不同的结构；对于地面的锚固点，选择每隔两个网格进行一次锚固的方式。图3-7为张拉膜结构在不同荷载作用和不同拉伸高度下经动力平衡所得到的形状，图中，q_p为点荷载大小；k_{spr}为弹簧刚度；H为拉伸点高度。

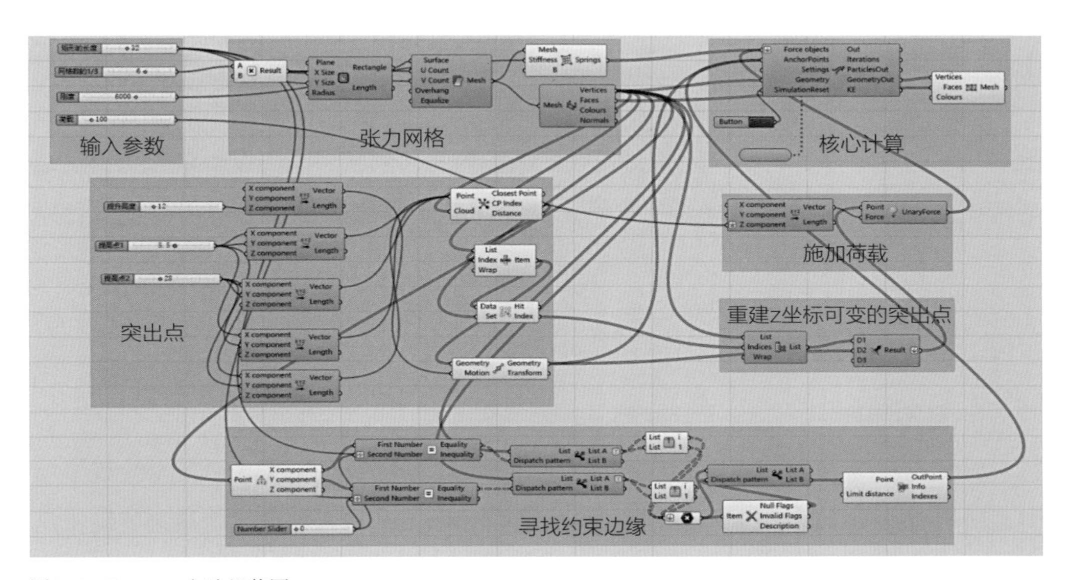

图3-6　Kangaroo电池组装图

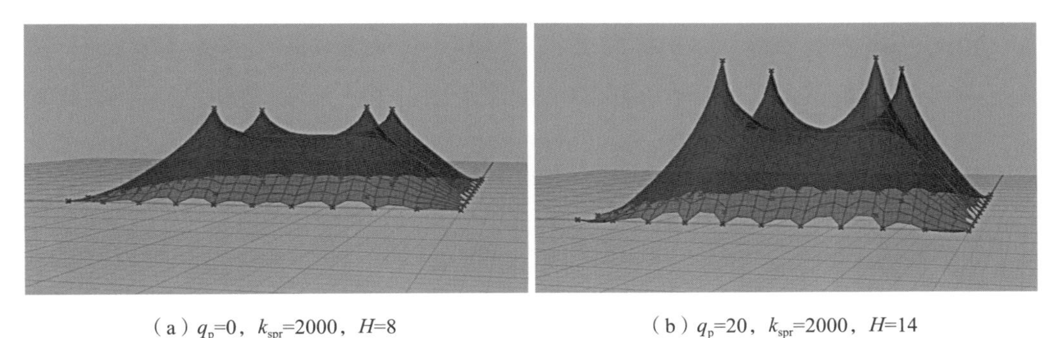

（a）q_p=0，k_{spr}=2000，H=8　　（b）q_p=20，k_{spr}=2000，H=14

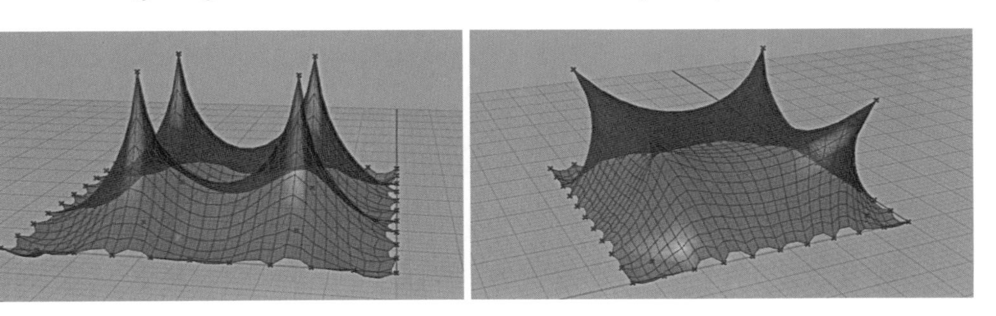

（c）q_p=200，k_{spr}=4000，H=14　　（d）改变水平位置锚固点

图3-7　Kangaroo不同参数生成的结构

在使用Kangroo插件进行膜结构生成时可以清楚地看到膜结构由振动状态逐步达到稳定平衡的状态，演示了其利用动力平衡方程解决找形问题的思想。在Grasshopper中通过参数化的控制可以轻松得到所需的各种不同荷载以及材料性质下的索膜结构，使得结构找形过程简单便捷。

3.4 几何刚度法

几何刚度法与材料属性无关，只考虑结构的几何刚度。静力图解法和力密度法是两类典型的几何刚度找形法，而推力网格分析则将图解法与力密度的概念相结合，主要解决纯受压结构的交互式快速找形问题。

3.4.1 静力图解法

1. 基本原理

对于一根绳索，例如电缆或链条，它们不能传递弯曲力矩，也不能传递压缩力，所有载荷只能通过拉力传递。Varignon[100]标记了一根无弹性、无量纲的绳子承受荷载的变形状态，计算得到了多段线在受多个力作用时几何形状与内力之间的关系。这种形与力之间的相互关系是静力图解法的原型。纯受压的结构构件与上述绳索的情况正好相反，所形成的结构在形式上与纯受拉结构对称。

两点之间直线最短，结构构件传递载荷最有效的方法是通过轴向变形而并非弯曲。静力图解法正是基于上述轴向力传递思想所提出的一种结构找形与分析方法。该方法的核心是建立形与力两个空间中形与力多边形之间的映射关系。在形的空间中，节点代表了建筑的实际节点，线的长度则代表了杆件的相对长度；在力的空间中，力矢量的交点代表了形空间中的节点，力矢量的长度则代表了力的相对大小，方向与形空间中杆件的方向保持一致。图3–8为利用静力图解法进行纯受压屋面找形的过程，具体操作过程如下：

（1）拟定屋面大致形状，分段估算作用在结构上的主要荷载。本算例中恒荷载与活荷载分别为4kN/m^{2}和0.5kN/m^2，初步形状为通过X，Y，Z三点的抛物线，其中X和Z是曲线的起始与终止点，Y是拟定的曲线最高点；

（2）在力空间中画出由外荷载所形成的力矢量图，以竖向荷载作为分界线划分形，以A–Z编号，假定力空间中内力矢量的交点（Pole，或称极点），结合力空间中力的编号，在形空间中绘制出与相应力向量平行的线段，形成试验多线段（形空间中线的编号依据Bow[101]所制定的命名规则确定）；

（3）在试验多线段上获取与Y同一水平坐标的点Y'，并与试验多线段的起点X'和终点Z'相连，再依据线与力矢量的平行关系在力空间中绘制平行线得到点m，n，并依据形空间中所期望实际结构的中点Y与结构起点X和终点Z的连线方向，绘制出通过m和n的相应平行线，相交得到最终的极点；

（4）依据力空间中力向量与形空间中线段的平行关系，从X点出发从左向右以此绘制线段，得到最终只承受压力的多线段。

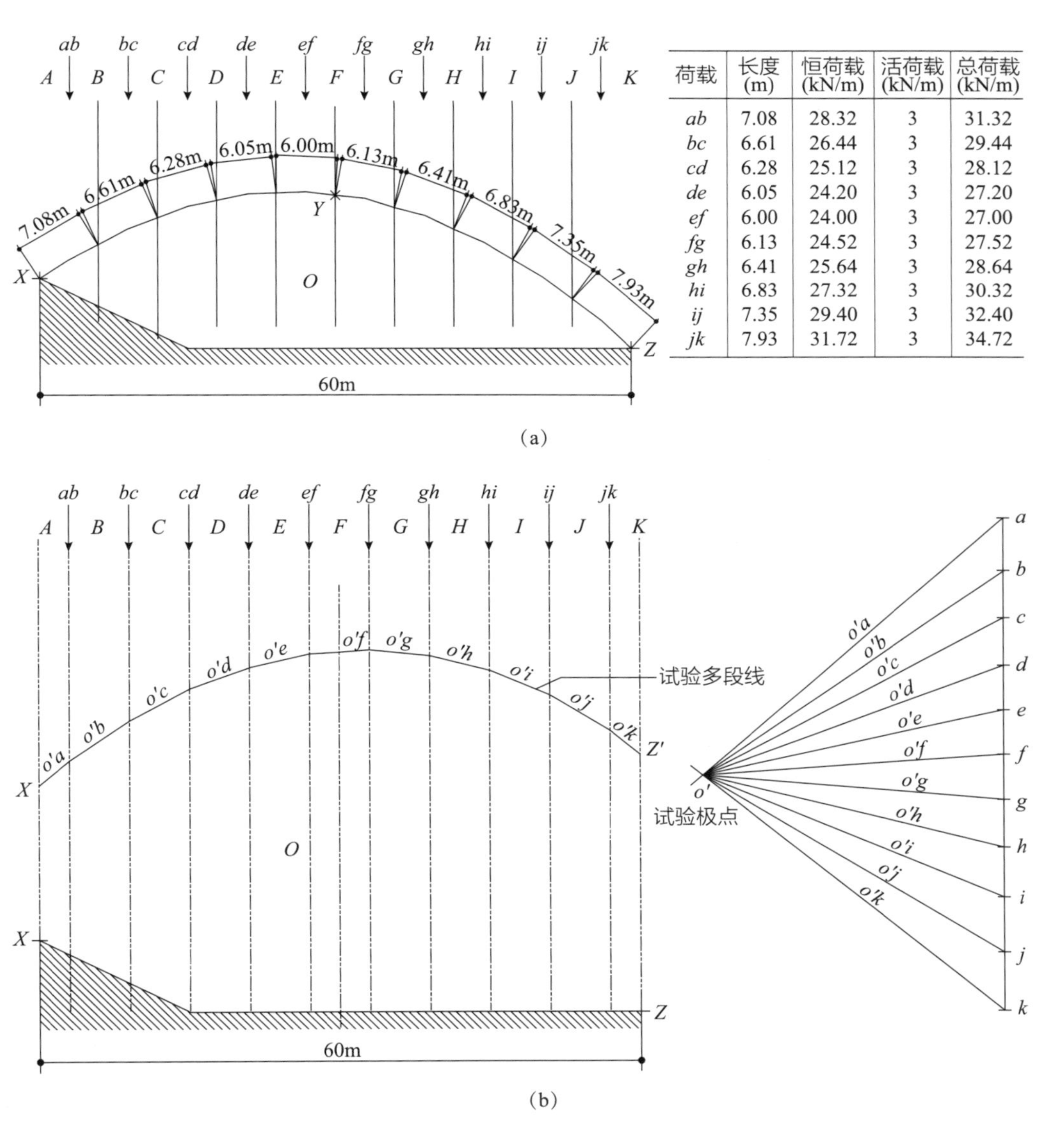

荷载	长度 (m)	恒荷载 (kN/m)	活荷载 (kN/m)	总荷载 (kN/m)
ab	7.08	28.32	3	31.32
bc	6.61	26.44	3	29.44
cd	6.28	25.12	3	28.12
de	6.05	24.20	3	27.20
ef	6.00	24.00	3	27.00
fg	6.13	24.52	3	27.52
gh	6.41	25.64	3	28.64
hi	6.83	27.32	3	30.32
ij	7.35	29.40	3	32.40
jk	7.93	31.72	3	34.72

图3-8 纯受压屋面的找形过程（一）

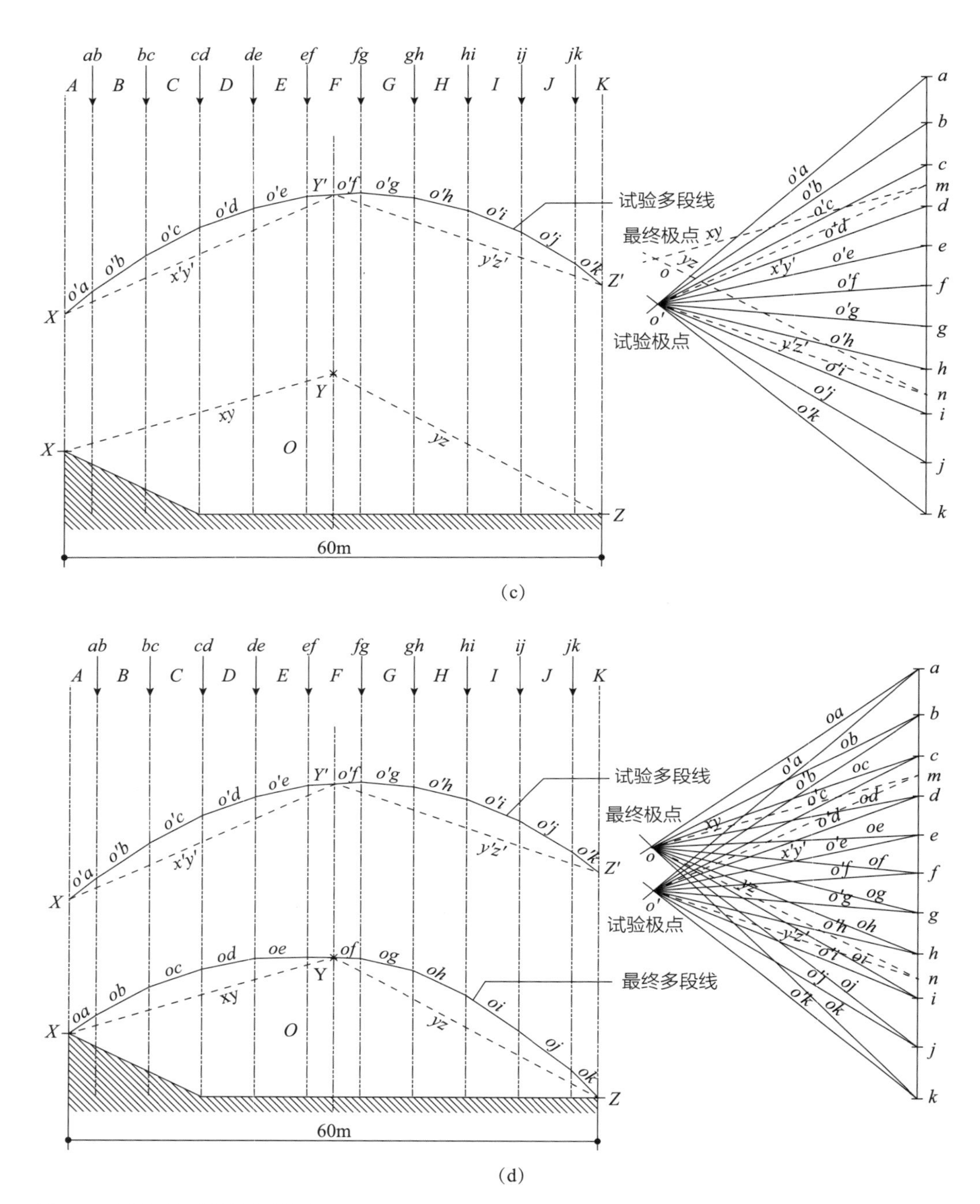

图3–8 纯受压屋面的找形过程（二）

上述找形的过程是灵活机动的，结构工程师也可以预先设定期望的结构形状，并依据该形状的特性来确定极点的位置。Y点的位置选取也取决于设计人员，一般取水平方向上的中点，其具体高度由设计人员根据工程实际情况确定。

静力图解法除了可以用于结构找形外，也可以对已知的纯拉压结构进行内力

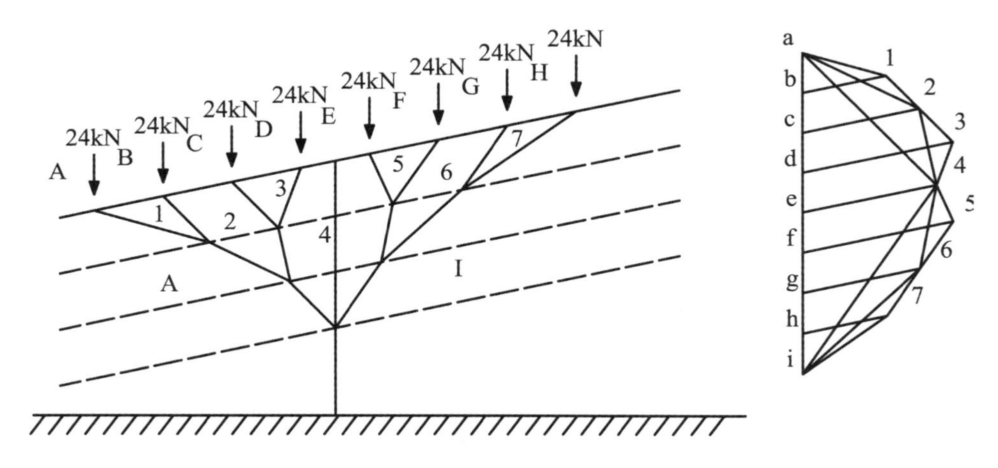

图3-9　静力图解法对某一树形结构的分析结果

分析。分析过程的核心是建立由形到力的映射，具体流程不在此赘述。图3-9演示了通过静力图解法对树形结构分析的结果，右侧的内力图表示的是杆件轴力的相对大小。

2. 发展与应用

自Varignon[100]提出静力图解法的原型之后，德国工程师Culmann对静力图解作出了突出贡献，被称作“图形静力学之父”。在其1866年出版的书[102]中，Culmann首次系统性地介绍了图形静力学并阐述该技术在复杂的结构问题中的应用并正式确立“图解静力学”这一学科。Maxwell[103]于1864年成功地将静力图解法应用于桁架结构，并揭示了静力平衡状态下形与力的交互关系，是交互图形理论的奠基人。但是他的成果价值没有在设计领域得到承认，直到Bow[101]在1873年借助自己所定义的标注法对其进行了详尽的解释，并用于4种框架结构的设计实践。Koechlin师从Culmann，作为埃菲尔铁塔的合作设计者之一，他在设计过程中借助静力图解法求解了在风荷载作用下的结构形态[104]。

美国数学家Eddy[105]发表了关于静力图解法在穹顶薄壳领域的研究。该研究使得静力图解法不再拘泥于杆件结构，而是向整体结构进发。Mohr教授则将静力图解法应用于连续梁的求解问题，从而使静力图解法迈入了超静定问题的领域。Allen和Zakewski[106]撰写了强调实际设计应用和图形静态法相结合的入门教科书，该教材上的内容可以借助简单的滚动平行尺来实现。

随着计算机和有限单元法的出现，大多数结构工程师逐渐抛弃了静力图解法，转向采用数值计算方法对结构进行分析。这种“黑箱”式的方法操作简单，可以用于复杂荷载条件作用下超静定结构的分析。但仍有少数建筑领域的专业人士继续坚持对静力图解法的探索。德国工程师Franz Dischinger提出了利用静力图解的思想确定混凝土薄膜结构膜应力的方法，是静力图解法在混凝土薄壳结构中应用的最早论著之一[107]。瑞士结构大师Maillart是静力图解法在钢筋混凝土结构设计领域的先驱，他的作品包括了图3-10中的田瓦纳萨桥（Tavanasa Bridge）、图3-11中的施万巴赫桥（Schwandbach Bridge）等。

数值方法的“黑箱”性质导致了结构工程师对于结构概念和设计思维的弱化。进入21世纪后，建筑师们逐渐意识到了这个问题并开始强调静力图解法在方案设计阶段的应用价值，研究主要集中在推动图解静力学与计算机技术的结合，提高其应用的便捷性和多样性。Zastavni[108]借助静力图解法再现了图3-12中Maillart的瑞士基亚索（Chiasso）地区棚顶。设计结果表明，该棚顶的形状与竖向荷载作用下静力图解法所得到的形式基本一致。

图3-13中的瑞士萨尔基那山谷桥（The Salginatobel Bridge）被誉为20世纪最美桥梁之一，同样也出自于Maillart之手。Fivet和Zastavni[109]则回顾了萨尔基那山谷桥的早期设计过程，并通过图形算法揭示了该作品形状与力流的统一性。MIT的Ochsendorf长期致力于图解静力学的研究，强调结构与形式高度融合，在具有良好经济性的同时提高结构的多样性。ETH的Block则主要致力于砌体结构分析、图形

图3-10　田瓦纳萨桥
（图片来源：http://viewer.e-pics.ethz.ch/ETHBIB.Bildarchiv/index2.php?id=ETHBIB.Bildarchiv_Hs_1085-1905-6-1-160，Bildarchiv）

图3-11　施万巴赫桥
（图片来源：http://viewer.e-pics.ethz.ch/ETHBIB.Bildarchiv/index2.php?id=ETHBIB.Bildarchiv_Hs_1085-1933-2-PL，Unbekannt）

图3-12 瑞士基亚索（Chiasso）地区棚顶
（图片来源：https://www.e-pics.ethz.ch/index/ethbib.bildarchiv/ETHBIB.Bildarchiv_Hs_1085-1924-25-1-2_41905.html，Unbekannt）

图3-13 瑞士萨尔基那山谷桥
（图片来源：https://commons.wikimedia.org/wiki/File:Salginatobel_Bridge_mg_4080.jpg，Rama）

分析和设计方法、计算机找形与结构设计等领域的研究。

在平面纸上采用Föppl[110]所提出的三维静力图解法分析结构非常具有挑战性。为进一步推动静力图解法的数字化，Van和Block[111]提出了一种通用的、非过程化的代数方法来对结构进行图解分析，将形与力之间的关系式以代数形式进行表达，从而使得静力图解法的通用性更强，灵活程度更高。然而，上述过程只能针对既有的结构进行分析，并不能通过改变力的多边形得到新的结构形状。针对该问题，Alic与Akesson[112]于2017年提出了静力图解法的双向代数形式，并应用于桁架、拱结构、预张拉索结构等结构类型。

3. 小结

长久以来，建筑师与结构工程师合作的重要障碍来源于两个专业思维模式的不同。建筑是几何的构成物，因此建筑师在进行设计时往往会基于图解的思维在脑中构思抽象的空间和形式。结构工程师则倾向于借助理想化的数值计算对结构的稳定性和承载力进行分析。然而，这种数值计算方法往往是以“黑箱”的方式参与到设计过程中。建筑师与经验不足的结构工程师在初次使用此类“黑箱”式工具时难以对建筑形式与结构逻辑之间的关系给出明确解释，也就无法准确、合理地修改设计方案。

静力图解法能够在关联结构逻辑和建筑形式的基础上，将结构性能以图解的方式可视化，建立结构逻辑和建筑形式之间的互动关系，帮助设计师衡量方案的结构合理性，并探究特定方案中局部建筑形式变化对结构性能所产生的影响，从而形成更具结构合理性的初步方案。结合参数化技术和静力图解的丰富变化形式，设计师可以进一步探索形空间中结构形式的多样性。设计师可以借助上述特点设计出具有创新性的结构，图3-14中瑞士建筑师Kerez所设计的劳琴巴赫学校综合楼（School

Building in Leutschenbach）就是这样一个具有创意的建筑结构。

图3-14　劳琴巴赫学校综合楼
（图片来源：https://www.archdaily.com/382485/leutschenbach-school-christian-kerez，Kerez C）

静力图解法在结构找形领域的研究工作主要集中于索结构、壳体结构等空间结构。对于高层建筑乃至超高层建筑，静力图解法的应用主要集中于外围结构的设计，尚未涉及包含剪力墙、楼板等构件在内的整体结构分析。虽然Block等学者结合数学知识解决了部分结构形式的超静定问题，但是静力图解法在复杂建筑结构找形中的应用仍不成熟。

此外，静力图解法虽然能够进行结构分析，但主要用于结构找形。由于静力图解法一般难以考虑超静定以及材料和几何非线性问题，因此不适用于后续为保障结构可靠性的结构分析与设计。Gaudi用静力图解法进行了奎尔公园（Park Güell）的概念设计，在寻找到合适的形态之后，在结构工程师的帮助下完成了后续的结构设计；Koechlin用静力图解法设计了埃菲尔铁塔，在找到抗风的初始结构形态之后，细节部分的结构安全性仍然难以保证。建筑师Kerez与结构工程师Schwartz合作的建筑作品总是呈现出非常强的结构特征。他们作品的初步设计结果就是来自于静力图解法，后期再通过详细的结构设计确保形式的可建性[113]。以上例子说明，图解静力学作为概念设计阶段的工具，对建筑形式创作具有重要价值，但尚不能取代完整的结构设计。

3.4.2　力密度法

1. 基本原理

力密度法最初由Schek在1974年提出[114]。该方法的基本原理是将结构离散成节点和杆的网格模型，根据结构单元和节点之间的拓扑关系，依据预先设定的力密度值或应力密度值，建立关于节点坐标的平衡方程组，从而求解各节点的坐标，得到相应的曲面形态。

以索网结构为例，对结构中任意节点i，考虑与其相连的所有线单元的力与该节点上的外荷载，若用j标记空间中相互正交的三个方向，则可建立如式（3-9）所示的静力平衡方程：

$$\sum_{k=1}^{n_i}\frac{x_i^j - x_k^j}{L_{ik}} s_{ik} = f_i^j \qquad (j=1,2,3) \tag{3-9}$$

式中，n_i为交汇于节点i的索单元数；L_{ik}为连接节点i和k单元的长度；f_i^j为作用于节点i的荷载在j方向的分量；x_i^j为节点i在j方向上的坐标；s_{ik}为两端节点为i和k杆件的内力。此时，引入力密度的定义，即单位长度上的杆件内力。

为描述结构内各线单元的连接关系，采用如图3-15所示的拓扑矩阵$\boldsymbol{C}$存储节点之间线单元之间的联系。$\boldsymbol{C}(i,j)=1$表明节点j是杆件i的头节点，$\boldsymbol{C}(i,j)=-1$表明节点j是杆件i的尾节点，$\boldsymbol{C}(i,j)=0$表明节点j与杆件i无关。这样的设置方式是考虑到杆件内力在分别以首、尾节点为中心的平衡方程中大小相等且方向相反。一般情况下，默认以编号小的节点作为起点，编号大的节点作为终点。拓扑矩阵可根据节点是否被约束分为未约束拓扑矩阵$\boldsymbol{C}_\mathrm{f}$和约束拓扑矩阵$\boldsymbol{C}_\mathrm{r}$。类似地，节点也可以根据是否被约束分为未约束节点$x_\mathrm{f}$和未约束节点$x_\mathrm{r}$。

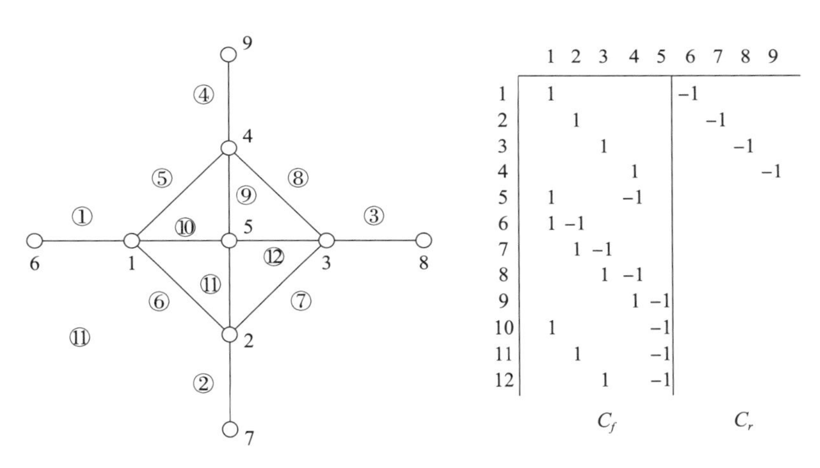

	1	2	3	4	5	6	7	8	9
1	1					−1			
2		1					−1		
3			1					−1	
4				1					−1
5	1			−1					
6	1	−1							
7		1	−1						
8			1	−1					
9				1	−1				
10	1				−1				
11		1			−1				
12			1		−1				

图3-15　平面索网结构及其拓扑矩阵

结合上述力密度的定义以及网格的拓扑关系矩阵，将上述对于单个节点的平衡方程扩展至整个结构，方程如下：

$$\boldsymbol{C}^\mathrm{T}\Delta\boldsymbol{X}^j\boldsymbol{L}_\mathbf{H}^{-1}\boldsymbol{s}=\boldsymbol{C}^\mathrm{T}\Delta\boldsymbol{X}^j\boldsymbol{q}=\boldsymbol{f}^j \qquad (j=1,2,3) \tag{3-10}$$

式中，$\boldsymbol{C}$为拓扑矩阵；$\Delta\boldsymbol{X}^j$为杆件两端节点j方向上的坐标差所形成的对角矩阵；$\boldsymbol{L}_\mathbf{H}$为杆件长度所形成的对角矩阵；$\boldsymbol{s}$为杆件的内力向量；$\boldsymbol{q}$为力密度向量；$\boldsymbol{f}^j$为$j$方向的外荷载向量。由于$\Delta\boldsymbol{X}^j$和$\boldsymbol{q}$分别为对角矩阵和向量，可将两者的对应元素互换，即$\Delta\boldsymbol{X}^j\boldsymbol{q}=\boldsymbol{Q}\Delta\boldsymbol{x}^j$（$\boldsymbol{Q}$为对角元素为$q$的对角矩阵），上述公式可改写为：

$$\boldsymbol{C}^\mathrm{T}\boldsymbol{Q}\Delta\boldsymbol{x}^j=\boldsymbol{f}^j \qquad (j=1,2,3) \tag{3-11}$$

不妨设$\boldsymbol{D}_{\mathrm{f}}=\boldsymbol{C}^{\mathrm{T}}\boldsymbol{Q}\boldsymbol{C}_{\mathrm{f}}$和$\boldsymbol{D}_{\mathrm{r}}=\boldsymbol{C}^{\mathrm{T}}\boldsymbol{Q}\boldsymbol{C}_{\mathrm{r}}$，即可求得如式（3-12）所示的索网结构在特定力密度下的坐标：

$$\boldsymbol{x}_{\mathrm{f}}^{j}=\boldsymbol{D}_{\mathrm{f}}^{-1}(\boldsymbol{f}^{j}-\boldsymbol{D}_{\mathrm{r}}^{-1}\boldsymbol{x}_{\mathrm{r}}^{j}) \quad (j=1,2,3) \tag{3-12}$$

式中，$\boldsymbol{D}_{\mathrm{f}}$与$\boldsymbol{D}_{\mathrm{r}}$分别为与自由和被约束节点所对应的约束矩阵。由上述推导过程可以看到，力密度法是在给定边界条件和外荷载下，以力密度作为参数，依据静力平衡方程得到结构形状的一种找形方法，即节点坐标是力密度的线性函数。力密度法的最大优点是采用线性方式求解，避免了动态平衡法中的迭代计算，在具有较强适用性的同时具有较快的运算速度。

2. 发展与应用

力密度法是在静力图解法之后发展的首批数值找形算法。起初，该算法主要用于索网结构的找形。Schek[114]推导了扩展力密度法的基本公式，采用最小二乘法原理得到满足附加约束条件的初始平衡形状。需要指出的是，力密度法是在初始应力分布已知的情况下，求解几何形状的一种算法。在实际设计过程中，设计人员很难预先知道结构的初始应力分布。因此，在实际应用力密度法时往往需要进行试算。另一种相反的情况是把索网面几何形状作为已知条件来求解满足平衡条件的初始应力分布，这种问题如没有另外附加条件的话，解是不确定的。Haber和Abel[115]采用广义最小二乘法策略来求解满足平衡条件的初始应力分布。Sánchez等[116]结合曲面拟合技术提出了一种多步力密度方法，可以在少量的迭代步之内得到具有光滑应力分布性质的形状。

对于同样属于张力结构的膜结构，力密度法在改进后也可以使用。膜结构找形的关键是解决膜单元的离散问题。恰当的离散方法能够提高计算精度，节省计算时间，得到更为理想的曲面形状。常用的膜结构离散方法包括等效索网法和三角形单元法。前者是基于一种离散化的直观思维，将一个膜结构简单地离散成索结构，然后利用力密度法进行找形。这种离散方法一般用于纺织膜结构找形，在房屋建筑结构中运用较少。相比之下，三角单元法能够更加精确地模拟膜结构的受力特点，在膜结构的找形中运用较广。传统力密度法在膜结构设计中的推广，可以采用具有各向同性应力张量的三角形单元，通过迭代求解，最终收敛于满足静力平衡方程的几何构形[117]。其中，在保障结构在特定外荷载下平衡的同时，密度的改变会引起膜结构形式的改变，而形式的改变则会引起表面面积的变化。对此，有学者围绕着最小表面膜结构的问题展开了深入的研究[118]。Moncrieff和Topping[119]则将力密度法与膜结构的裁剪分析技术结合起来，开发了膜结构从找形到裁剪分析全过程的交互式辅助设计程序包。

3. 小结

在设计对象上，力密度法主要应用于索结构、膜结构等张力结构。它通过引入力密度的概念，将原本的非线性方程转为线性方程，大大加快了形状的求解效率。同时，力密度法在求解张力结构形状的同时，还能够引入应力约束、几何空间约束等设计因素，因此所求解的形状无论是在受力上，还是在建筑功能上都具有一定的合理性。结合现有的参数化技术，算法可以力密度值为参数，结合优化算法，寻找各平衡状态形状中最令设计师满意的方案。

力密度法的求解依赖于特定的外荷载。设计人员在应用力密度法找形前必须根据已有的工程信息估算出作用于结构的主要外荷载。对于低矢跨比的大跨空间结构，通常情况下竖向荷载控制着结构的主要响应。膜结构单元的划分方法对最终的曲面形状也有较大的影响，然而如何对网格进行合理划分在学术界一直存在争议。此外，对于外荷载和网格划分均相同的结构，力密度的大小需要结合实际的结构材料、截面等进行合理确定。

与静力图解法相比，借助力密度法得到形状的过程是一个“黑箱”操作。不理解其原理的设计人员只能通过调节力密度值和各类边界条件胡乱地生成不同的形状。这种形与力之间关系的模糊会导致设计师在调节参数过程中付出较多的时间。从结构设计的整体流程来看，力密度法所生成的结构只是单一荷载工况下的产物，而实际工程结构绝大多数承受多种荷载工况，这就意味着通过力密度法所生成的结构需要进行更为详细的设计和校核，才能真正付诸于工程实践。

3.4.3 推力网格分析

1. 基本原理

砌体材料是一种抗压性能远高于抗拉性能的材料，因此在设计时，设计人员应当尽可能减小砌体结构中拉应力的大小。传统的静力图解法难以应对复杂的三维砌体拱壳结构的快速分析与找形。针对上述情况，Block和Ochsendorf[120]提出了用于拱壳结构设计的推力网格分析法（Thrust Network Analysis，TNA）。

TNA法的基本原理是借助静力图解法的基本原理得到离散化的拱壳结构在水平投影面上的平衡状态，然后根据力的平衡与投影关系，结合力密度建立线性平衡方程，从而得到节点竖向坐标和纯受压拱壳形状。设计师可以通过调整拱壳结构的离散方式来改变结构的边界条件，或者通过调整针对应力空间的应力图解来改变拱壳的内力分布，并协同调整既定离散方式下拱壳结构的形状。

TNA法的使用需要四个假定条件：

（1）拱壳的结构响可由离散节点力作用下的离散网格来表示；

（2）在拱壳外形所允许的几何空间中，实现与外力平衡的纯受压方案为有效、平衡且稳定的拱壳方案；

（3）砌体不具备抗拉能力，相互之间不会发生滑动，有无限大的抗压能力；

（4）所有荷载均为竖向荷载。

对于第一个假设条件，一般认为采用密集离散方法得到的纯受压砌体拱壳，其结构响应接近于连续砌体拱壳。假定条件（2）是Block所采用的安全准则，由Heyman[121]于1966年提出。所允许的几何空间是所预想的拱壳结构内外弧面之间的空间。纯受压状态则通过要求力图解中所有多边形都是凸多边形来实现[122]。图3-16展示了TNA法中力空间与形空间的对应关系。

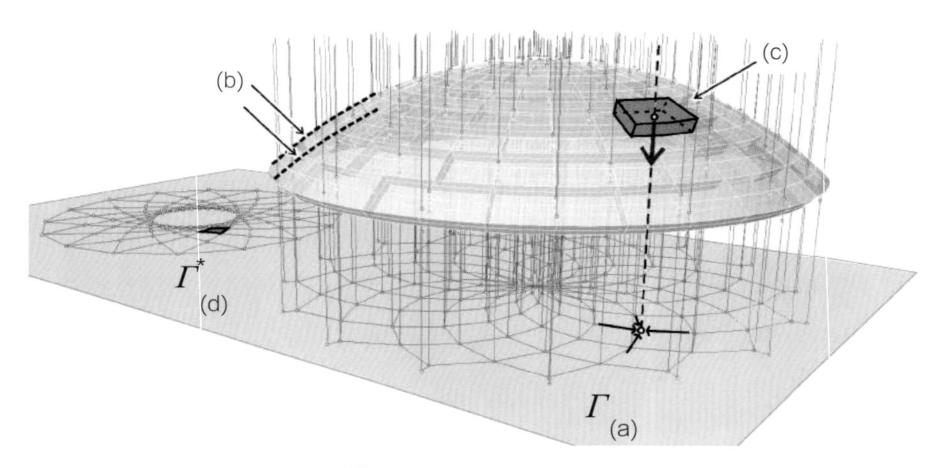

图3-16　TNA力与形的对应关系[120]

TNA法的具体步骤如图3-17所示。图中Γ、$\boldsymbol{C}$和$\boldsymbol{L}_{\mathrm{H}}$分别表示为形空间中的网格、杆件拓扑关系矩阵和杆件长度对角矩阵；Γ*、$\boldsymbol{C}$*和$\boldsymbol{L}_{\mathrm{H}}^*$则分别为对应力空间中上述变量；$\boldsymbol{D}_{\mathrm{f}}$与$\boldsymbol{D}_{\mathrm{r}}$为内部节点和边界节点所对应的约束矩阵，$\boldsymbol{D}_{\mathrm{r}}=\boldsymbol{C}_{\mathrm{r}}^{\mathrm{T}}(\boldsymbol{L}_{\mathrm{H}}^{-1}\boldsymbol{L}_{\mathrm{H}}^*)\boldsymbol{C}_{\mathrm{r}}$，$\boldsymbol{D}_{\mathrm{f}}=\boldsymbol{C}_{\mathrm{f}}^{\mathrm{T}}(\boldsymbol{L}_{\mathrm{H}}^{-1}\boldsymbol{L}_{\mathrm{H}}^*)\boldsymbol{C}_{\mathrm{f}}$。此外，$z_i$为节点纵坐标；$z^{\mathrm{l}}$、$z^{\mathrm{u}}$分别为节点纵坐标的上下限边界；$p$为计算得到的计算节点从属面积所对应的竖向荷载；$\zeta$为杆件力密度相关的放大系数，即控制杆件压力水平分量的大小。网格Γ^*为离散后拱壳结构内力中水平分量的相对大小。在相同竖向荷载作用下，ζ越大，杆件压力越大，节点的纵坐标越小，

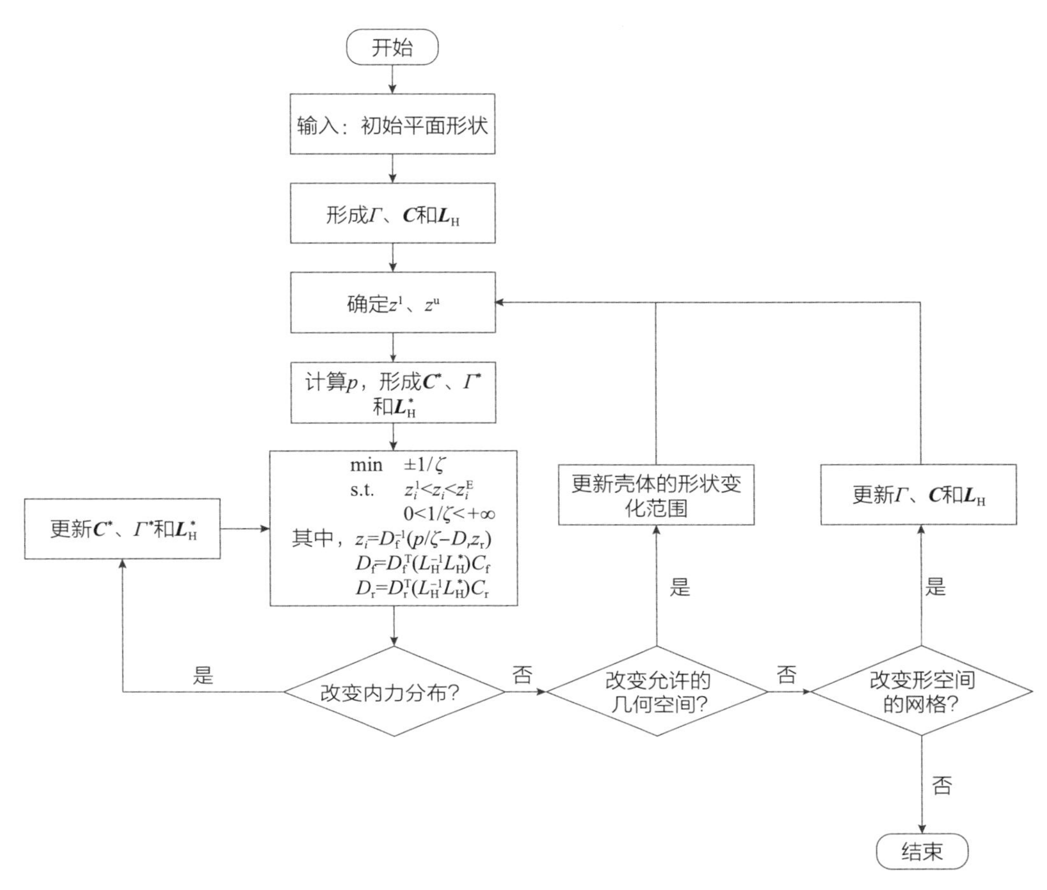

图3-17 TNA流程图

拱桥结构的整体高度就越小。对于限定高度范围的结构，TNA法通过线性规划法可得到该高度范围内的力密度值，Block利用静力图解法生动地解释了这一现象。

Block借助力密度[114]的概念，成功地将原本以节点坐标为变量的非线性平衡方程线性化，加快了优化问题的求解速度。需要注意的是，力密度法与TNA法对原始网格Γ划分的要求完全不同。对于三角划分的静定结构，由于三角形的闭锁性，如果随意进行剖分，则可能无法保证TNA法中生成的力图解网格闭合，见图3-18。TNA法中的力密度值不能像力密度法一样自由地选择，这是因为节点的水平坐标由原始网格Γ决定，这相当于对力密度值变化的区间进行了限制。

2. 发展与应用

结构抵抗之美依赖于结构本身的形状。结构的稳定通过它们的外形来实现，而不是笨拙的材料堆砌。通过形状来抵抗外力，从知识的角度来看，没有什么比这更高贵和高雅的了[123]。

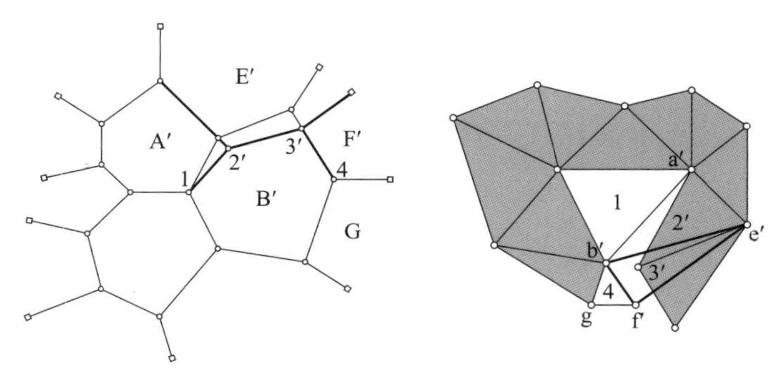

图3-18 形成闭合力图解网格的要求[120]

TNA近十年的发展贯彻了上述思想。Block在MIT完成该方法基本理论的创建之后，就前往ETH任教并继续探索TNA法在实际工程中的应用前景。其中，Rippmann等[124，125]致力于拓展TNA法在交互式拱壳结构找形应用的潜力，并提出了完整的交互式计算框架，帮助设计师对结构内力分布和总体几何形状进行明确的双向控制，从而使得对高度超静定结构的自由探索成为了可能。此外，Rippmann和Block[126]还在TNA法的基础上探索了拱壳结构形和力之间相互影响模式，并确定了多种模型修改技巧，增强了TNA法在纯受压拱壳结构设计中的多样化运用。

除了纯受压壳体结构之外，由受压壳体和提供平衡的拉索所组成的高效漏斗状结构在TNA法的帮助下得以实现[127]。这种漏斗状结构顶部外边缘没有支撑，主要支撑作用由中心的不规则环状筒体来提供。这种设计方法拓展了TNA法的应用范围，允许设计师对此类结构中局部压力和拉力分布进行显示控制。通用的图解静力学方程和求解方法发布在基于Python语言的Compass框架[128]中名为AGS的程序包内。

最初的TNA法严格意义上来说并不能算是一种三维静力图解法，其本质上仍然是在平面上进行力与形关系的探索。Akbarzadeh等[129，130]借助Rankine于1864年提出的多面体平衡原理，展示了如何使用形多面体和力多面体来探索三维的空间系统，将静力图解法推向了真正的三维化。图形静力学还可以与加载路径理论相结合，得到具有更高传力效率的结构体系。加载路径理论是一个评价桁架结构体系效率的有效方法，常被选取为结构优化的目标函数[131]。目前，这种设计思想已经被用于桁架结构和拱壳结构的初步设计，以及给定边界下体积最小的设计方案[132]。

基于TNA法开发的RhinoVAULT[28]因其易于理解的原理和友好的交互方式受到了众多设计师的青睐。袁烽设计的江苏省园艺博览会现代木结构主题馆（图3-19）就采用了RhinoVAULT作为建筑找形工具，结合机器人建造技术实现了跨度40m的木网壳结构的设计与建造[133]。在2017上海Digitial Future设计工作营中，Block教授小组的学生利用RhinoVAULT对普通拱壳结构和漏斗式壳体结构进行了探索[133]。

图3-19 江苏省园艺博览会现代木结构主题馆[133]

3. 小结

在使用功能上，TNA法将传统的静力图解法的应用延伸到了三维拱壳结构。它不仅继承了静力图解法的优点，实现了结构逻辑与建筑形式之间的双向互动，还在找形过程中结合砌体的材料特性考虑结构的传力效率。这种高效结构找形浑然天成，与自然界中的生物生长具有异曲同工之妙，体现了结构回归自然的本质。此外，基于TNA法开发的数字化工具提供了友好的交互功能，有助于设计师探索拱壳结构形与力的关系，在当代结构设计中得到了很好的应用。

在研究对象上，TNA法在结构找形领域的研究工作主要集中于壳体结构，目前尚未系统探索其在高层建筑找形中的发展潜力。在材料方面，TNA法主要适用于受压性能远好于受拉性能的材料，例如砖、混凝土等，但是尚未考虑结构构件的屈曲问题。在作用荷载上，TNA法目前已经能够实现竖向与水平荷载作用下拱壳结构的找形问题，尚不能很好地考虑地震、风等动力作用的影响。在具体操作过程中，初始离散网格的划分对最终的曲面形状具有较大的影响，然而如何找到一个有利于结构内部压力流动的网格形式仍然是一个问题。若网格形式与实际拱壳结构内部主压应力的传递路径相差较大，则无法保证TNA法的生成效率。

与静力图解法和力密度法类似，TNA法考虑的荷载形式单一、材料性质简单，适用于概念初步设计阶段，不适于后期详细结构设计阶段。

3.4.4 算例

以一个车站拱壳结构设计为例，借助RhinoVAULT插件[28]实现采用TNA法的纯压结构的找形。图3-20演示了RhinoVAULT的生成过程。

生成步骤大体是：首先，利用Rhino中的立方体、布尔运算等命令建立起建筑的外墙结构，利用矩形平面命令建立拱顶平面，运行RhinoVAULT的初始化命令后对拱顶平面进行网格划分，根据需要可以对拱壳进行开洞处理，在该例中共开5洞；使用产生对偶图形命令计算并生成对偶图形，在对偶图形中会生成彩色的点，表明

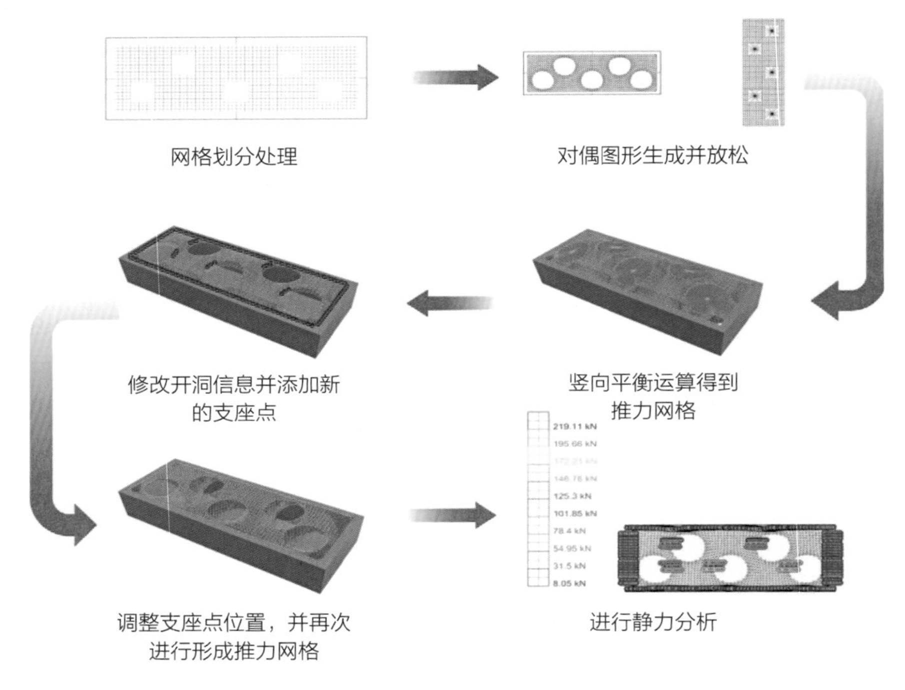

图3-20　基于RhinoVAULT的曲面生成过程

相应的边界并不互相平行；运行放松命令使图形变得平滑，但直接进行此操作可能会导致开口处的边界被拉开得很严重，通常先运行调整命令来改变节点惯性，在这里0代表节点固定，1代表着节点可以在*x*-*y*平面内任意活动，为降低节点在放松过程中被拉开的程度，将开口处的节点调整为0.25；再次运行放松命令可得到一个相对合理的放松结果；运行水平平衡运算，选择“Force100”让受力图进行调整同时保持形状图不变；进行竖向平衡运算。对于拱壳上的开孔部位，需要使用调整命令来定义开洞，选择“Toggle Openings”激活开洞。网格如果呈现红色，则说明需要重新建立竖向平衡，再次运行竖向平衡按钮。

完成上述操作后，根据实际需要可以在此基础上添加开洞处的支撑。首先要定义支撑平面，选择底面，利用调整命令中的“Toggle Support”功能定义所需要的节点为支撑点。这里选择每个开洞处的三点为支撑，使用调整命令中的“Project”功能，框选刚刚定义的支撑与支撑平面，运行命令即可得到添加了洞口处支撑的拱壳结构。如所得到的拱壳结构再次显示为红色，重复运行竖向平衡命令直到达到平衡状态，得到最终的拱壳结构。此外，通过调整生成限高和支座位置可以得到如图3-21中的不同形状。

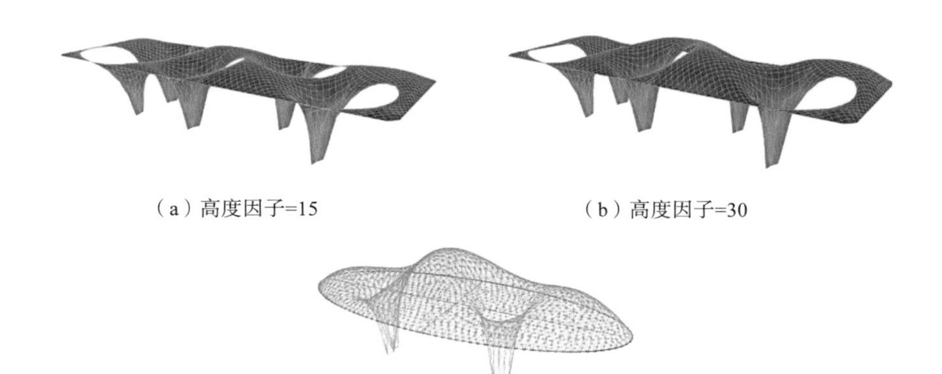

（a）高度因子=15　　（b）高度因子=30

（c）椭圆外形的壳结构

图3-21　RhinoVAULT生成的不同形状

3.5 有限元分析法

有限元分析法是指在找形过程中反复进行有限元分析的一类方法。需要指出的是，虽然有些有限元分析法的核心思想可以用于任意的结构形状，但是在实际应用过程中仍然需要结合结构形状的特点对具体算法进行相应调整。本节将重点介绍三种结合有限元分析的找形方法：支座位移法、高度调整法以及NURBS-GM方法。

3.5.1 支座位移法

实验表明，通过物理模型来确定预张拉结构的形状既费时又不精确。支座位移法是由Argyris等[134]在1974年提出的一种已知预应力的张力结构找形方法，是结构刚度法的代表之一，又被称为瞬时刚度法。本小节先通过预应力作用下的静力迭代分析介绍结构刚度法的核心内容，然后再对支座位移法进行介绍。

1. 预应力作用下的静力迭代分析

预应力荷载的施加方法可分为直接施加和增量施加两种。对于前者，除非初始表面与平衡构形非常接近，否则很容易产生较大的节点位移，导致刚度矩阵$\boldsymbol{K}$无效。因此，在一般情况下，初始平衡状态是通过以下增量形式的静力方程求出：

$$\boldsymbol{R}_{\Delta}=[\boldsymbol{K}_{\mathrm{E}}+\boldsymbol{K}_{\mathrm{G}}]\boldsymbol{\gamma}_{\Delta} \tag{3-13}$$

式中，$\boldsymbol{R}_{\Delta}$为外力增量；$\boldsymbol{K}_{\mathrm{E}}$和$\boldsymbol{K}_{\mathrm{G}}$分别为当前迭代步的弹性刚度阵和几何刚度阵；$\boldsymbol{\gamma}_{\Delta}$为节点位移增量。这种结构刚度矩阵迭代的思想是结构刚度法的核心。在使用增量法求解初始平衡状态的过程中，忽略自重对初始状态的影响。初始外力被设置为零，逐渐增大至初设施加预应力的大小。

2. 基于支座位移的模型生成过程

通常情况下，设计人员在开始设计时并不知道索内的预应力。当设计方案对支座位置有特定要求时，可使用支座位移法进行找形，此时支座位移所产生的力作为非平衡力参与迭代过程。图3-22中的A、B、C、D四个支座节点。在找形的过程中，支座位移每迭代一次，就会产生新的非平衡力，此时结构的整体位置也会发生更新，刚度矩阵也需进行更新以考虑大变形对结构刚度产生的影响。

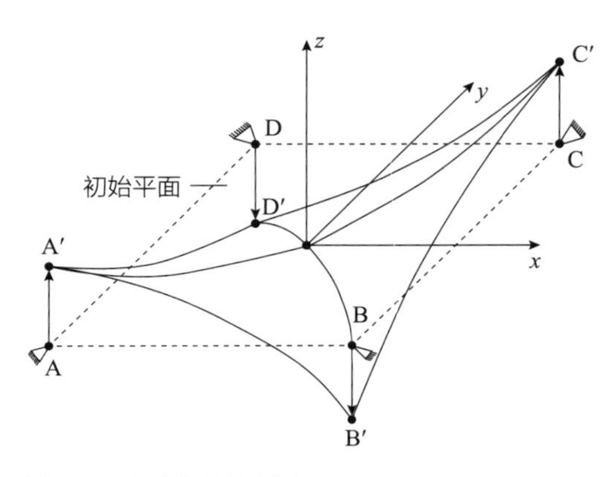

图3-22 支座位移示意图

当迭代得到的内力并非设计人员所期望的预应力时，对生成后的结构模型进行适当调整。Argyris等[134]基于真实结构与数值模型变形后单元长度相同的原则，在假设真实结构与数值模型的材料相同的前提下，结合真实结构要施加的预应力，计算得到真实结构中索单元在无应力状态时的长度L_0：

$$L_0 = \frac{\overline{L}_0 + \Delta\overline{L}}{1+\varepsilon} = \frac{\overline{L}_0 + \Delta\overline{L}}{1+P_{\mathrm{Np}}/EA} \tag{3-14}$$

式中，L_0为真实结构中索单元在无应力状态时的长度；$\overline{L}_0$为变形前的数值模型中的单元长度；$\Delta\overline{L}$为在数值模型中单元的变形长度；ε为所允许的轴向应变；P_{Np}为期望的预应力；EA为索单元轴向刚度。图3-23为上述长度的修正示意图。在求解L_0后，由于改变了数值模型中单元的长度，结构不再保持平衡，需要进行迭代，直至满足非平衡力的收敛条件。支座位移法的整个流程见图3-24。

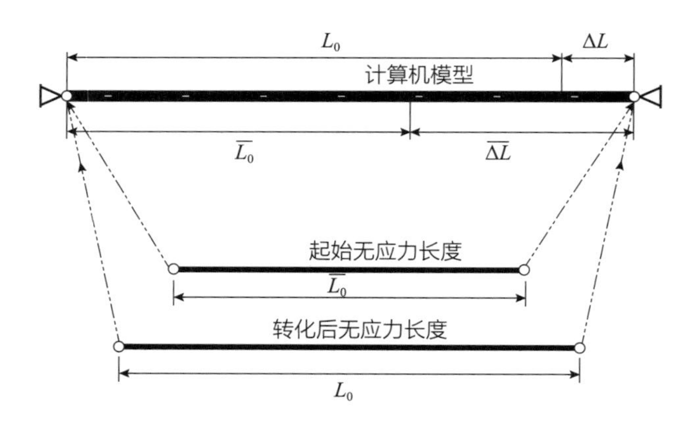

图3-23 长度修正示意图[134]

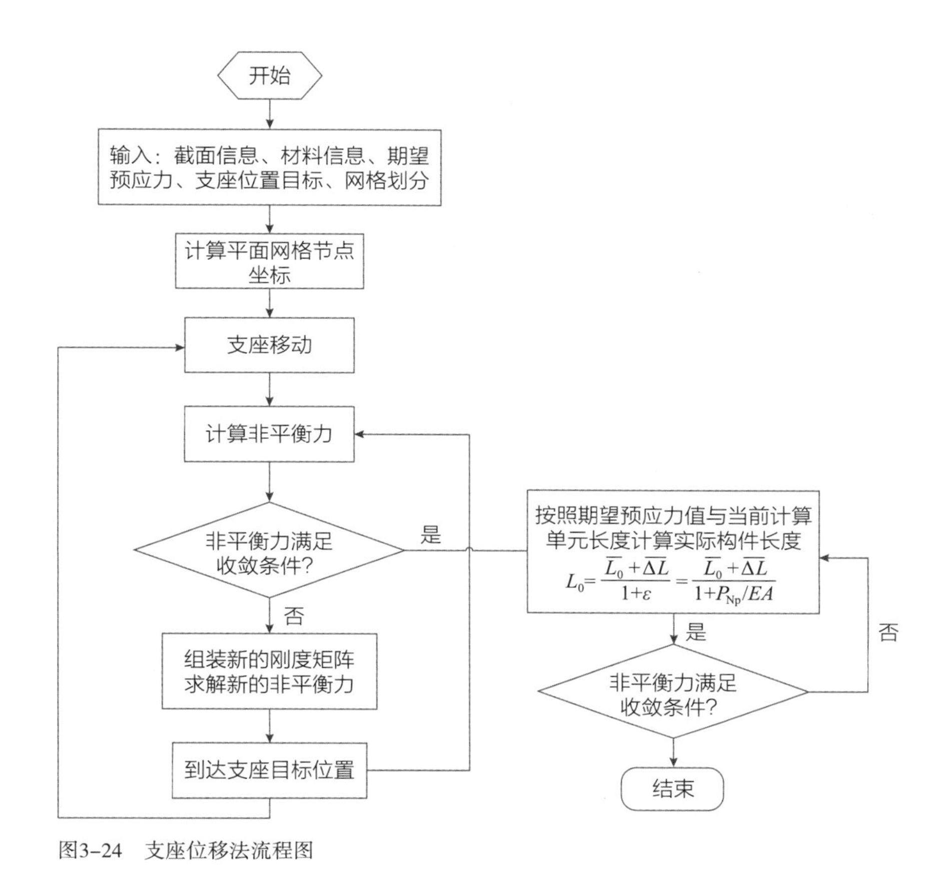

图3-24　支座位移法流程图

3. 小结

支座位移法本质上是一种基于非线性有限元分析的方法，其最终的结构形状主要受到初设预应力、初始结构形状和控制点选择的影响。其改变控制点位移的思想可以很好地与参数化技术相结合。一方面，控制点的位移可以利用参数的调节进行控制；另一方面，控制点的选择可以结合用户特点的目标和优化算法进行选择。应当注意的是：在选择控制点时应防止出现控制点位于同一直线等严重不符合实际工程的情况。一种简单可行的解决方法是在算法中控制支座在人为设定的子区域中进行选择。除了控制点的位置以外，控制点的数量也是一个值得期待的优化参数，对于支座位移法，不同的控制点数量显然会产生不同的几何形状，提高设计方案的多样性。

在支座位移法的计算过程中，反复的迭代计算需要耗费大量的计算机时间，这对于设计前期多样性的找形探索不利。不过，计算机性能的不断提高弥补了支座位移法计算效率上的不足。这种方法的普适性较好、精度较高。同样是基于有限元分析技术，支座位移法也可以用于壳体结构的生成，不像图解法、TNA法等算法，只

图3-25　日本岐阜县北方町多功能活动中心
（图片来源：https://www.flickr.com/photos/128238391@N04/22390044211，David Ewen）

图3-26　西班牙BlanesBarceloana的LifePark文化设施[135]

能用于纯轴力结构的生成。

不过，支座位移法仍然是以平衡状态为目标的一种找形方法。这就意味着它只能考虑单一的荷载工况，决定了该方法不能被用于全过程的结构设计。

3.5.2　高度调整法

图3-27　市营火葬场
（图片来源：https://www.flickr.com/photos/yuco/3176331795/sizes/o/，TOYO ITO & ASSOCIATES，ARCHITECTS）

高度调整法是由崔昌禹和严慧[135]提出的一种能够应用于任意形状结构的形态创建方法。该方法以应变能最小化为优化目标，利用有限单元法计算出结构应变能对于曲面高度变化的梯度，结合传统的梯度优化算法，逐步调整曲面的高度，最终得到一个结构应变能最小的合理结构形态。图3-25~图3-27为崔昌禹参与设计的作品。

1. 基本原理

外力作用下结构的弹性应变能C的表达式为：

$$C=\frac{1}{2}\boldsymbol{F}^{\mathrm{T}}\boldsymbol{U} \tag{3-15}$$

式中，$\boldsymbol{F}$为外力向量；$\boldsymbol{U}$为节点位移。

将应变能C在曲面高度Z附近泰勒展开，可得到如式（3-16）的表达式：

$$C(Z+\Delta Z)=C(Z)+\sum_{i=1}^{n}\frac{\partial C(Z)}{\partial z_i}\Delta z_i+\frac{1}{2}\sum_{i=1}^{n}\frac{\partial^2 C(Z)}{\partial {z_i}^2}(\Delta z_i)^2+\cdots \text{（}n\text{为节点个数）} \tag{3-16}$$

式中，n为节点总数；Δz_i为节点高度变化量。假定高度的变化量Δz_i与应变能梯度成正比，且忽略泰勒展开式中的高阶项，可得式（3-17）中应变能的迭代表达式：

$$C(Z+\Delta Z)=C(Z)-\sum_{i=1}^{n}\left(\frac{\partial C(Z)}{\partial z_i}\right)^2 k_0=C(Z)-\sum_{i=1}^{n}\alpha_{ci}^{z\,2}k_0 \tag{3-17}$$

$$\Delta z_i=-\frac{\partial C(Z)}{\partial z_i}k_0=-\alpha_{ci}^{z}k_0 \tag{3-18}$$

式中，k_0为影响优化速度的参数；α_{ci}^{z}为应变能对第i个节点纵坐标的灵敏度。由于应变能对节点高度的灵敏度的平方大于等于零，当参数k_0大于0时，改变高度后的结构应变能将逐渐降低，直到应变能灵敏度为零。

依据有限单元法的理论，在假定荷载不随曲面高度发生变化的前提下，对两边取节点高度的微分，可得到如式（3-19）所示的位移对节点纵坐标的灵敏度：

$$\frac{\partial \boldsymbol{U}}{\partial z_i}=-\boldsymbol{K}^{-1}\frac{\partial \boldsymbol{K}}{\partial z_i}\boldsymbol{U} \tag{3-19}$$

结合曲面结构的应变能表达式（3-15），最终得到如式（3-20）所示的应变能关于节点纵坐标的灵敏度表达式：

$$\frac{\partial C}{\partial z_i}=-\frac{1}{2}\boldsymbol{U}^{\mathrm{T}}\frac{\partial \boldsymbol{K}}{\partial z_i}\boldsymbol{U} \tag{3-20}$$

2. 高度调整法特点

从生成效果来看，高度调整法中每次迭代所需的节点高度变化量Δz_i都是基于前一步的应变能灵敏度。应变能对高度的灵敏度既可能为正，也可能为负，因此在对曲面节点高度进行调整的过程中会出现节点不断上下起伏的现象，为得到新型曲面创造了可能。采用高度调整法创建的自由曲面结构受力主要以薄膜应力为主，其弯曲应力则在优化过程中被快速收敛，整个曲面可以近似地认为以薄膜应力来抵抗荷载，结构效率较高。然而，由于优化变量是相互独立节点的纵坐标，缺乏整体优化的思想，生成的曲面有时不够光滑，需要进行二次处理。崔昌禹等[136]提出利用Delaunay网格划分技术对利用NURBS曲面所生成的初始曲面进行网格划分，克服了正、负高斯曲率位置已知的前提下只能微调曲面的问题，改善了计算效率，解决了优化后曲面不光滑需要二次加工的问题。

高度调整法虽然优化思路清晰，结构概念明确，但在优化过程中需要对全部节点的高度进行调整，这就意味需要求解结构应变能对于每一个节点高度变化的灵敏度，计算效率不足。若不考虑严谨的梯度求导过程，高度调整法可以很轻松地用参数化技术实现，即将除支座外所有节点的纵坐标设为优化变量进行形态生成。为减少优化变量的数量，在参数化建模时可预先耦合一部分相关节点的自由度。对于有高度明确要求的结构，可在优化开始前预设关键节点纵坐标变化的范围。上述措施都是从建筑合理性角度对高度调整法的一种改善。

3.5.3 NURBS-GM方法

日本学者Ohmori是NURBS自由曲面形态生成领域较早的几位研究者之一，他和Ohmori[137]于2006年提出基于多目标遗传算法的找形方法，并于2007年阐述了判定NURBS自由曲面形态多目标最优问题的最优条件[138]。在优化过程中，一方面将结构弹性应变能作为结构性能指标列入了优化目标；另一方面，还考虑了优化前后NURBS曲面的差异程度。该方法得到的最终优化结果在一定程度上降低了结构应变能，但优化前后的曲面差异有时候仍较大。

NURBS-GM方法是由李欣等[139]提出的一种基于NURBS曲线技术的找形方法。其基本思想是通过推导结构应变能对于NURBS控制点位置和权因子的灵敏度，来得到结构应变能最小的自由曲面结构。

1. NURBS曲面

1975年，美国Syracuse大学的Versprille[140]首次提出有理*B*样条方法，为NURBS的发展奠定了坚实的基础。如今，NURBS方法已经成为机械零件、工艺品、汽车外形等多个设计领域不可获缺的造型技术。

一般B样条曲面表达式为：

$$S(u,v)=\sum_{i=1}^{M}\sum_{j=1}^{N}P_{i,j}B_{i,k}(u)B_{j,l}(v) \qquad (3\text{-}21)$$

式中，u、v为定义在两个方向位置参数；$S(u_x,\ u_y)$为以u_x、u_y为参数的曲面上的坐标；$P_{i,\ j}$为曲面控制点坐标；$B_{i,\ k}(u)$、$B_{j,\ l}(v)$为u、v方向的B样条基函数；k、l为B样条基函数的阶数。

B样条基函数由如下递推关系计算得到：

$$B_{i,1}(u)=\begin{cases}1, & u\in[\overline{u}_i,\overline{u}_{i+1})\\ 0, & \text{其他}\end{cases} \qquad (3\text{-}22)$$

$$B_{i,k}(u)=\frac{u-\overline{u}_i}{\overline{u}_{i+k-1}-\overline{u}_i}B_{i,k-1}(u)+\frac{\overline{u}_{i+k}-u}{\overline{u}_{i+k}-\overline{u}_{i+1}}B_{i+1,k-1}(u) \qquad (3\text{-}23)$$

式中，i是变量u的起始区间编号；k是多项式次数；$\overline{u}$是u方向上节点坐标形成的向量。

NURBS曲面本质上是一种特殊的B样条曲面。NURBS曲面通过引入权因子，一般将B样条曲面的表达式转换为有理分式的形式进行表达。与单纯的B样条法相比，这种转换既可以描述自由曲面，也可以表示常规的解析曲面。NURBS曲面的参数表达式如下：

$$S(u,v)=\frac{\sum_{i=1}^{M}\sum_{j=1}^{N}P_{i,j}B_{i,\mathrm{k}}(u)B_{j,1}(v)}{\sum_{i=1}^{M}\sum_{j=1}^{N}w_{i,j}B_{i,\mathrm{k}}(u)B_{j,1}(v)} \tag{3-24}$$

式中，$w_{i,j}$为与控制点相关的权因子。图3-28直观展示了NURBS曲面的控制点及曲面形状。

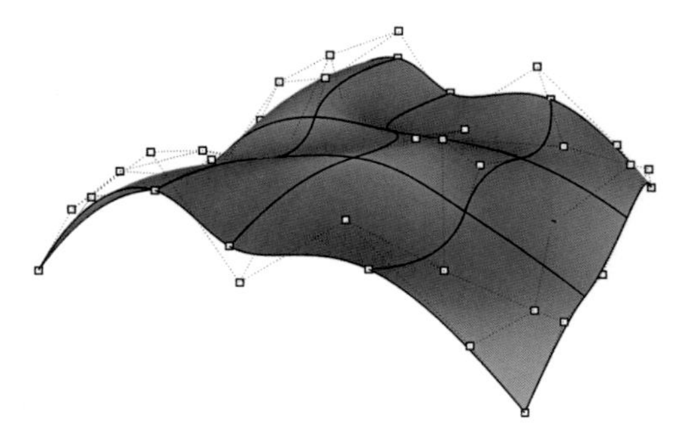

图3-28　控制点及相应NURBS曲面

对NURBS曲面而言，控制点坐标和权因子是影响曲面形状的主要参数。控制点坐标控制着曲面的整体形状，是曲面变化的边界，当要实现较大范围内的曲面变动时，直接调节控制点坐标效率较高。控制点所对应的权因子则主要控制曲面与控制点之间的相对距离。调节与某一控制点对应的权因子，可以对曲面进行局部修改。无论调节上述的控制点坐标还是调节权因子，NURBS曲面只会在局部一定范围内发生变化，不会引起所有曲面的同时改变，破坏既定的局部设计方案，这是NURBS曲面相较于Bezier曲面的一个显著优点。因此，相比于普通的多项式曲面，NURBS曲面更适于设计方案的局部调整。图3-29与图3-30分别为控制点坐标和权因子对曲线形状的影响规律。利用上述性质，对于较复杂的结构，如果在结构优化的过程中，事先根据曲面的网格布置分析得到每个权因子改变时所对应的调整曲面，则可以在更新总体

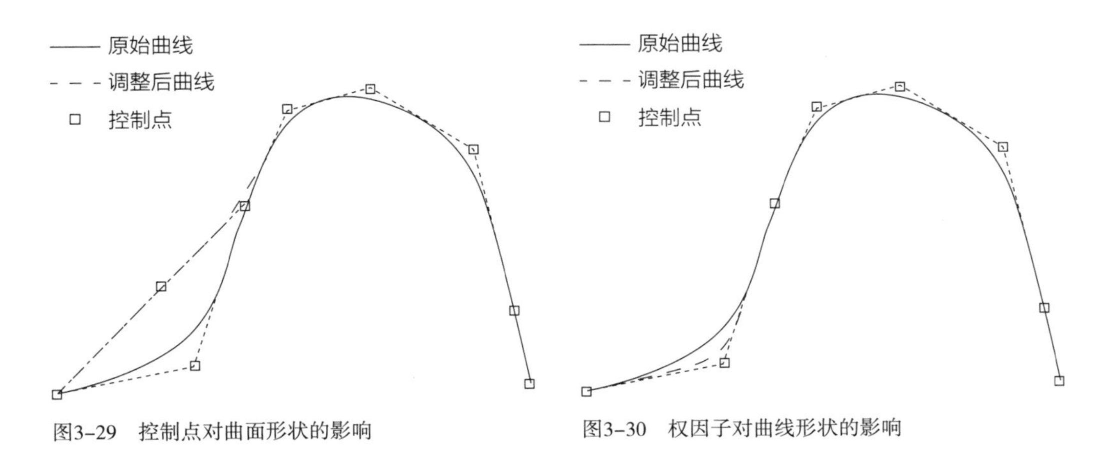

图3-29　控制点对曲面形状的影响

图3-30　权因子对曲线形状的影响

刚度矩阵时进行局部修改，提高结构优化的效率。

综上所述，NURBS曲面作为目前最为广泛流行的曲面造型技术，具有相比于传统网格建模方式更加便捷的形状控制手段。NURBS曲面造型方法从生成的源头出发可以分为两类：曲面拟合法和曲线变换法。曲面拟合法是基于已有的初始NURBS曲面，修改其相对应的控制点位置或权因子，将NURBS曲面与由控制点所构成的空间平面进行拟合与修正，最终得到新的曲面；曲线变换法则是基于预先设定的母线与准线，通过平移、缩放、旋转等变换，得到具有一定逻辑关系的曲面形式，如图3–31所示。

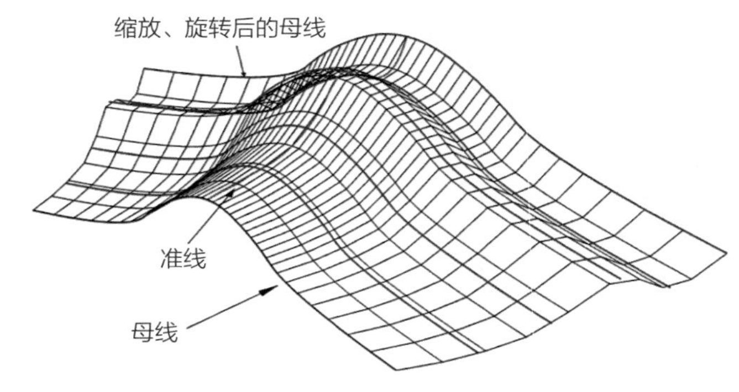

图3–31　组合变换得到曲面

曲面拟合法和曲线变换法均通过调整曲面或曲线控制点的位置或权因子对结构进行优化，减少了参数的数量，提高了优化效率。曲线变换法在进行参数化建模时各曲线之间的相对逻辑关系保持不变，曲线之间具有相似性，便于对曲面进行进一步的网格划分。相比于曲面拟合法创建的曲面，曲线变换法创建曲面所需的参数只有母线与准线的控制点位置或权因子，涉及的设计变量更少，优化效率更高。然而，设计变量的缩减也伴随着形状多样性的损失。

2. 基本原理

与高度调整法类似，NURBS–GM法也需要计算应变能的灵敏度，不过是对控制点位置或权因子的灵敏度。结合静力平衡方程，在假定荷载不随曲面高度发生变化的前提下，可得到如式（3–25）所示的应变能对控制点位移或权因子的灵敏度：

$$\frac{\partial C^{(n)}}{\partial q_{i,j}^{(n)}}=-\frac{1}{2}\boldsymbol{U}^{(n)\mathrm{T}}\frac{\partial \boldsymbol{K}^{(n)}}{\partial q_{i,j}^{(n)}}\boldsymbol{U}^{(n)} \tag{3–25}$$

式中，$q_{i,j}^{(n)}$为u、v方向上某一控制点的位置或权因子；n为当前迭代代数。由NURBS曲面的性质可知，某个控制点坐标和权因子的改变只会对相邻几个节点坐标产生影响。因此，在计算结构弹性应变能的梯度时，只需要探究与相关节点所对应的单元刚度矩阵的导数，即：

$$\frac{\partial C^{(n)}}{\partial q_{i,j}^{(n)}}=-\frac{1}{2}\boldsymbol{U}^{(n)\mathrm{T}}\sum\frac{\partial \boldsymbol{K}_{\mathrm{e}}^{(n)}}{\partial q_{i,j}^{(n)}}\boldsymbol{U}^{(n)} \tag{3–26}$$

建立整体坐标与局部坐标下单元刚度矩阵对于控制点位置或权因子的导数，可得到如式（3-27）所示的单元刚度对设计变量的灵敏度：

$$\frac{\partial \boldsymbol{K}_{\mathrm{e}}^{(n)}}{\partial q_{i,j}^{(n)}}=\frac{\partial \boldsymbol{T}^{(n)\mathrm{T}}}{\partial q_{i,j}^{(n)}}\overline{\boldsymbol{K}}_{\mathrm{e}}^{(n)}\boldsymbol{T}^{(n)}+\boldsymbol{T}^{(n)\mathrm{T}}\frac{\partial \overline{\boldsymbol{K}}_{\mathrm{e}}^{(n)}}{\partial q_{i,j}^{(n)}}\boldsymbol{T}^{(n)}+\boldsymbol{T}^{(n)\mathrm{T}}\overline{\boldsymbol{K}}_{\mathrm{e}}^{(n)}\frac{\partial \boldsymbol{T}^{(n)}}{\partial q_{i,j}^{(n)}} \tag{3-27}$$

式中，$\boldsymbol{K}_{\mathrm{e}}^{(n)}$是整体坐标系下的单元刚度矩阵；$\overline{\boldsymbol{K}}_{\mathrm{e}}^{(n)}$是局部坐标系下的单元刚度矩阵；$\boldsymbol{T}^{(n)}$是单元坐标转换矩阵。单元刚度本身是以节点坐标建立得到的，而NURBS曲面上的节点坐标与控制点位置和权因子均存在关系。因此，单元刚度的灵敏度由下式确定：

$$\frac{\partial \boldsymbol{K}_{\mathrm{e}}^{(i,j)}}{\partial q_{i,j}^{(n)}}=f\left(\frac{\partial \boldsymbol{S}^{(n)}}{\partial q_{i,j}^{(n)}}\right) \tag{3-28}$$

式中，$\boldsymbol{S}^{(n)}$为NURBS曲面上的节点坐标。NURBS曲面节点坐标对权因子和控制点坐标的灵敏度如式（3-29）和式（3-30）所示（以x坐标为例）：

$$\frac{\partial S_x^{(n)}(u,v)}{\partial P_{I,J(x)}^{(n)}}=\frac{w_{I,J}^{(n)}B_{I,k}(u)B_{J,l}(v)}{\sum_{i=1}^{M}\sum_{j=1}^{N}w_{i,j}^{(n)}B_{i,k}(u)B_{j,l}(v)} \tag{3-29}$$

$$\frac{\partial S_x^{(n)}(u,v)}{\partial w_{I,J}^{(n)}}=B_{I,k}(u)\cdot B_{I,k}(u)\frac{\sum_{i=1}^{M}\sum_{j=1}^{N}\left(P_{I,J(x)}^{(n)}-P_{i,j(x)}^{(n)}\right)\cdot w_{i,j}^{(n)}\cdot B_{i,k}(u)\cdot B_{j,l}(v)}{\left(\sum_{i=1}^{M}\sum_{j=1}^{N}w_{i,j}^{(n)}\cdot B_{i,k}(u)\cdot B_{j,l}(v)\right)^2} \tag{3-30}$$

式中，$S_x^{(n)}(u,v)$为NURBS曲面上节点的x坐标；$P_{I,J(x)}^{(n)}$为某一控制点的x坐标。

综上所述，NURBS-GM方法的基本流程如图3-32所示。

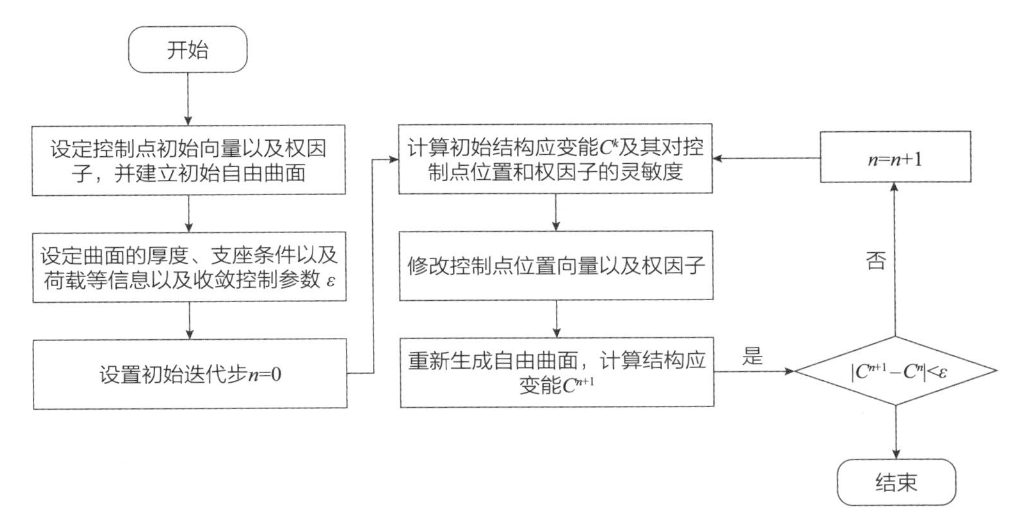

图3-32　NURBS-GM方法基本流程

3. 小结

NURBS曲面具有造型丰富、逻辑关系强、控制参数少等特点，NURBS-GM法在结构参数化设计中具有广阔的潜在发展前景。在形状优化模块中，NURBS-GM法以控制点的坐标或权因子作为优化变量。相比启发式算法，这种基于梯度的找形算法在优化过程中更具方向性。曲面拟合和曲线变换两种建模思路各具特色，各自侧重多样性和优化速度，在具体应用时应结合实际设计要求择优选择。然而，与其他基于有限单元法的找形算法一样，NURBS-GM法的最终结果依赖于初始曲面的网格划分以及控制点的选择。NURBS-GM法可进一步扩展，考虑多工况的平均应变能、加权应变能等作为优化目标。

除了在空间结构中具有普遍较高的应用价值外，NURBS曲面造型技术在异形高层建筑领域也具有一定的发展潜力。通过平移、缩放、旋转等变换形式，形如瑞典马尔默旋转大厦（图3-33）、武汉绿地中心、北京中信大厦等特色建筑的外形可以轻易地得到，为针对不同形状高层建筑结构性能的研究提供了强大的技术支撑。

3.6 语法类算法

语法类算法（Grammar-based Generative Algorithm）与之前的三种方法存在着根

图3-33 瑞典马尔默旋转大厦

本性的区别。其生成的形状不依赖于初始形状与网格划分，可以说是一类自由度很高的生成算法。虽然在进行结构分析时，语法类算法也会采用有限元分析或者图形静力学等实现方法，但理论背景上与上述几种方法明显不同。该类算法始于计算机图形学中形状语法的提出，后经结构工程师结合工程的特殊性质提出了结构语法的概念，发展至今已有近40年。本节将先简介形状语法，再介绍其生成算法的原理。

3.6.1　形状语法简介

形状语法（Shape Grammar）是一种以带符号的形状作为基本要素，用语法结构分析和产生新的形状的设计推理方法。该方法最初由Stiny与Gips[141]于1971年提出。孙家广[142]是国内第一批接触形状语法的专家，他结合Stiny在1980年所发表的论文对形状语法进行了较为详尽的阐述。

1. 形状与标号

形状是在笛卡尔坐标系中定义的有限直线段的组合。一条直线段由两个不同的端点来确定，$l=<p_1, p_2>$，其长度不为零。由于直线存在共线的可能，在描述直线时应采用线段数量最少的方式。

一个标号形状是由一个形状和一个标号点集合组成，可表示为$\Lambda=<\Psi, \Omega>$。其中，Ψ是形状，Ω是一个有限的标号点集合，包含标号点及其坐标位置。点的标号是点的特定识别特征，只有标号和坐标都相同的点才可认为是同一个点。对于单纯的形状，即无标号标记的形状，可以表示为$\Lambda=<\Psi, \Phi>$，Φ表示标号点集合中只含有空元素，即空集；只有标号没有形状的标号形状则记为$\Lambda=<\Psi_\Phi, \Omega>$，空的标号形状记为$\Lambda=<\Psi_\Phi, \Phi>$，对应于空白图。

参数化形状是以组成某一形状Ψ的直线段的端点坐标为变量的一系列衍生形状所组成的集合。参数化形状可以被认为是形状变换的一般化形式。除了允许改变形状的位置、方向、映像和尺寸外，参数化形状还可以扭曲形状，通过调整参数通常可以改变形状的任何空间属性。

2. 规则

在各种形状之间存在某些规则使得它们相互关联，这种规则可以类比于句子中的语法，是形状得以组织起来的桥梁。在形状语法中，规则是不同形状之间的空间变换方式的集合，其形式为$\alpha<\Psi, \Omega>\rightarrow\beta<\Psi, \Omega>$，其中$\alpha<\Psi, \Omega>$称为变换前标号形状，$\beta<\Psi, \Omega>$称为变换后标号形状。

形状规则的操作对象是标号子形状。形状规则按照对标号子形状的操作可以分为添加、修改和删除规则。一般的图形语法在识别标号子形状时，要求子形状与规则中变换前标号形状完全一致，这将会导致形状变换多样性的下降，生成过程短暂。参数化的形状语法则在识别相似子形状时，对规则中变换前标号形状中节点坐标（参数）进行赋值，并将这种赋值所带来的影响映射到变换后的标号形状中，最后再将得到的子形状写入整体形状中。图3-34分别为一标号三角形的添加、修改和删除规则。

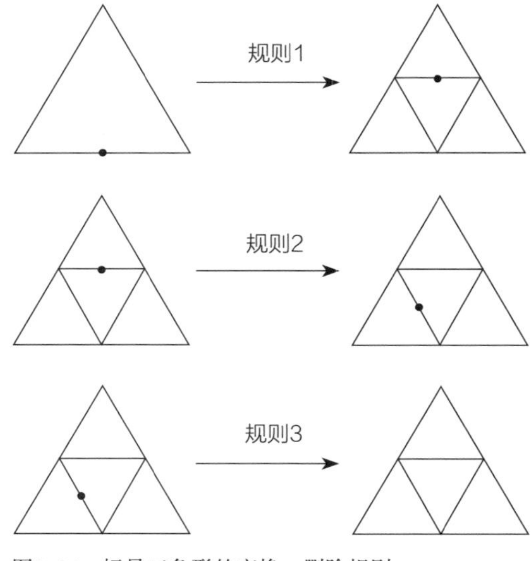

图3-34　标号三角形的变换、删除规则

3. 流程

根据MIT的建筑系计算机设计学的公开教材所述，利用形状语法的生成过程可以分为以下五个步骤：确定基本形状，确定空间关系，确定规则，确定形状语言和应用于设计。

图3-35展示了采用图3-34中形状语法进行形状生成的过程。初始形状在被作用规则1后产生了第2步中的标号图形。同理，第2步中的标号图形在被作用规则2后产生了第3步与第4步中的标号图形。规则3为删除规则，第3步中的标号图形在被其作用后就失去了标号，生成过程也因此而停止。

如果把生成过程中每一步的图形看成英文中的字母，那么整个形状生成的过程就好比拼写单词。不同字母按照不同组合规则形成的单词具有不同的含义，同样

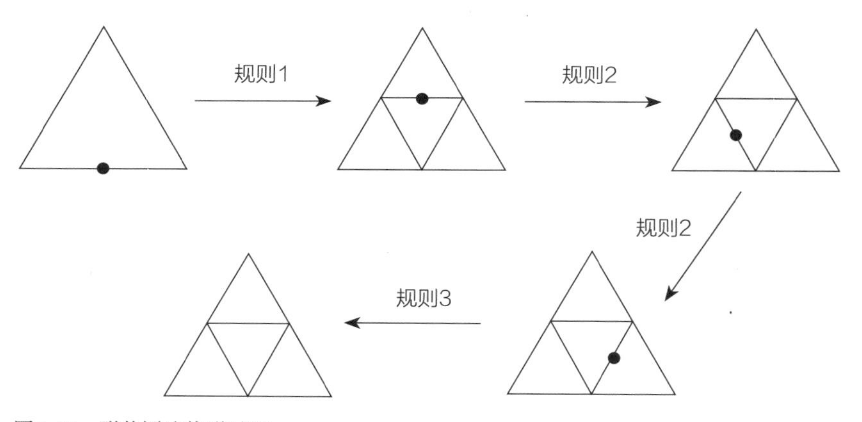

图3-35　形状语法找形过程

的，按照形状语法生成得到的结果也不尽相同。然而，在拼写单词时，如果胡乱拼写，则会出现不具有任何含义的单词，这也就意味着形状语法在应用于设计过程中时需要结合实际的设计目标创建新的规则和标号，确保得到具有合理语意的生成结果。为更多考虑结构的合理性，众多学者投入了结构语法的研究。

4. 发展与应用

在Stiny与Gips[141]于1971年发表论文之后，大量研究人员在利用形状语法对现有的建筑类型进行分析与重现的同时，也会思考它在建筑设计中的应用前景。其中，Koning和Eizenberg[143]对弗兰克·劳埃德·赖特（Frank Lloyd Wright）草原房屋进行了形状语法的研究，并生成了风格类似的设计方案。Knight[144]和Flemming[145]分别对希腊几何陶器图案和安妮女王房子的形状语法进行了研究。

3.6.2 基于结构语法的生成算法

1. 形状语法的不足

有关形状语法的研究成果虽然显示了形状语法在几何设计上的强大功能，但未能充分结合工程中其他专业的考虑。建筑结构并非单纯的几何体，它们包含有关材料、连接、荷载、施工复杂度等一系列非几何工程信息。Mitchell[146]第一次提出了综合考虑建筑和工程信息的语法，即功能语法。该语法结合各类建筑构件功能和可建造性进行建筑形状的生成，但没有考虑对设计结果进行对比和优化。对此，Cagan和Mitchell[147]将形状语法和几何属性目标进行结合，提出了结合形状语法和模拟退火的形状退火算法（Shape Annealing），并在后续的研究中将结构因素考虑在内，拓展了该算法的应用，如桁架结构的设计[148，149]。这一类在制定规则时考虑结构因素的生成算法统称为基于结构语法的生成算法。

2. 基本原理

基于结构语法的生成算法的核心包括两部分，即结构语法的制定和结构优化的流程。形状语法的操作对象是所有规则作用前的几何体，而结构语法的作用对象则具体到作用规则前的构件截面尺寸、节点坐标（形状）和结构内部拓扑关系。因此，其规则可分为截面尺寸规则、形状规则和拓扑规则三种。

桁架结构的截面尺寸规则如图3-36所示，其主要功能是修改特定截面类型的截面尺寸。当采用截面尺寸规则时，算法会按照某一预设的规则选择当前桁架中某一根构件，并将其横截尺寸增大或减小。截面调整的大小可以通过灵敏度计算得到，不应根据概率随机决定取值。

形状规则，如图3-37所示，可以通过改变节点的坐标实现结构形状的修改。当采用形状规则时，结构中某一个被选择的节点中会朝某一方向移动一段距离。移动的距离和方向也可同截面规则一样通过灵敏度计算得到。

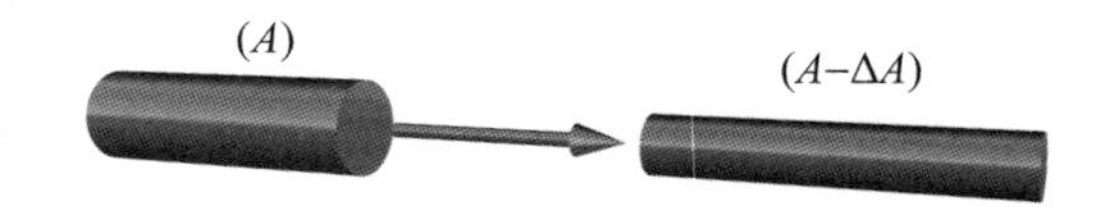

图3-36　截面尺寸规则

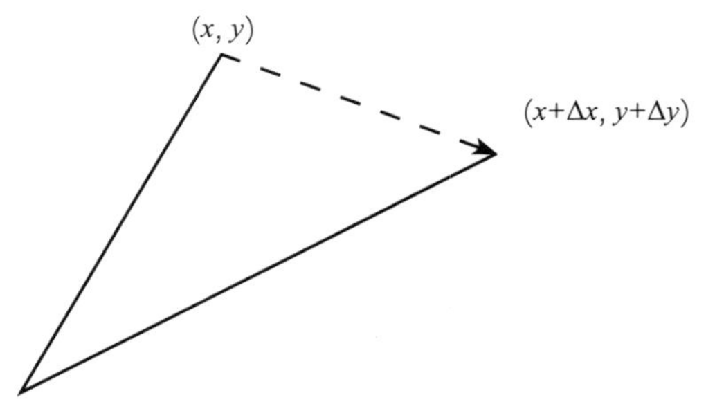

图3-37　形状变化规则

在进行单一的形状优化时，若截面保持不变，则无法比较各形状的优劣。这是因为相同的截面尺寸对结构不同形状的适用性不同。更确切地说，对于A形状的最优截面对于B形状来说并非是最优的。一个在最优截面状态下的结构形状与另一个不在最优截面状态下的结构形状不具有可比性。此外，形状差异较大的结构在结构性能上也存在较大的差异。

为尽可能保证不同形状方案之间的可比性，设计人员应在生成过程中交叉使用形状规则和尺寸规则。有两种平衡形状规则和尺寸规则使用的方式：一是在每次改变形状后采用踱步尺寸规则进行尺寸优化；二是将形状规则对原形状的改变控制在很小的范围，在生成过程中同时进行形状和尺寸优化。

相比于形状规则和截面尺寸规则，拓扑规则更难制定。应用拓扑规则的主要目的在于修改节点之间的连接关系。以图3-38中的桁架结构为例，图3-38（a）~（d）分别起到了添加1根杆件、添加2根杆件、删除1根杆件和删除2根杆件的作用。拓

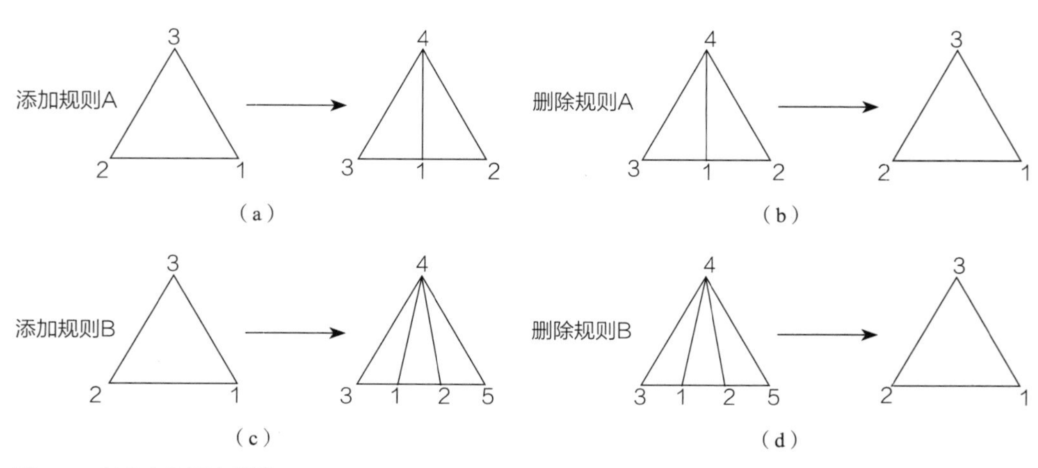

图3-38　拓扑变化语法规则

扑优化会在结构内部增加或删除构件，这种非连续的突变方式不可避免地会造成结构性能的较大变动。因此基于结构语法的生成算法应当尽可能在前期得到较优的结构拓扑关系，在后期主要进行形状和截面的优化，减少拓扑变化对后期生成过程稳定性的干扰。这意味着选择拓扑规则的概率应当随着迭代过程的进行逐渐降低，形状规则次之，选择截面规则的概率则逐渐增大。选择三种规则的概率之和等于1。

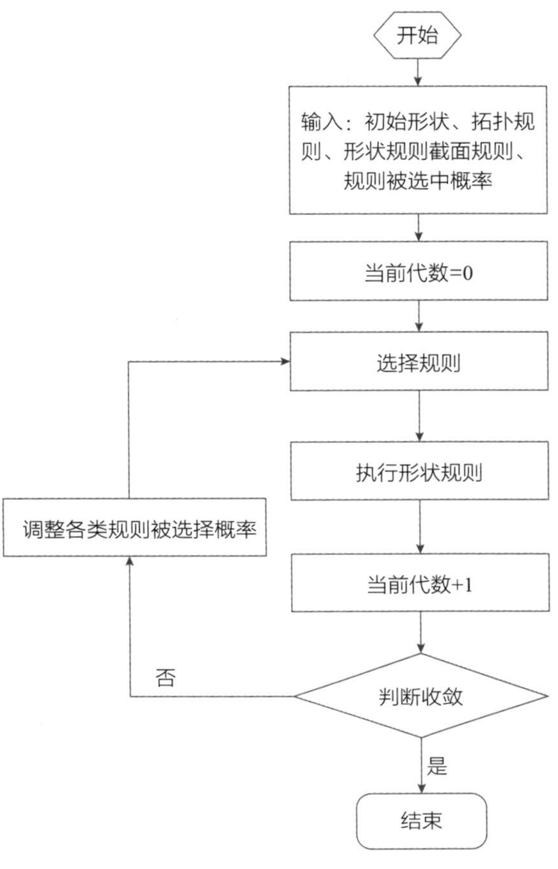

图3-39 结构语法生成算法的基本流程

3. 算法流程

结构语法给传统的形状语法贴上了结构的标签，使它所形成的方案具有合理的结构“语意”。在结构生成过程中，设计人员应当根据不同的结构类型设置相应的约束和性能目标。单纯力学性质上的约束和性能目标并不能够满足结构设计和建筑设计的需求。基于结构语法的生成算法的基本流程如图3-39所示。

4. 发展与应用

基于结构语法的生成算法发展至今近30年。Cagan和Mitchel[147]所提出的形状退火算法具有语法类生成算法的设计多样性，同时还能够考虑与结构设计相关的特定设计要求，是一种兼具设计创新性和合理性的计算机生成技术，相关的研究在20世纪末盛极一时。Shea和Cagan为形状退火算法的发展做出了突出的贡献，将该算法分别用于屋顶桁架[150]、穹顶[151]和输电塔[152，153]的生成。Geyer[154]将Mitchell[146]功能语法的思想与多目标优化相结合，在建筑方案既定的前提下，对利用分级组装思想得到的结构进行优化，提高方案的合理性。Whiting等[155]提出了一套用于砌体结构的结构语法，并以之为基础提出了一套可用于砌体结构生成的流程，见图3-40。

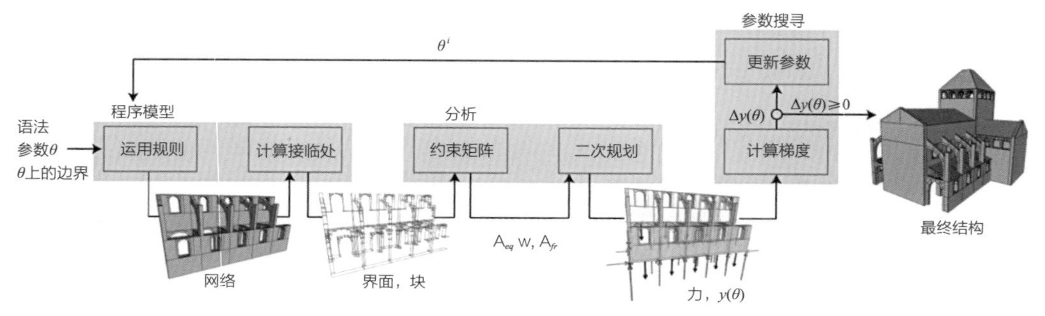

图3-40　砌体结构设计流程[155]

传统的基于结构语法的生成算法虽然语法的制定具有结构的含义，但在生形过程中并未考虑结构性能，而只是将结构构件进行简单的组装，对生成的新结构进行分析和评估。这种方式要求迭代过程中每一步都进行有限元分析，会耗费大量的计算时间。并且，结构构件的组装仍然只具有纯几何性质，由于没有从生成机理上考虑结构的本质，可能会产生机构。Mueller[156]将结构语法与静力图解相结合，在形状生成的过程中考虑了结构的受力平衡。Lee[157]进一步强化了结构语法与静力图解的结合。由于形和力之间存在着交互关系，采用图解法的结构优化方案均处于平衡状态，理论上不需要额外的有限元计算，使得优化速度大大加快。此外，该类算法是从静力图解的角度出发，不需要初始形状的设计。图3-41为结合结构语法与静力图解法生成的方案。正如前文所述，常用的静力图解法只能用于产生静定结构，真正应用于结构设计还需要深入研究。

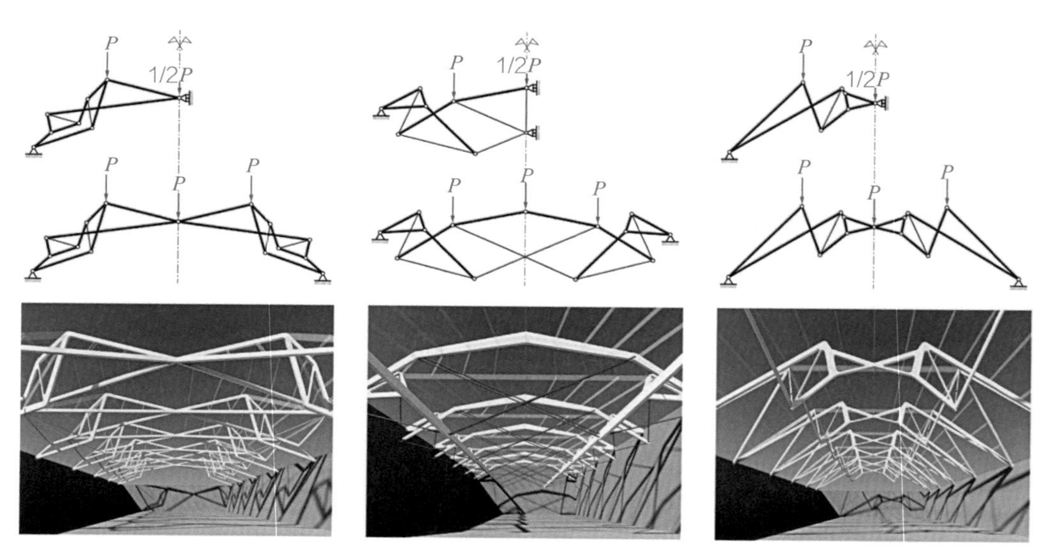

图3-41　结构语法与静力图解结合找形结果[158]

3.6.3 小结

从生成角度来说，相比依赖于初始结构和既定变化方式的找形和形状优化方法，语法类生成算法的特点体现在找形的高自由度。不同的结构语法生成最终形状的逻辑不同，但它们最终生成的结构形状都呈现出一种不规则的美感。这种不规则的创新性同时也容易引起结构合理性冲突的主要原因。从形出发的语法类算法正在逐步向由力出发的语法类算法转变。

从优化的角度来看，语法类生成算法有着更大更复杂的设计空间，在显著增加结构分析次数的同时也给寻求最优解的优化引擎带来了巨大的压力。此外，为得到合理的结构，语法类算法除了需要设置结构约束条件外，还需设置大量的几何约束条件以控制结构生成的规则性。这也是目前语法类算法主要用于桁架结构的生成，而在其他结构类型中的应用较少的原因。采用高效的生成方式以增强结构合理性和适用性仍是语法类算法未来发展的主要方向。

CHAP

4

PTER

第 4 章 参数化结构体系生成

从参数化设计的流程看，参数化结构体系生成是参数化结构形状生成的下一阶段，是对先前生成结构形状的进一步细化，针对建筑结构内外结构构件的空间布置关系进行设计。相比于参数化结构形状生成，参数化结构体系生成得到的结构对象更为具体，无论在结构合理性，还是在可建造性层面均更接近于最终的设计方案，这就要求考虑更为复杂的结构方案评价指标。为尽可能自动化地得到满足各类复杂设计要求的结构体系，结合优化算法是参数化结构体系生成的主要思路。本章在简介现有常见建筑结构体系的基础上，对参数化结构体系生成中的设计意图参数，即生成目标和约束条件进行介绍，然后介绍基于上述设计意图参数的结构体系优化生成算法，最后就参数化结构体系生成中可采用的加速手段进行讨论。

4.1 结构体系简介

4.1.1 空间结构

大跨空间结构体系按照组成单元类型的不同可分为由柔性单元组成的柔性空间结构、由刚性单元组成的刚性空间结构以及由刚、柔性单元混合组成的刚柔性空间结构[159]。

1. 柔性空间结构

柔性空间结构的结构体系与形状具有高度的一致性。常见的柔性空间结构包括：充气膜结构、帐篷结构（支撑膜）、悬索结构等。其中，充气膜结构是在以高分子材料制成的薄膜制品中充入空气后所形成的房屋结构。图4–1的国家游泳中心“水立方”的外围护结构是最典型的充气膜结构，其内外立面充气膜结构共由3065个气枕组成，最大的达到70m^2，总覆盖面积达到10万m^2，是世界上规模最大的充气膜结构工程之一。

帐篷结构是一类将膜材料放置于特定的支撑上形成的稳定结构体系，按照支撑形式的不同，可进一步细分为柔性支承式和刚性支承式。前者又称为张拉膜结构，由张拉膜面、支承桅杆体系、支承索和边缘索等组成。张拉膜结构由于具有形象的可塑性和结构方式的高度灵活性与适应性，应用范围较为广泛。后者又称为骨架式膜结构，该类结构体系主要是在钢桁架或网架等骨架上覆盖膜材，膜材往往仅起到维护结构的作用。图4–2的上海虹口足球场就是典型的骨架式膜结构。

悬索结构是一种由柔性受拉索及其边缘构件所形成的承重结构。通过索的轴向拉伸来抵抗外荷载的作用，可以充分利用钢材的强度，降低结构自重。悬索结构按

图4-1　中国国家游泳中心“水立方”
（图片来源：https://commons.wikimedia.org/wiki/File:Beijing_National_Aquatics_Centre_1.jpg，Angus）

图4-2　上海虹口足球场
（图片来源：https://commons.wikimedia.org/wiki/File.jpg，Coolmanjackey）

照构造方式和受力特点又可细分为单层悬索体系、预应力双层悬索体系、预应力鞍形锁网、预应力索拱体系等。与张拉膜结构不同，悬索结构中的膜材料一般只作为维护结构，拉索则作为主要承重构件。

2. 刚性空间结构

常见的刚性空间结构按照组成单元和组合方式的不同可分为薄壳结构、网架结构、网壳结构等。其中，薄壳结构是一种实体结构，主要通过面内的轴向压力来传递作用在结构上的外荷载。薄薄的鸡蛋壳之所以能承受大的压力，就是因为它能够把受到的压力均匀地分散到蛋壳的各个部位，薄壳结构的设计正是源于上述思想。对于受压强度远高于受拉强度的材料，如混凝土、砖等，薄壳结构理论上可以充分发挥其材料强度。在具体形式上，薄壳结构按照曲面生成形式又可以分为筒壳、圆顶薄壳、双曲扁壳和双曲抛物面壳等。图4-3中是混凝土薄壳大师Candela设计的霍奇米洛克餐厅。

网架结构是平板型网架结构的简称，其直观上是由多根杆件按照一定规律组合而成的网格状高次超静定空间杆件结构。依据内部杆件相对空间关系的不同，网架结构可以分为平面桁架系网架、四角椎体系网架、三角锥体系网架和六角锥体系网架。网架结构的整体受力特点与楼板类似，即通过杆件内部的轴向力抵抗外荷载引起的弯矩和剪力。网壳结构尽管在形式上与网架结构类似，但在受力特点上更接近于薄壳结构，以杆件轴力抵抗面内轴向压力。图4-4为用参数化工具搭建的几种常见网壳网格形式。伴随着网架结构、网壳结构的蓬勃发展，通过不同结构形式或不同建筑材料的组合、预应力等新技术的引入以及结构概念和形体的创新，诸如空腹网架与空腹网壳结构、多面体空间刚架结构、局部双层网壳结构、折板型网格结构等新的刚性空间结构体系

图4-3　霍奇米洛克餐厅
（图片来源：http: //www. ce. jhu. edu/perspectives/protected/ids/Index.php?location=Xochimilco%20Restaurant%20Roof，Candela F）

也随之出现。

3. 刚柔性组合空间结构

刚柔性组合空间结构是指结构中既包括刚性单元又包括柔性单元的结构。其中，张弦梁结构（Beam String Structure，BSS）是一种由下弦梁、上弦梁、竖杆三种单元组成的典型刚柔性组合空间结构。该类结构具有高度很高的系杆拱，拱的侧

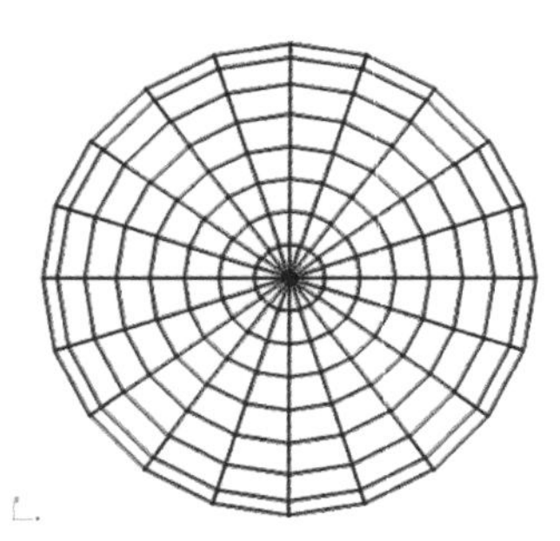

（a）施维德勒型网壳

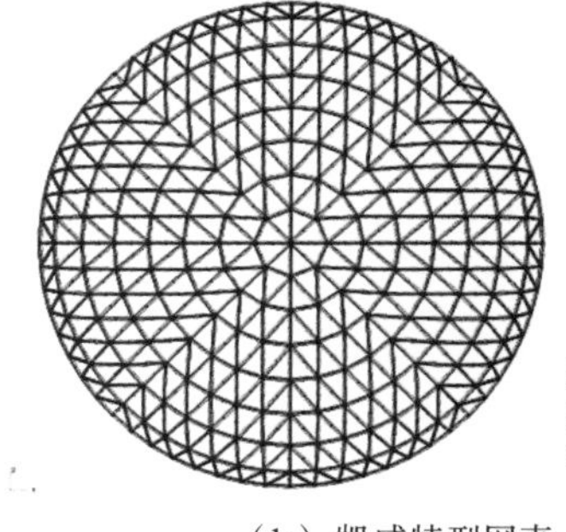

（b）凯威特型网壳

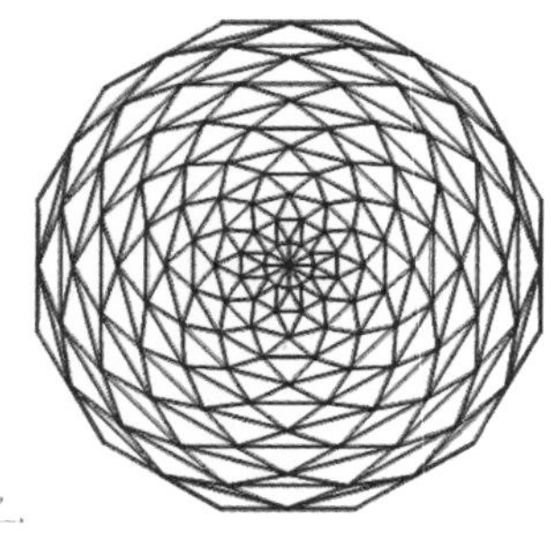

（c）联方型网壳

Schwedler-type
Ring:6
Fan:12

（d）肋环形网壳

图4-4　常见网壳网格划分类型

推力被拉杆平衡，能承受较大的荷载。但当拱的矢高比较低时，拱的压缩、弦的伸长会导致结构矢高不断减小，拱可能会突然失去形态而破坏。如果在拱和弦之间增加撑杆，结构受荷时形态不会破坏，承载力将大大提高。图4–5中的出云穹顶是第一个采用木质拱壳结构与钢索组合的立体张弦结构。该建筑的球形穹顶直径为143.8m，拱顶部高度为48.9m，沿球面等分为36份，张弦骨架在穹顶顶部汇集，其外表覆盖白色膜材，在两个骨架之间用稳定钢索把薄膜向下压紧，形成V字形状，使得膜材保持稳定形态。

张拉整体式结构（Integral Tensegrity Structure）由美国建筑师Richard Buckmin Fuller发明，是指“张拉”（Tensile）和“整体”（Integrity）的缩合。Fuller认为宇宙的运行是按照张拉整体的原理进行的，即万有引力是一个平衡的张力网，而各个星球是这个网中的一个个孤立点。张拉整体结构符合自然规律的特点，最大限度地利用了材料和截面的特性，允许建造者用尽可能少的钢材实现超大的跨度。图4–6中的澳大利亚库利尔帕桥（Kurilpa Bridge）是目前世界上已建成的最长的张拉整体式桥梁。该桥梁总长为470m，宽为6.5m，主跨长为120m，南岸侧桥下净空为11m。

索穹顶结构是张拉整体式结构在大跨建筑空间结构中的发展。通常情况下，索穹顶由索、杆、膜三种单元通过施加预应力形成。1986年的汉城亚运会综合体育馆是最早的肋环型索穹顶结构。图4–7中的美国亚特兰大奥运主场馆乔治亚巨蛋也是20世纪享誉世界的索穹顶结构。该体育馆于2017年用5000磅炸药从内部爆破拆除。我国首个索穹顶工程是金华晟元集团于2009年建成的一小跨度标准厂房。2010年后，索穹顶结构在我国得到了快速的发展。浙江大学董石麟团队对索穹顶结构的

图4–5　出云穹顶
（图片来源：https://commons.wikimedia.org/wiki/File:BATADEN_5000_Taisha_Line_Izumo_Dome.jpg，Cassiopeia sweet）

图4–6　澳大利亚库利尔帕桥
（图片来源：https://commons.wikimedia.org/wiki/File:Brisbane_(6868660143).jpg，Steve Collis）

图4-7　美国亚特兰大奥运主场馆乔治亚巨蛋
（图片来源：https://www.flickr.com/photos/maxpower/3900015205/in/photolist-6WCADt-6WGxbA-ZnuWCp-9ihYb5-ZnuWwn-cxdThj-cx6XtQ-cx7v6W-ZCEGhu-21CXq2y-GMhJHn-cxdEC9-8aWr7t-cx7aou-GMhK2P-jf6Nyh-cx7e6d-cxdPC9-dBUMuV-7-ZTRPK-7k7XjY-9MdxDP-ab43Dw-6h5pDE-3big8m-ZnvAe6-cx7o6y-cx6VrU-6gz8M4-cx7LR5-nhntr-dvYHw4-Sy5jCA-34UW8p-nhnbR-ajPeGc-4G3Z3N-21CW8UA-6Zso3P-21CXrsQ-cxdG1d-ZnuWYK-ajRRF1-qmYdF-8sQdMi-7DJpP5-6gyXBF-6ZwkpW-6gDjt5-6Zskhp，Ross Catrow）

分析方法、体系特点等进行了深入的研究，其参与的天津理工大学体育馆是国内首个跨度超过100m的索穹顶结构。按照拓扑形式的不同，索穹顶结构可以分为Geiger型、Levy型、Kiewitt型、鸟巢型、混合型等多种形式。

4.1.2　房屋建筑结构体系

房屋建筑中的水平结构体系主要负责将楼面或屋面荷载传递给竖向结构体系，同时具有连接竖向结构构件的作用。常用的平面楼屋盖体系包括平板体系、板-梁体系、主-次梁体系、双向密肋体系和空间桁架体系等。在参数化软件中，结构工程师可以预设水平结构体系中各个构件的轴线，用于参数化模型的组装。

竖向结构体系是保障建筑结构达到预设性能目标的关键。从荷载传递路径的角度来看，无论是水平荷载还是竖向荷载，最终都需要通过竖向构件传递给基础和地基。常用的竖向结构体系包括框架体系、剪力墙体系、框架-剪力墙体系、框架支撑体系、框筒体系、框架-核心筒体系等。上述竖向结构体系可从结构体系构成上归结为框架分体系、剪力墙分体系、筒体分体系和支撑分体系的组合。

框架体系是指由梁、板、柱连接而成的结构体系。在材料用量基本一致的情况下，框架的梁、柱线刚度比决定了结构的整体抗侧刚度。如图4-8所示，在侧向力的作用下，梁、柱铰接的单层框架的顶点位移约为节点完全刚接情况下顶点位移的4倍。当梁、柱线刚度比大于4时，可认为体系接近于节点完全刚接的情况。

框架体系的构造形式较为简单，不仅可以应用于低层、多层建筑，也常作为高层建筑的竖向结构体系。在建筑设计方面，框架体系相比于剪力墙体系更能灵活地配合建筑平面的布置，具有较高的自然采光率，对空间较为复杂的建筑更为适用。此外，框架体系梁、柱构件易于标准化、定型化，便于采用预制装配施工，缩短施

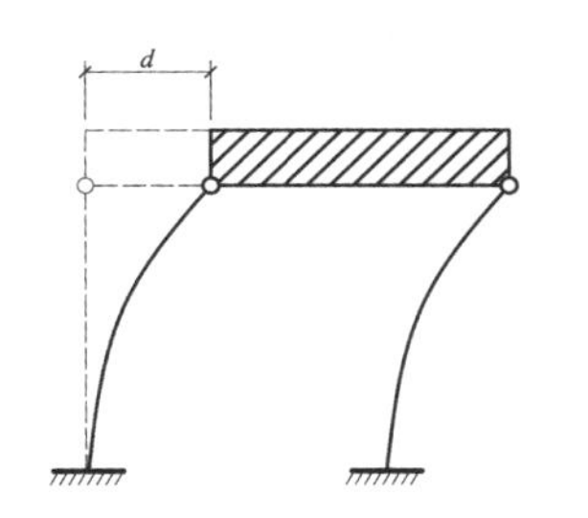

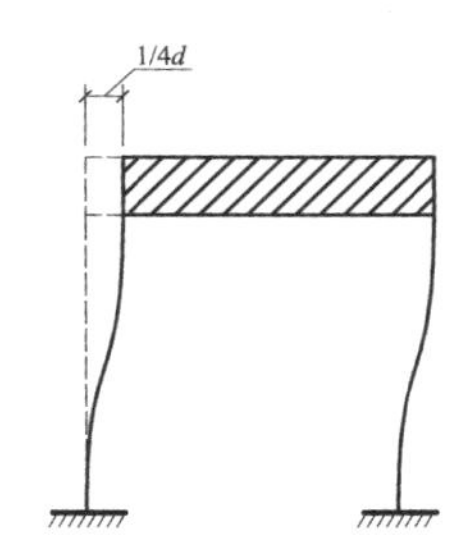

图4-8　悬臂作用与全框架作用关系[14]

工周期。然而，框架结构侧向刚度相对较小，在地震作用下所产生的水平位移较大，易造成非结构构件的损伤或破坏。

剪力墙体系具有更大的抗侧刚度。由于剪力墙的在平面抗侧刚度远大于出平面抗侧刚度，初步设计阶段往往忽略出平面的抗侧能力。通常情况下，剪力墙采用双向对称布置，使结构具有足够的抗扭刚度。剪力墙包括墙肢和连梁两部分，二者的相对刚度决定了内力分配比例。当连梁刚度相对较小时，连梁对墙肢的约束能力相对较弱，墙肢自身所受到的局部弯矩较大。当连梁的刚度相对较大时，其变形模式逐渐向弯剪型转变。图4-9为建筑整体发生剪切型、弯剪型和弯曲型变形的示意图。剪切型变形的层间位移角沿高度逐渐减小，而弯曲型变形的层间位移角沿高度逐渐增大。

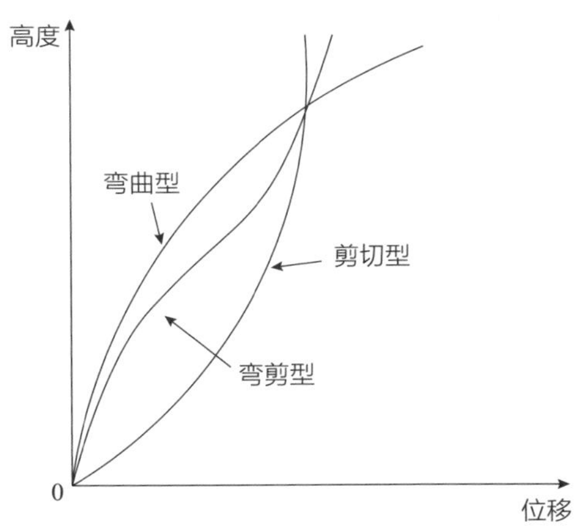

图4-9　剪切型、弯剪型和弯曲型变形

剪力墙既可以是桁架墙也可以是钢板剪力墙、钢筋混凝土剪力墙等实体墙。钢剪力墙通常为桁架墙，其布置形式可以为“X”形斜撑、人字形斜撑、“V”形斜撑等。桁架墙内的构件在侧向力的作用下仅承受拉压轴力作用，抵抗变形的效率较高。钢桁架墙的支撑方式多样，抗侧刚度也有所不同。图4-10展示了4种基本的桁架墙组合形式。当斜撑数量较为稀疏时，钢桁架墙整体工作性能不足，其受力特性更偏向于框架体系。

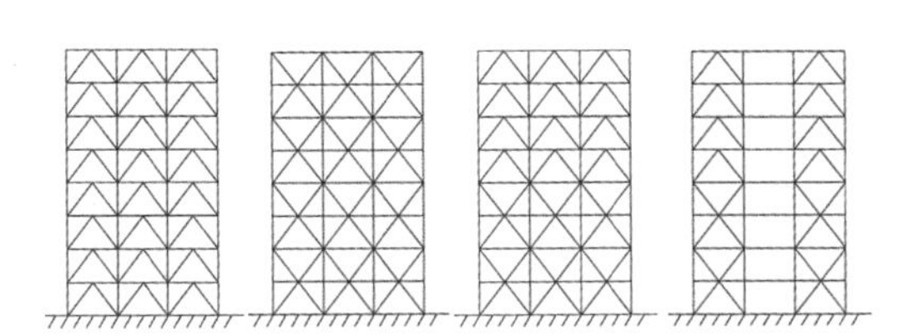

图4-10　桁架墙的多种组合形式

钢板剪力墙混凝土与钢板组成，其抗侧刚度大于传统钢筋混凝土剪力墙，布置更为灵活方便，适合对侧向刚度、承载力和延性要求较高的情况。

剪力墙筒体一般是指由剪力墙围成的封闭结构组件，属于典型的空间结构体系。筒体在具有很强的抗弯能力的同时，也具有很强的抗扭能力。剪力滞后是筒体结构普遍存在的力学现象，如图4–11所示。对于密排柱形成的框筒结构，翼缘框架与腹板框架均承受一定的剪力。腹板框架的柱之间存在剪力，而剪力使柱之间的裙梁发生剪切变形，形成局部弯曲，削弱了柱子之间剪力传递的能力。剪力滞后引起的后果是：在翼缘框架中，越远离角柱的柱轴力越小；在腹板框架中，远离角柱的柱的轴力按非线性加速递减。柱的轴力分布不再符合直线关系，即平截面假定，角柱的轴力要比假定的理想直线分布的大。

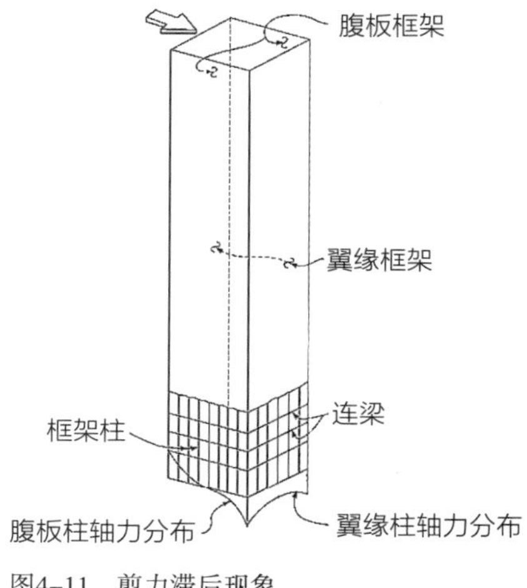

图4–11　剪力滞后现象

在结构设计中，筒体位置和数量需要结合建筑布置进行设置和调整。一般地，楼梯间、电梯间等对采光要求低的封闭区域可设置筒体。图4–12中的哥伦布骑士大楼将4个筒体布置于建筑的角部，在建筑功能上作为楼梯间的同时，极大地提高了结构的抗弯和抗扭能力。在20世纪下半叶，大多数的超高层建筑选择了框架–核心筒体、桁架筒体的结构体系。直到21世纪初，斜交网格（Diagrid Structure）作为一种新颖的高层钢结构体系出现，在建筑艺术表现和结构抗侧效率两个方面实现了高度统一。典型的案例有瑞士再保险总部大厦、广州电视塔、广州西塔、北京保利国际广场等。图4–13中2003年建成的瑞士再保险总部大厦位于英国伦敦，由Norman Foster设计，是一个优美而讲求高科技的杰作。大楼采用圆形平面，外形像一颗子弹。呈双螺旋形态的斜交网格是最主要的结构受力构件。它被世界高层建筑与都市人居学会（Council on Tall Building and Urban Habitat, CTBUH）选为21世纪第一个10年作品奖，同时也开启了斜交网格应用于超高层建筑结构的新纪元。

框架、剪力墙、筒体和支撑的自由组合形成了多样的结构体系。核心筒与框架结合后得到了目前高层建筑中应用最为普遍的框架–核心筒结构。然而，过多的外框柱数量会导致建筑内部采光不足，影响建筑立面外观。由此，巨型框架结构应运而生。巨型框架结构也称为主次框架结构，主框架为巨型框架，次框架为普通框架。主框架结构构件截面尺寸远大于次框架结构构件。巨柱通常由楼（电）梯井或大截面实体或空腔巨柱组成，巨梁一般每隔几层或十几个楼层设置一道，

图4-12　哥伦布骑士大楼
（图片来源：https://commons.wikimedia.org/wiki/File:Knights_of_Columbus_headquarters.jpg，Tisue S）

图4-13　瑞士再保险总部大厦
（图片来源：https://commons.wikimedia.org/wiki/File:30_St_Mary_Axe,_%27Gherkin%27.jpg，Paste）

梁高一般占1～3个楼层高。主框架除了承担重力荷载外，主要用于结构抗侧和抗扭，而次框架则主要用于承担重力荷载。图4-14中的新加坡华侨银行大厦是典型的巨型框架结构。

在进行竖向结构体系设计时，不同平面的竖向体系还可以水平相互交叉。伸臂桁架和环带桁架是较为常用的联系核心筒和外部框架或筒体之间的构件。在参数化模型中，可以预先建立多种伸臂桁架的模型库用于结构模型的组装。由于伸臂桁架的刚度较大，在结构产生侧移时，伸臂桁架会约束外柱拉伸或压缩，减小外框架承受的倾覆力矩，同时使内核心筒反向

图4-14　新加坡华侨银行大厦
（图片来源：https://commons.wikimedia.org/wiki/File:OCBC_Centre.jpg，Ong T）

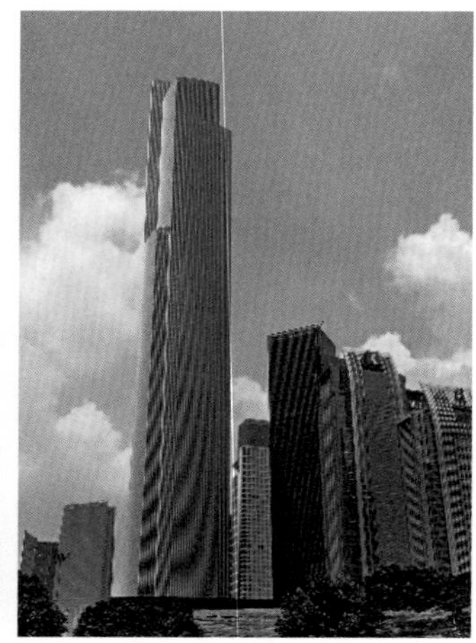

图4-15　采用伸臂桁架和环带桁架的超高层建筑
（图片来源：https://commons.wikimedia.org/wiki/File:Shanghai_Tower_2015.jpg，Baycrest；
https://commons.wikimedia.org/wiki/File:%E4%B8%8A%E6%B5%B7%E5%9B%BD%E9%99%85%E9%87%91%E8%9E%8D%E4%B8%AD%E5%BF%83.jpg，GG001213；
https://commons.wikimedia.org/wiki/File:Canton_CTF_Finance_Center_(2016-08-22).jpg，PQ77wd）

弯曲，减小了侧移。伸臂桁架的刚度不宜过大，避免结构刚度突变过大，在伸臂桁架附近区域形成薄弱层。图4-15中的上海中心大厦、上海环球金融中心和广州周大福金融中心均采用了伸臂桁架和环带桁架。

4.2　结构体系生成目标

结构体系的生成目标作为设计意图参数输入参数化生成的黑箱中，依据特定的算法规则得到符合设计意图的结构体系。生成目标对生成的方向和结果起到至关重要的导向性作用。因此，有必要单独介绍参数化结构体系生成时常用的生成目标。

4.2.1　结构效率

结构体系传递荷载的效率，即结构传力效率，是结构体系生成的主要目标之一。本小节将对几个常用的结构体系传力效率指标进行简介。

1. 结构材料造价

在参数化结构形状生成中，由于内部的结构体系尚未进行设计，因此无法合理地估算结构的材料造价。而在参数化结构体系生成中，内部的结构组成基本得到确认，可以对结构的材料造价进行初步的估算，作为评价方案优劣的指标之一。当以材料造价作为结构体系的生成目标时，设计师需要对结构体系的性能提出约束条件，限定体系方案的设计空间，从而得到满足特定性能要求的结构体系方案。

考虑到生成的结构体系尚未进行详细的造价构件设计，其材料原价、运杂贵、运输损耗费等结构材料造价的估算不能要求精确，但要求能够体现出结构体系方案在材料成本相关指标方面的相对优劣程度。仅考虑结构材料原价的材料造价是不完整的。基于较低材料强度和较大体积的结构材料成本会导致运杂费和人工费的上涨。此外，材料造价最低化的设计思想虽然能降低初期的造价，但可能会造成后期维护费用的提高。

相比上述基于具体构件信息的材料造价估算法，造价百分比估算、平方英尺估算法、体积估算法等经验类方法[14]可以在结构体系设计阶段帮助结构工程师粗略地计算工程造价，进行方案优选，但是这些经验类方法中的系数往往难以确定，需要考虑企业、地区和时代的具体背景。

2. 结构静力性能

在参数化形状生成中，结构刚度是用来衡量结构静力性能的主要指标之一。该指标同样可用于生成结构体系的评价。如何利用给定的材料体积或材料造价实现结构刚度最大化是采用该指标进行评价的核心思想。许多学者采用顶点位移作为整体侧向刚度的衡量指标。Taranath[160]提出了抗弯刚度指标和抗剪刚度指标的概念[137]，用于衡量高层建筑结构抗剪刚度和抗弯刚度的相对大小。

除了控制节点位移外，结构应变能也是一项常用的整体刚度指标。为简单起见，后续推导过程以桁架结构为例。

应变能可以表达为应变能密度对体积的积分：

$$C=\int c\mathrm{d}v=\int\frac{1}{2}\sigma\varepsilon\mathrm{d}v=\int\frac{\sigma^2}{2\mathrm{E}}\mathrm{d}v \tag{4-1}$$

式中，c为应变能密度；σ为应力；ε为应变；E为弹性模量。

由上式可见，当应力σ一定时，结构应变能越小，结构所用的材料体积就越小。再结合静力学中结构应变能与外力功之间的相等关系，就可以得出如下结论：当应力σ保持常数时，结构应变能越小，结构刚度越大则材料体积越小。换句话说，以尽可能少的材料换取尽可能大的结构刚度；当材料体积一定时，结构应变能越小，结构在外荷载下发生的变形越小，结构刚度越大，同时结构的应力水平越低，材料的利用率也就越低。当以应变能作为结构效率的目标时，一般将结构材料的体积作为约束条件，使得最终的优化结果具有相同的材料体积值，从而对结构体系的传力效率进行判断。

来自Skidmore, Owings和Merrill (SOM)的结构大师Baker团队[161]提出利用力流的概念来评价结构的效率。力流即力与力所走过长度的乘积，该指标是结构中的力传递途径的量化。最优传递路径中的构件内力可以借助图解法或有限单元法进行求解。以图4–16所示的静定桁架结构为例对力流的概念进行说明，在求解各杆件的内力后，可分别求得该桁架中拉力的力流和压力的力流数值，即力与长度的乘积（以拉为正，压为负）：

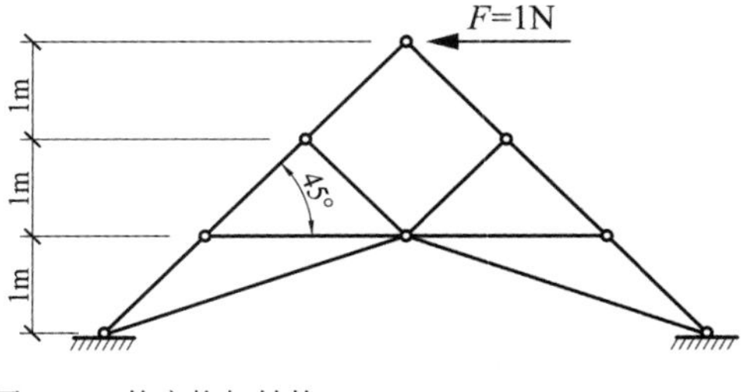

图4–16 静定桁架结构

$$T_{\mathrm{F}}=3\times\frac{\sqrt{2}}{2}=\frac{3\sqrt{2}}{2}\mathrm{N}\cdot\mathrm{m}$$

$$C_{\mathrm{F}}=-3\times\frac{\sqrt{2}}{2}=-\frac{3\sqrt{2}}{2}\mathrm{N}\cdot\mathrm{m}$$

分别将T_{F}和C_{F}求和与做差可以得到：

$$T_{\mathrm{F}}+C_{\mathrm{F}}=0$$

$$T_{\mathrm{F}}-C_{\mathrm{F}}=3\sqrt{2}\mathrm{N}\cdot\mathrm{m}$$

式中，$T_{\mathrm{F}}+C_{\mathrm{F}}$表示结构的目的；$T_{\mathrm{F}}-C_{\mathrm{F}}$则代表了结构的效率。实际上，最优传力路径的结构效率判断方式与结构应变能具有对应关系。当桁架结构所有杆件应力σ相同时，结构应变能可以化简为：

$$C=\int\frac{\sigma^2}{2E}\mathrm{d}v=\frac{\sigma^2}{2E}\sum Al=\frac{\sigma}{2E}\sum Fl \tag{4–2}$$

由此可见，这种情况下结构应变能与力流成正比，优化结构应变能与优化力流等效。最优传力路径一般只适用于桁架结构或以轴力为主要传力方式的结构体系。因此，这一结构效率指标更适用于空间结构和斜撑结构的设计。

使用上述结构应变能或最优传力路径作为结构效率指标均需要前提条件。首先，以上推导只适用于线弹性范围，仅在不考虑几何非线性和稳定的前提下才能成立；其次，上述推导均基于单种荷载工况，考虑到实际结构的多荷载工况，上述指标需从统计意义上对各类工况下的结构应变能进行调整后再进行结构效率的评价。最后，上述两种结构效率指标均只能用于结构静力性能的评估，在结构动力性能评价上的有效性需要进一步验证。

3. 结构动力性能

结构所受到的动力作用大小除了与作用强度大小有关之外，还与结构自身的动力特性相关。前文中体现结构静力性能的指标不能直接用于基于结构动力性能的体系生成算法。建立结构基本动力特性、所受动力作用及结构动力响应之间的关系是实现基于结构动力性能的参数化结构体系生成的关键。自振周期是结构的基本动力特性之一，其计算公式为：

$$T=\sqrt{\frac{k}{m}} \tag{4-3}$$

式中，k为刚度；m为质量；T为周期。图4-17为我国《建筑抗震设计规范》GB 50011—2010[162]5.1.5条中所规定的地震影响系数曲线。该曲线反映了等效地震作用与结构自振周期之间的相对关系。

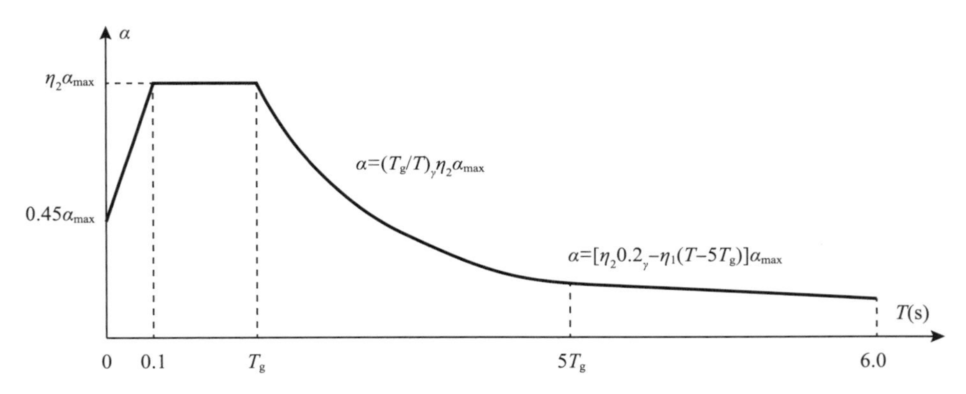

图4-17　我国的地震影响系数曲线[162]

式中，T_g是各类地区地震波的特征周期。

4. 建筑与结构统一百分比

结构应变能和最优传力路径都是从结构的角度来评价结构效率。“少即是多”是建筑大师Ludwig Mies van der Rohe的核心设计理念之一。他的设计方法是安排建筑物的必要组成部分，以创造一个极其简单的印象。他利用设计中的每一个元素和细节来同时服务于视觉效果和功能特性。例如一个地板除了传递楼面荷载外也可以作为散热器，一个巨大的壁炉中也可以安置卫生间。上述单元素多功能的思想也可以用于评价结构效率，即建筑与结构的统一性程度。凡是建筑及结构问题能够同时得到解决的地方，就是潜在经济性之所在[14]。因此，可以考虑采用如式（4-4）建筑与结构统一百分比来评价结构体系方案设计的效率：

$$R_{\mathrm{ats}}=\frac{N_{\mathrm{s}}}{N_{\mathrm{a}}} \tag{4-4}$$

式中，R_{ats}为划分空间的建筑构件中起到结构作用构件的百分比；N_{s}为建筑构件中起到结构作用构件的数量；N_{a}为总建筑构件数量。与结构应变能和最优传力路径不同的是，建筑与结构统一百分比从设计结果的非结构表现出发，更易于非结构专业人员的理解，同时也体现了设计过程中多专业交叉的特点。

4.2.2 建筑设计目标

一栋建筑从设计到施工需要多个专业的协同工作，结构体系设计也不例外。结构工程师在设计结构体系方案时除了考虑本专业的设计目标外，还需要尽可能兼顾建筑师和投资方的设计目标。

1. 采光效果

每个实心的结构构件都会遮挡外部自然光的射入，在参数化结构体系生成过程中，要时刻注意结构体系对建筑采光效果的影响。对于博物馆、展厅等公共建筑，充足的自然光能够给人们带来舒适感，提高人们的观赏体验。为此，可以通过保证足够的采光系数来实现上述建筑采光的要求。

建筑采光除了使用功能有关外，对建筑能耗也有着重要影响。对于写字楼、酒店等自然采光效果差的建筑，设计师不得不布置充足的照明系统以满足室内人们正常工作的需求，但这也增大了后期使用过程中对照明系统运营资金的投入。

2. 可用建筑面积

在结构体系设计时，设计师需要考虑如何通过合理的结构构件布置来最大化可利用的面积，以发挥更高的经济价值。

随着参数化技术的发展，越来越多的建筑师采用复杂的自由曲面作为建筑的表皮。然而，作为幕墙的表皮与内部结构并不一定完全贴合。图4-18为北京中信大厦项目中结构与外幕墙关系平面示意图。可以看到，在外框架柱与幕墙之间存在着一道细长的建筑区域，该区域难以被高效地利用。为此，Arup的设

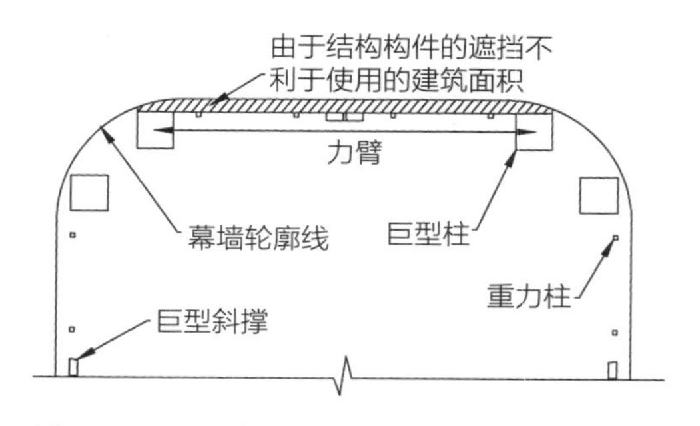

图4-18　北京中信大厦项目中结构与外幕墙关系平面示意图[4]

计团队通过优化技术，在巨柱截面形状和立面柱线尽量简化的前提下减小了结构构件遮挡的面积，提高了经济效益。

另一种设计思路则是扩大上述区域，使之能够被用于其他建筑功能。例如，采用内外双层幕墙设计的上海中心就利用上述区域建设了沿建筑高度方面的21座“空中花园”。“花园”设置于“双层幕墙”的中间区域，成为一个巨大的客厅，布置了大面积绿化装饰。人们在这里不仅可以驻足聊天，还能眺望陆家嘴及外滩沿岸的风景。“空中花园”仿佛在摩天大楼内引入了高空自然环境，可减少超高层建筑给人带来的压抑感。然而，这种做法减小了巨型柱之间的力臂，降低了结构侧向刚度。

4.2.3 施工成本

结构体系的设计与施工成本关系密切。图4-19是日本著名建筑设计师矶崎新所设计的卡塔尔国家会议中心。该建筑下部的外形由拓扑优化得到，极具创意和美感。然而，正是这种波动与渐变相结合的复杂变换形式为后期的施工提出了巨大的挑战。最终，这个新颖的形状通过内部巨大的钢骨架进行支撑才最终得以实现，原本借助连续拓扑优化所得到的结构高效性也随之大打折扣。因此，结构工程师在结构设计阶段需要对方案的施工成本做出一定的评估，并对施工合理性给出判断。

结构节点构件数是结构中各节点相连杆件数量加权平均得到的结果，在一定程度上能够反映节点的复杂程度。结构节点构件数越高，结构体系越复杂，施工成本也就越高。节点相连的构件之间的夹角也可以作为反映节点复杂程度的指标。相关构件之间的夹角越小，在施工过程中焊接或螺栓连接的难度也越大。施工成本高度的评估除了考虑节点之外，也需要考虑构件连接所面的施工难度。平面的施工难度可以从两个角度来考虑：一是面的平整性程度；二是面的种类和数量。庞大数量面板的拼接会产生较大的累计误差，也增加了加工和组装所需的时间。三角形划分算法简单，能够保证面板的平整性，但拟合曲面时的数量庞大。四边形划分与原曲面贴合度较高，在拟合曲面时的数量较少，且具有较少的异形节点，但却难以保证面板的平整性。

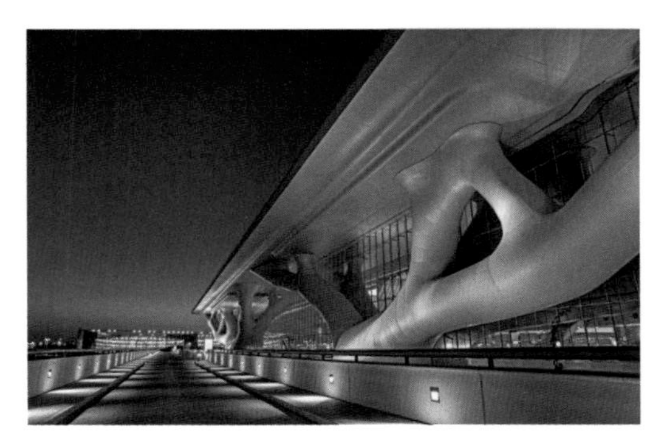

图4-19 卡塔尔国家会议中心
（图片来源：http://www.asergeev.com/pictures/archives/compress/2014/1388/18.htm，Sergeev A）

在传统的结构设计中，不同方案施工成本的估算往往依赖于设计师的设计经验。随着数字化和参数化技术的发展，施工成本的评估更趋于合理。

4.3 结构体系生成的约束条件

在参数化结构体系生成中，设计师对结构体系方案的约束条件和设计目标是设计意图参数，它们既涉及体系的合理性，又与其他专业的协同设计相关。这些约束条件控制了结构体系的生成方向，也缩小了方案的设计空间。

4.3.1 结构整体性能

结构体系生成的主要目的是确定设计空间内各自结构构件的位置及其相对关系。在相同材料用量下，不同结构体系之间结构性能的差异（如顶点位移）可能较大，仅仅单独改变某一构件的截面尺寸对结构整体性能产生的影响不大。因此，在结构体系的生成过程中，关注结构整体性能比关注构件性能更为重要。本小节主要从结构体系的规则性、结构侧向刚度、各方向结构刚度比例、结构整体稳定性和双重体系协同工作要求五个方面讨论结构整体性能在体系生成中的重要性。

1. 结构体系规则性

从设计结果的角度来看，规则的结构平面和立面布置方式简单且基本对称，抗侧力体系的刚度和承载力上下变化相对连续、均匀。依据这些结构体系进行后续设计得到的结构方案能够较好地抵抗侧向荷载作用。在不违背后续其他专业设计要求的前提下，规则的结构体系往往具有较低的工程造价。结构体系的规则性可体现在平面规则性和竖向规则性两个方面。

结构体系的平面不规则主要源于楼层刚度中心和质量中心的偏离。在侧面荷载作用下，这种偏离会引起附加的扭转效应。因此，结构设计应当尽可能避免平面不规则的情况。平面不规则包括平面凹凸不规则和楼板不连续两种情况，但是这两种情况与结构体系的相关性不大，可不在参数化结构体系生成的过程中考虑。

出于减重省材的考虑，结构体系以及构件材料、截面尺寸等在高度方向上会发生非连续性变化，导致结构刚度也发生非连续性变化。如设计不合理，则会出现侧向刚度不规则、竖向抗侧力构件不连续、楼层承载力突变三种竖向不规则类型。当楼层侧向刚度的非均匀性达到一定程度后，结构就会出现软弱层。在罕遇地震作用下，相比于其他楼层，薄弱层会率先形成集中的塑性变形，可能导致结构倒塌。上述结构体系竖向规则性的判别指标均可量化，可将其限值作为参数输入生成算法中，并在算法中嵌入计算判别指标的子模块。

竖向抗侧力构件不连续是指柱、剪力墙等竖向抗侧构件沿结构高度方向上出现中断，其内力需经水平转换构件才能继续向下传递。这种情况下结构的传力路径不直接，受力不理想，会造成成本的提高，在结构体系中尽可能不予考虑，除非建筑功能特别要求。因此，竖向抗侧力构件不连续性在参数化体系生成过程中一般不作为量化的约束条件。

2. 结构侧向刚度

（1）楼层侧向位移

为保证主体结构在侧向力作用下基本处于弹性受力状态，以及一些非结构构件（如填充墙、隔墙）的功能完好，相关设计规范对多遇地震或风荷载作用下的层间最大位移角（层间相对位移与层高之比）作出了限制[162]。层间位移角反映了楼层侧向刚度的大小。在相同侧向荷载的作用下，楼层侧向刚度越大，楼层层间水平位移角越小。

（2）楼层最小地震剪力

从结构抗震角度来看，结构所受地震作用的大小与结构的侧向刚度密切相关。对于长周期的结构，地震动速度和位移可能对结构更具破坏性的影响，按振型分解反应谱法计算得到的地震作用可能偏小，会导致结构构件设计承载力下降。为弥补这一不足，通过剪重比对楼层的最小剪力进行了限制[162]，其表达式如下：

$$\lambda=\frac{V_{\mathrm{Ek}i}}{\sum_{j=i}^{n_{\mathrm{s}}} G_j}\geqslant\lambda_{\min} \tag{4-5}$$

式中，$V_{\mathrm{Ek}i}$为第i层对应于水平地震作用标准值的剪力；$\lambda_{\min}$为与结构设防烈度有关的剪重比限值；G_j为第j层的重力荷载代表值；n_{s}为结构计算总层数。对于结构扭转效应明显（扭转位移比较大）的结构，其最小剪重比限值更大。在具体设计时，如一部分楼层不满足上述要求，需要对楼层的剪力进行适当放大。

（3）舒适度

当房屋高度较高时，风荷载作用下结构会产生较大的振动，过大的楼面振动加速度将导致建筑内部人员舒适度的严重下降。表4-1为舒适度与风振加速度的大致关系。

舒适度与风振加速度的关系[163]　　表4–1

舒适程度	建筑物加速度
无感觉	<0.005g
有感	0.005g~0.015g
扰人	0.015g~0.05g
十分扰人	0.05g~0.15g
不能忍受	>0.15g

对不同使用功能的建筑结构的顶点顺风向和横风向风振最大加速度进行了规定[164]。

3. 各向结构刚度比例

无论是平面不规则还是竖向不规则，其对结构合理性的判别一般基于单个方向的地震响应。然而，建筑结构是一个三维结构，其各方向的刚度之间需要存在一个合理范围。结构工程师主要关注两个与刚度有关的指标，即双向水平周期比和平扭周期比。

当结构的两个主轴方向的刚度相差较大时，相同荷载在两个主轴方向产生内力和变形差距也较大。从经济性角度来看，当小刚度方向已经能够满足设计要求时，另一个方向的过大刚度就显得浪费；从安全性角度来看，当大刚度方向已经能够满足抗震设计要求时，小刚度方向的结构体系安全裕度就会相对较低。因此，应使两个主轴线方向的结构刚度保持基本一致，朱炳寅在《建筑结构设计问答与分析》[165]一书中建议两个主轴线方向结构的周期比不小于80%。

结构的扭转刚度不宜太弱。当结构的扭转刚度较小时，其结构的扭转振型与平动振型耦联效应加大，导致结构扭转效应明显增大，甚至发生扭转破坏。扭平比是指结构扭转为主的第一自振周期与平动为主的第一自振周期之比，该指标可反映平扭耦联程度，在设计中应满足规范限值要求，不宜过大。

4. 结构整体稳定性

结构的平衡状态可以分为稳定平衡、不稳定平衡、亚稳平衡和随遇平衡四种。对处于不稳定平衡状态的结构，只要受到轻微扰动，它将从平衡的位置离开，无法回到原来的平衡位置。结构在仅受到重力荷载作用下产生整体失稳的可能性很小。当受到风或地震水平作用时，结构产生的水平侧移将与重力共同作用引起结构的P-Δ效应，加大结构的位移和内力，当结构的整体稳定性较差时，增大的内力和位移最终会导致结构的失稳。因此，结构整体的稳定性是结构设计必须考虑的整体性能指标之一。在结构设计中，一般可采用刚重比控制建筑结构的稳定性[162]。依据结构体系的不同，规范对刚重比的范围进行了划分，如对剪力墙结构、框架–剪力墙结构、板柱剪力墙和筒体结构，其刚重比不应小于1.4，不宜小于2.7。需要注意的是，这些刚重比限值是基于楼层刚度和质量沿高度均匀分布的情况[166]，对于复杂结构的设计需要谨慎使用。

5. 双重体系协同工作要求

对于框架–剪力墙、框架–核心筒等双重抗侧力体系，如果某一部分侧向刚度过小，则无法发挥双重抗侧力体系协同抵抗侧向力作用的性能，难以实现抗震设计中的二道防线思想。剪力墙作为结构的主要抗侧力构件，一般作为第一道防线，框架部分作为第二道防线。因此，需要对双重抗侧力体系中的剪力和倾覆力矩的分配比例做出规定。如框架–核心筒结构，除加强层及其相邻上下层外，框架部分各层地震剪力的最大值不宜小于结构底部总地震剪力的10%[162]；对于框架–剪力墙结构，框架部分所承受的地震倾覆力矩不小于结构总地震倾覆力矩的10%但不宜大于50%[162]。

4.3.2 非结构专业设计要求

结构合理性从结构安全和经济的角度对结构体系生成结果进行干预。此外，还应注重其他专业设计要求，更多体现了建筑师设计的意图，保障了建筑功能的实现。

1. 结构体系布置区域

在某种程度上，建筑方案对结构体系设置的区域提出了部分要求，这些区域要求多以几何方式进行描述。结构方案与建筑方案的吻合程度反映了结构对建筑功能的影响。在参数化结构体系生成中，建筑几何方案包括门、窗位置和尺寸等，可作为设计意图参数输入结构体系生成的算法规则中。

结构与建筑的高吻合度可能会引起施工经济性问题，比如自由曲面形成的建筑外表面。此时，可以在结构体系的生成算法规则中植入偏离建筑几何方案生成结构体系的子模块，通过输入所允许的相对偏离参数来控制结构体系偏离建筑几何方案的程度。

2. 功能空间几何构成

建筑几何方案划分了建筑的空间，形成了各种功能的房间，而不同功能房间使用空间和面积要求会有所不同。以办公楼为例，普通办公室每人使用面积不应小于3m^2，单间办公室净面积不宜小于10m^2，小会议室使用面积宜为30m^{2}左右，中会议室使用面积宜为60m^{2}左右[167]。此外，各种功能建筑对最小净层高也有相关规定。以普通办公建筑为例，办公室的室内净高不得低于2.60m，设空调的可不低于2.40m；走道净高不得低于2.10m，贮藏间净高不得低于2.00m。虽然在建筑几何方案的生成过程中，建筑师会对这些上述功能要求指标进行控制，但是结构构件的生成有可能导致上述指标不满足相关设计要求。

3. 室内采光

采光效果是参数化结构体系生成过程中可采用的建筑设计性能目标之一。为满足各类功能空间的使用要求，满足用户的正常活动，各类功能空间的采光系数下限值也在相关规范中做出了规定。例如，我国《住宅设计规范》GB 50096—2011规定卧室、起居室（厅）、厨房应有直接天然采光，并且采光系数不应低于1%[168]。除了采光系数外，窗地面积比（房间窗洞口面积与房间地面面积的比值）也是估算室内采光的常用指标。不同功能的建筑空间要求不同的窗地比限值，如办公建筑的办公室、研究工作室、接待室、打字室、陈列室和复印机室等房间窗地比不应小于1/6。而住宅的卧室、起居室（厅）、厨房的采光窗洞口的窗地面积比不应低于1/7。这些量化的采光要求可作为设计意图参数输入结构体系的生成算法规则中，对结构体系生成起到约束作用。

4.4 结构体系优化生成算法

结构优化是参数化结构体系生成的主要手段之一。该类方法将优化算法融入核心生成算法规则，在生成过程中逐步形成满足设计意图参数要求的结构体系方案。

4.4.1 基于单元参数的体系优化生成

结构体系的优化属于拓扑优化的范畴，是一种在特定荷载、边界条件下以系统性能最佳为目标，在给定的设计空间中优化材料布置的数学方法。1904年Michell[169]用解析分析的方法研究了具有应力约束和单点荷载作用下的结构，得到了最优桁架所应满足的条件，后称为Michell准则。图4-20符合Michell准则的

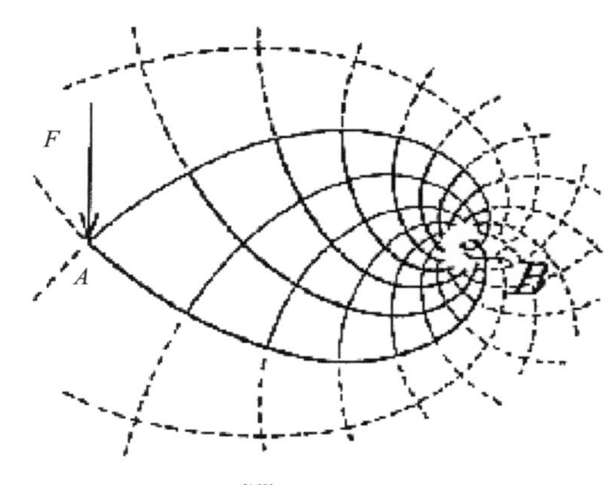

图4-20 Michell桁架[169]

桁架被称为Michell桁架，也称最小重量桁架，这项研究工作被认为是结构拓扑优化设计理论研究的一个里程碑。

最经典的拓扑优化实现方法是对各构件进行添加或删除的操作。这类拓扑优化是基于单元参数的拓扑优化。由于篇幅有限，在此仅对部分基于单元参数的拓扑优化算法进行介绍，即基于SIMP插值模型的密度法、ESO/BESO和基结构法。

1. 变密度法

（1）基本原理

变密度法是以连续变量的密度函数形式显式地表达单元相对密度与材料弹性模量之间的对应关系。这种方法基于各向同性材料，不需要引入微结构和附加的均匀化过程，它是以每个单元的相对密度作为设计变量，人为地假定相对密度和材料弹性模量之间的某种对应关系。密度法中的相对密度是材料特性的一种直接反映，相对密度大则意味着材料性能强，反之则材料性能差。变密度法中常用的插值模型主要有固体各向同性惩罚微结构模型（Solid Isotropic Microstructures with Penalization，SIMP）[170]和材料属性的合理近似模型（Rational Approximation of Material Properties，RAMP）[171]。

SIMP模型通过引入惩罚因子对中间密度值进行惩罚，使处于中间状态的单元密度向0或1移动。在假设材料各向同性、泊松比为与密度无关常量的前提下，SIMP模型中的材料属性随着单元相对密度的变化而变化，其具体关系如下：

$$\begin{cases} E(\rho)=\rho^{\mathrm{P}}E_0 \\ \boldsymbol{K}(\rho)=\rho^{\mathrm{P}}\boldsymbol{K}_0 \\ 0\leqslant\rho_{\min}\leqslant\rho\leqslant 1 \end{cases} \tag{4-6}$$

式中，E_0和$E(\rho)$为初始和优化后的弹性模量；$\boldsymbol{K}_0$和$\boldsymbol{K}(\rho)$为初始和优化后的刚度矩阵；P为惩罚因子；ρ为材料密度；$\rho_{\min}$为避免矩阵奇异而引入的材料密度最小值。

为了使结果更加贴近0–1设计，P的取值通常大于等于3。图4–21为不同惩罚因子所对应的弹性模量与相对密度关系。

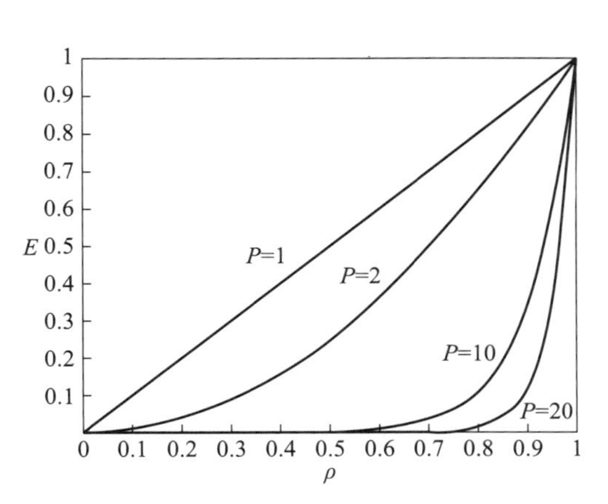

图4–21　SIMP法弹性模量与相对密度关系

当惩罚因子等于1时，材料弹性模量与相对密度呈线性关系。如当前单元的相对密度值所对应的斜率大于1时，则意味着增加相对密度对弹性模量的提高效果显著，惩罚当前密度向相对密度等于1的方向移动；反之，则惩罚当前密度向相对密度等于0的方向移动。Bendsoe和Sigmund[172]进一步从理论上证明了这种随单元相对密度变化而变化的材料属性。根据Hashin–Shtrikman Bound理论，二维和三维结构SIMP法惩罚因子分别应满足式（4–7）和式（4–8）中的条件[172]：

$$P \geqslant P \cdot (v^0) = \max\left\{\frac{2}{1-v^0}, \frac{4}{1+v^0}\right\} \tag{4–7}$$

$$P \geqslant \max\left\{15\frac{1-v^0}{7-5v^0}, \frac{3}{2}\frac{1-v^0}{1-2v^0}\right\} \tag{4–8}$$

式中，v^0为泊松比。图4–22展示了以SIMP法为例的变密度法的基本流程。

（2）算法发展

变密度法通过引入惩罚因子缓解了变密度法中可能出现的灰度问题，具有程序实现简单、收敛快等优点。变密度法自提出至今近40年，其发展主要集中在变密度模型的改进、棋盘格和网格依赖性解决三个方面。

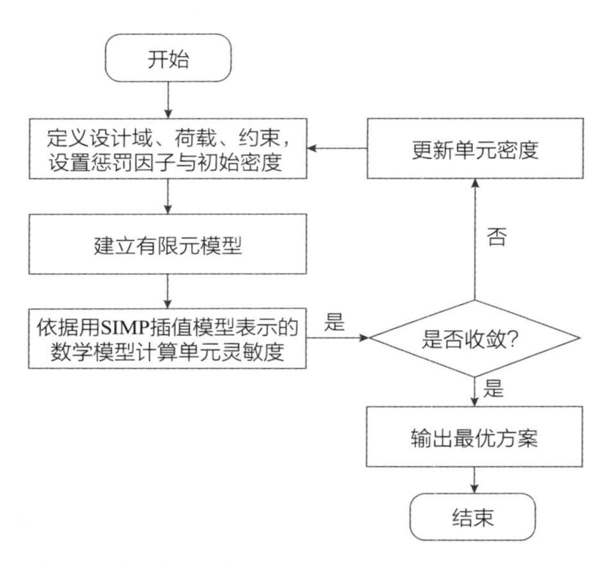

图4–22　变密度法基本流程

RAMP模型[171]是另一种常用的变密度法模型。引入RAMP模型的原因是为了减小原始SIMP插值方案的非凹性，确保收敛到0–1解。SIMP和RAMP之间的主要区别在于，后者在密度为0点处具有非零梯度，可能会影响收敛特性，不过也可能缓解动力问题中虚假低密度模态的问题[173]。

周长约束法[174]、局部梯度约束方法[175]、滤波法[176]等方法被提出用于解决棋盘格和网格依赖性的问题。周长约束法通过限制结构的周长来抑制棋盘格的出现。局部梯度约束方法则引入局部密度变分的梯度约束，使相邻单元的密度变化相对平缓，从而抑制棋盘格式的出现。基于图像处理技术的滤波法通过调整每次循环迭代中的设计灵敏度避免棋盘格式的同时还可以解决网格依赖性问题。在变密度法的发展中，Sigmund团队对SIMP法的推广做出了显著的贡献。在实现层面，除了最初的99行Matlab代码[177]外，近十年间还提供了带有过滤功能的88行Matlab代码[178]以及结合并行技术的开源C语言代码[179]，实现了变量数量为百万量级问题的优化。同时，Sigmund也结合参数化技术，开发了基于Grasshopper的拓扑优化插件TopOpt[31]，不过该插件目前只能进行2D结构的优化。

变密度法作为一种拓扑优化算法也逐渐进入了建筑结构优化的领域。Zhou和Rozvany[180，181]利用离散最优性准则法（DCOC）实现了基于SIMP插值模型的拓扑优化，并对MBB梁（Messerschmitt–Bölkow–Blohm）进行了优化。Kharmanda和Olhoff[182]将SIMP法应用于可靠度分析问题。Maute等[183，184]则将拓扑优化扩展到壳体和弹塑性材料组成的结构上。Kareem等[185]基于变密度法的思想对风荷载作用下的高层建筑结构进行了拓扑优化。刘玲华等[186]则尝试采用变密度法对大跨空间结构和考虑扭转的高层建筑结构进行拓扑优化。大多数针对高层建筑的拓扑优化集中于斜撑的形式及其布置位置[187~189]。

2. ESO/BESO

（1）基本原理

渐进结构优化（Evolutionary Structural Optimization, ESO）的设计理论与方法由Xie与Steven[190]于1993年提出。ESO法效仿大自然生物进化的淘汰机制，通过从结构中依据灵敏度逐步移除单元来得到最优的拓扑设计。每次移除的单元数量则由特定的参数决定。这种“进化”式的拓扑优化方式每次都移除一定数量的单元，保证了每一次迭代的优化效率。BESO是ESO算法的升级版，最早由Yang等[133]于1999年提出。他们通过有限元分析后的位移场的线性外推来估计空白单元（Void）的灵敏度数，然后从结构中移除具有最低灵敏度的实体单元，同时将具有最高灵敏度的空白单元改变为实体单元。每次迭代中移除和添加的元素数量由两个独立的参数确定：删除率（*RR*）和添加率（*IR*）。Querin等[191]利用上述BESO原理和Von Mises应力准则对2D和3D结构进行了多工况下的拓扑优化。需要注意的是，使用者必须仔细选择*RR*和*IR*的值才能获得良好的设计，否则可能无法产生最优解[192]。BESO早期版本通常涉及大量的迭代，计算效率不高。对于不同的网格尺寸，在不改变结构体积的情况下引入更多的孔洞通常能提高给定设计的效率[193，194]，当采用更精细的有限元网格并且初始方案具有大量的孔洞时，上述的现象被认为是数值不稳定性的体现，又称为网格依赖性。这里以Huang和Xie[195]在2007年改进的BESO算法为例，介绍BESO的基本流程。

对于以材料体积为约束条件的最小柔顺度优化问题，如式（4–9）所示：

$$
\begin{aligned}
&\text{minimize} \quad C=\frac{1}{2}\boldsymbol{F}^{\mathrm{T}}\boldsymbol{U} \\
&\text{s.t.} \qquad V^{*}-\sum_{i=1}^{N} V_{i} x_{i}=0 \\
&\qquad\qquad x=0 \text{ 或 } 1
\end{aligned} \tag{4-9}
$$

式中，$\boldsymbol{F}$是外荷载向量；$\boldsymbol{U}$是在外荷载作用下的位移向量；V_i是每个单元的体积；x_i是控制每个单元空白或实体的设计变量；V^*为目标体积。考虑到网格划分时单元体积的不同，结构整体柔顺度对单元的灵敏度如式（4–10）所示：

$$
\alpha_{i}^{\mathrm{e}}=\left(\frac{1}{2} \boldsymbol{u}_{i}^{\mathrm{T}} \boldsymbol{K}_{i} \boldsymbol{u}_{i}\right) / V_{i} \tag{4-10}
$$

式中，α_i^{e}为第i个单元原始的灵敏度；$\boldsymbol{u}_i$是第i个单元的节点位移向量；$\boldsymbol{K}_i$是第i个单元的单元刚度矩阵。为克服棋盘格和网格依赖性问题，可采用一种启发式的过滤方式来计算单元的灵敏度。其中，定义如式（4–11）所示的节点加权灵敏度：

$$
\alpha_{j}^{\mathrm{n}}=\sum_{i=1}^{M} w_{i} \alpha_{j}^{\mathrm{e}} \tag{4-11}
$$

其中，M为与第i个节点相连的单元数：

$$
w_{i}=\frac{1}{M-1}\left(1-\frac{r_{ij}}{\sum_{i=1}^{M} r_{ij}}\right) \tag{4-12}
$$

式中，r_{ij}是第i个单元中心和第j个节点之间的距离。可以看到，当r_{ij}越小时，该单元灵敏度在节点灵敏度中所占的权重越大，第i个单元的灵敏度通过节点灵敏度按照式（4–13）重新计算：

$$
\alpha_{i}=\frac{\sum_{j=1}^{N} w\left(r_{ij}\right) \alpha_{j}^{\mathrm{n}}}{\sum_{j=1}^{N} w\left(r_{ij}\right)} \tag{4-13}
$$

其中：

$$
w\left(r_{ij}\right)=r_{\min }-r_{ij}\ (j=1,2, \cdots, N) \tag{4-14}
$$

式中，$r_{\min}$是与网格划分无关的半径长度；N是半径为$r_{\min}$的区域内所包含的所有节点数。可以看出，过滤方法平滑了整个设计域中的灵敏度数。对于具有实体元素的半径为$r_{\min}$的区域，其中的空白单元也可能具有较高的灵敏度值，在下一次迭代中，这些空白单元有可能转变为实体单元。

即使采用了上述过滤方法，目标函数和相应的拓扑可能还不会收敛，优化过程中目标函数曲线还有可能出现较大幅度的振荡，这种振荡现象的原因是实体和空白单元的灵敏度数是基于元素存在（1）和不存在（0）的离散设计变量。为此，如式（4–15）的平均化处理方式可被采用：

$$\alpha_i = \frac{\alpha_i^k + \alpha_i^{k-1}}{2} \tag{4–15}$$

虽然上述平均化的处理方式影响了BESO算法的搜索路径，但当算法收敛时，它对最终方案的影响非常小。

BESO算法通过对迭代过程中的体积进行动态控制，实现最终的边界条件。在从当前设计中移除元素或将元素添加到当前设计之前，需要预先给出下一次迭代（V_{k+1}）的目标体积。由于体积约束（V^*）可以大于或小于初始猜测的设计体积，每次迭代中的目标体积可以逐步减小或增加，直到达到约束体积。体积的变化可以如式（4–16）表示：

$$V_{k+1} = V_k\left(1 \pm ER\right) \tag{4–16}$$

式中，ER是体积进化率。一旦满足体积约束，在后续的迭代过程中，结构体积将保持不变。在进化过程中，对于满足式（4–17）单元灵敏度关系的实体单元考虑移除，对于满足式（4–18）单元灵敏度关系的空白单元考虑添加：

$$\alpha_i \leqslant \alpha_{\mathrm{del}}^{\mathrm{th}} \tag{4–17}$$

$$\alpha_i > \alpha_{\mathrm{add}}^{\mathrm{th}} \tag{4–18}$$

式中，$\alpha_{\mathrm{del}}^{\mathrm{th}}$和$\alpha_{\mathrm{add}}^{\mathrm{th}}$为移除和添加单元的灵敏度阈值。通常情况下，$\alpha_{\mathrm{del}}^{\mathrm{th}}$要小于等于$\alpha_{\mathrm{add}}^{\mathrm{th}}$。这两个关键参数可通过以下流程确定：

1）令$\alpha_{\mathrm{del}}^{\mathrm{th}} = \alpha_{\mathrm{add}}^{\mathrm{th}} = \alpha_{\mathrm{th}}$，$\alpha_{\mathrm{th}}$由下一次迭代的目标体积决定；

2）计算体积添加率（AR），即增加的单元数量与总单元数量的比值。当AR小于等于$AR_{\max}$时，跳过第3步；否则进行第3步，计算$\alpha_{\mathrm{del}}^{\mathrm{th}}$和$\alpha_{\mathrm{add}}^{\mathrm{th}}$；

3）令改为实体单元的空白单元的数量等于$AR_{\max}$乘以总单元数，$\alpha_{\mathrm{add}}^{\mathrm{th}}$则等于最后一个转化为实体单元的空白单元的灵敏度。$\alpha_{\mathrm{del}}^{\mathrm{th}}$依据需要减少的单元数量对实体单元排序后得到。

可以看出，引入$AR_{\max}$的目的是为了确保在单次迭代中不会添加太多单元，否则结构有可能会失去其完整性。通常$AR_{\max}$的取值大于1%，不会抑制添加实体单元的能力。此外，上述对单元的增减操作同时考虑了实体单元和空白单元，并未完全将两者分开考虑。进行有限元分析和单元增加操作直至达到目标体积（V^*）且满足如（4–19）所示的收敛标准（根据目标函数的变化定义）：

$$error=\frac{\left|\sum_{i=1}^{N}C_{k-i+1}-\sum_{i=1}^{N}C_{k-\mathrm{N}-i+1}\right|}{\sum_{i=1}^{N}C_{k-i+1}}\leqslant\tau \tag{4–19}$$

式中，k当前的迭代次数；τ是收敛容差；N是一个整数。BESO算法的总体流程可以用图4–23表示。

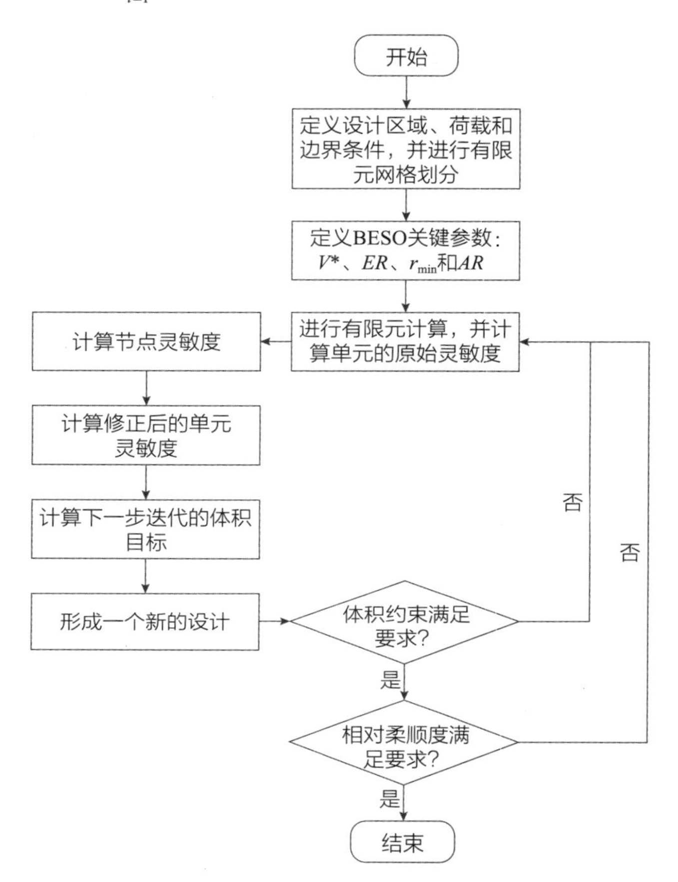

图4–23　以最大节点位移为约束条件的BESO算法流程

（2）算法发展

除了以最小柔顺度为优化目标外，BESO法也被应用于工程中最常见的位移约束下的体积最小化问题[196]。

许多学者在研究BESO算法的同时，也结合建筑结构设计的特点思考其更进一步的应用。随着拓扑优化过程中的单元增减，结构的重力荷载也在同步发生着变化[197]。工程结构的设计往往涉及多种工况，拓扑优化中单元增减的决策依赖于程序中对多种工况下单元效率的判断准则[198]。Burry等[199]采用ESO算法，通过逐渐移除承受最大受拉应力的单元得到主要受压的结构。Cui等[200]基于ESO方法的思想，提出了基于宏观单元的改进进化论方法并用于空间结构找形，后进一步参考BESO方法提出了基于敏感度的杆系结构形态创构方法[201]。为进行周期性结构的优化，在BESO优化过程中需要考虑各模块相应单元的同步增减，单元的灵敏度取为同一分组内单元灵敏度的平均值[202]。

考虑到结构设计要求的复杂性，Zuo等[203]提出了针对多约束条件问题的BESO方法。由于BESO方法直接操作单元的增减，体积约束可以很便利地得到满足，而其他的约束条件，如位移和基频等则需要通过调整拉格朗日乘数来满足。在上

图4-24　墨尔本莫纳什人行桥
（图片来源：http://www.xieym.com/show.asp?id=50，Xie Technologies）

图4-25　苏州人行天桥
（图片来源：http://www.xieym.com/show.asp?id=49，Xie Technologies）

述方法中，作为额外的设计变量的拉格朗日乘数，根据约束量与限制值之间的差距通过逐渐逼近的方式来决定。图4-24与图4-25分别为利用BESO算法拓扑优化得到的墨尔本莫纳什人行桥和苏州人行天桥。虽然前者未能最终被业主采用，但其新颖的形式和背后蕴藏的结构合理性奠定了拓扑优化在未来结构方案设计中良好的应用前景。

在软件开发方面，Zuo等[204]开发了基于Rhinoceros3D的拓扑优化插件BESO3D。BESO3D内嵌独立的有限元分析和拓扑优化引擎，可以与Rhinoceros进行数据交换。使用者可以利用Rhinoceros强大的建模功能建立复杂的结构原形，并通过插件调用BESO3D对结构进行拓扑优化。结合参数化插件Grasshopper，谢亿民科技又推出了基于BESO的插件Ameba[32]。Meng[62]等以Ameba工具评估了编织拱桥的结构性能。

3. 基结构法

基结构法（Ground Structure Method）是一种典型的以截面面积为变量的拓扑优化算法，由Dorn[205]于1964年提出。与上述的拓扑优化算法不同，基结构法的提出主要是为了解决离散结构的拓扑优化问题。

（1）基本原理

最初的基结构法应用于桁架结构。其基本原理如下：在形成基结构的基础上，用数学规划等方法对杆件的截面面积进行优化，当某一杆件截面面积减小到一定尺寸时则移除该杆件（或以某一非常小的截面面积代替），经多次迭代，最终得到结构最优的拓扑形式。基结构具有最密的拓扑结构，其余的拓扑结构都可以由基结构退化得到。图4-26简要描述了基结构法的优化流程。

基结构法在应用的过程中需要注意以下两个问题：

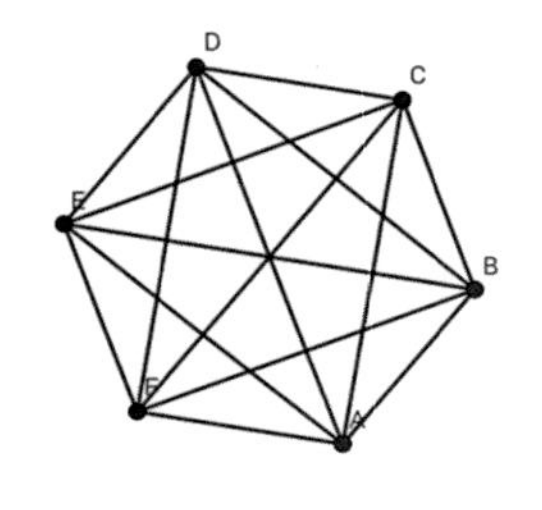

（a）基结构

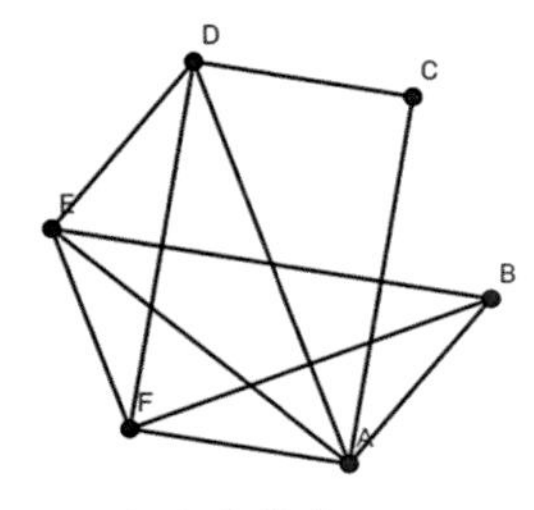

（b）优化步一

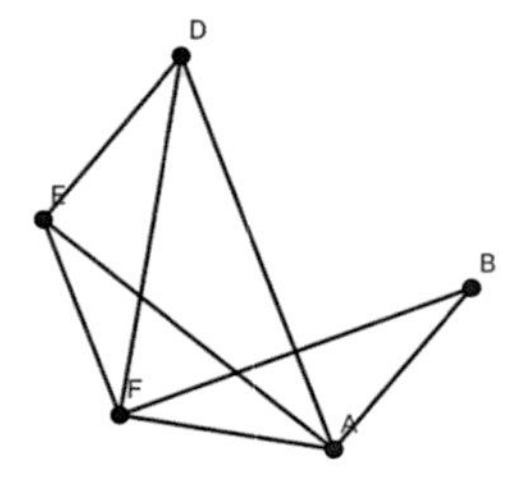

（c）优化步二

图4–26　基结构法优化流程示意图

1）不应存在脱离结构的悬浮节点；

2）新结构自身应该是稳定的，其总体刚度矩阵应保持正定。

标准基结构法的变量是杆件的截面尺寸（桁架结构为杆件截面面积），这与SIMP法中的相对密度值对应。同样的，基结构法也存在硬杀版本，即直接移除或添加杆件，与ESO方法类似。与ESO方法不同的是：基结构法的基本单元是宏观单元，而宏观单元自身的性质与截面的类型有关。基结构本身就担当了ESO算法中初始网格划分的角色。由于拓扑优化算法的网格依赖性，不同的初始基结构可能会产生不同的优化结果。

（2）算法发展

虽然基结构法应用于由宏观单元组成的结构，但是有限元分析时单元的数量也并不一定少。100个节点所形成的桁架基结构最多可达4950个单元。为此，Hagishita和Ohsaki[206]提出了一种增长形式的基结构法（GGSM），可增加需要的杆件和移除不必要的杆件。不过，相比采用SIMP法对同一结构进行优化所需的单元数，基结构法则要小得多。

基结构的布置是基结构法的关键问题。算法能否得到布局优化的全局最优解，取决于初始基结构的遍历性。初始基结构越丰富，得到真正全局最优的概率就越大；如果初始基结构中遍历性差，则真正的全局最优解可能不被包含在内，只能得到局部最优解。为此，Mroz和Bojczuk[207]借鉴了生物的生长模式，由简单的结构出发，通过不断增添杆件来拓扑地生成最优结构；Azid等[208]采用遗传算法的基本思想，在给定荷载作用点和支承位置的前提下进行桁架结构的布局优化设计。

在数值实现层面，奇异最优解是基结构法的最大缺陷。这个问题最早由Sved和Ginos[209]发现。他们在用数学规划法进行一个三杆桁架的拓扑优化设计时，发现从任意的三杆桁架基结构初始设计出发，迭代都收敛到三杆的局部最优设计，而非全局最优的两杆桁架。长时间以来，众多研究者认为奇异最优解是孤立于可行区外的最优解，不能通过假定连续变量来得到[210~212]。Cheng和Jiang[213]为解释奇异最优解现象，提出了杆件极限应力的概念，即某根杆件的截面面积趋于零而其他杆件的截面面积保持不变时该杆件应力的极限值。X–放松模型被证明可以成功地将具有奇异性的问题非奇异化，将拓扑优化问题转化为普通的尺寸优化问题。

基结构法作为一种离散体结构的拓扑优化方法，被广泛应用于桁架、钢架等结构的拓扑优化设计，以及构件的拓扑优化设计中。Zhang和Mueller[214]将基结构法应用于剪力墙布置的初步设计中，并结合改进后的遗传算法对布置方案进行了优化。

4.4.2 基于模块参数的体系优化生成

上述体系生成算法的变量都是单元参数，各单元参数之间在力学层面上具有隐式相关性，无法显式表达。这里介绍体系生成的设计对象参数并不隶属于任意一个单元，它们通过算法逻辑控制整体或部分结构体系模块发生变化，被称为模块控制参数。与基于单元参数的体系优化生成算法相比，基于模块参数的体系优化生成算法具有以下三个明显优点：

1）模块设计的思想与现有的结构体系知识保持一致，最终优化生成的设计结果更易被设计师理解和接受；

2）设计对象参数少，单个模块参数控制多个结构构件，更易实现结构体系大范围的变化；

3）由模块设计参数控制的结构体系可以在不同工程中被重复利用，充分发挥参数化设计中算法规则的可重用性。

1. 参数化体系库的建立

基于模块参数的拓扑优化与基结构法具有一定的相似性，两者都是由不同的基本“构件”组成。基结构法的体系生成结果依赖于初始基结构的设置，而基于模块参数的体系优化生成结果则依赖于体系模块之间以及体系模块内部的拓扑逻辑。其中，体系模块内部拓扑逻辑的差异性是建立参数化体系库的必要条件。参数化体系库多以建筑整体形状或部分区域的形状作为设计意图参数，以模块参数作为设计对象参数，生成特定的结构体系。例如，对于相同的矩形平面，利用Grasshopper中的Lunchbox插件快速形成如图4–27所示的多种网格形式。上述网格生成电池常常被用于如图4–28所示高层建筑的外框架几何成分的生成。将桁架的体系库进行适当修改后就可得到适应多种几何边界条件的伸臂桁架、环带桁架库（图4–29）。

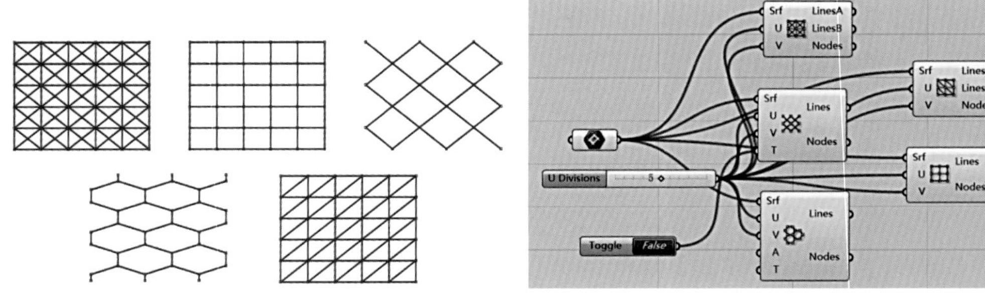

图4-27　Lunchbox形成的网格及其Grasshopper电池图

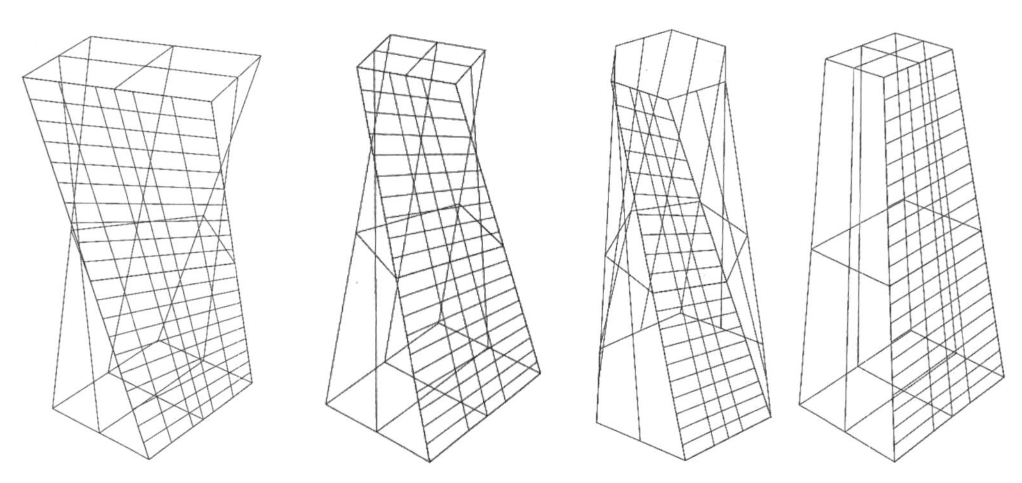

图4-28　高层建筑外框架的参数化快速生成

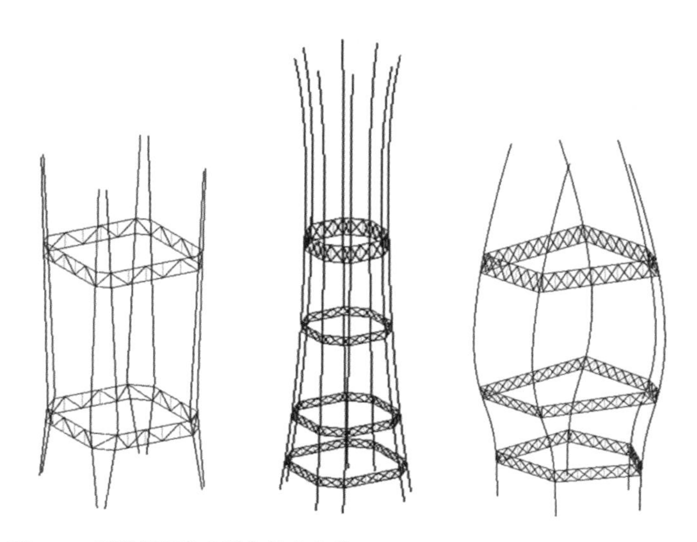

图4-29　环带桁架的参数化快速生成

从变化的过程来看，以单个构件为设计对象参数的基结构法，通过对每根杆件的操作会呈现出一种连续的变化规律，而基于模块参数的体系优化生成方法则是通过具有非直接几何含义的模块参数实现了结构体系的突变，呈现出一种跳跃式变化的规律。然而，上述基于特定算法规则的体系生成方法存在着一定的局限性：每一种特定算法规则只能生成一种结构体系，如对于图4-27中的X形斜撑电池，无论怎么调整输入参数，设计人员得到的只能是X形斜撑。为解决上述问题，最直接的思路就是编制集成型体系生成逻辑，通过特定的编码方式来标记内含各种体系的生成逻辑。图4-30是图4-27中电池的集合，当作为模块参数的类型参数发生变化时，生成的结构体系类型也会自动进行变化。这种集成式的模块设计思想可以充分利用现有的结构体系知识，设计人员可以通过搭建针对不同形状的结构体系模块实现设计过程中结构体系的快速变换。

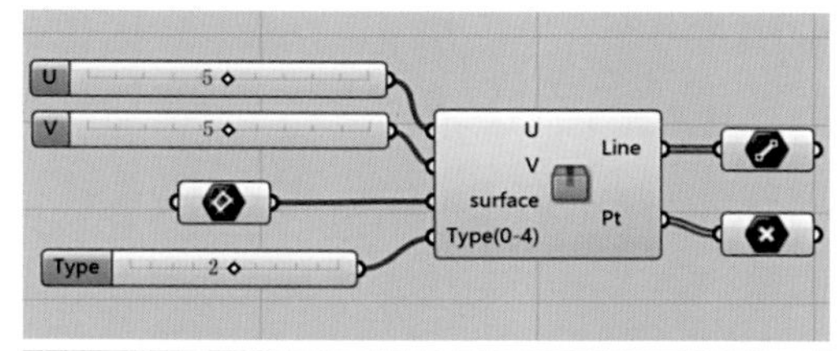

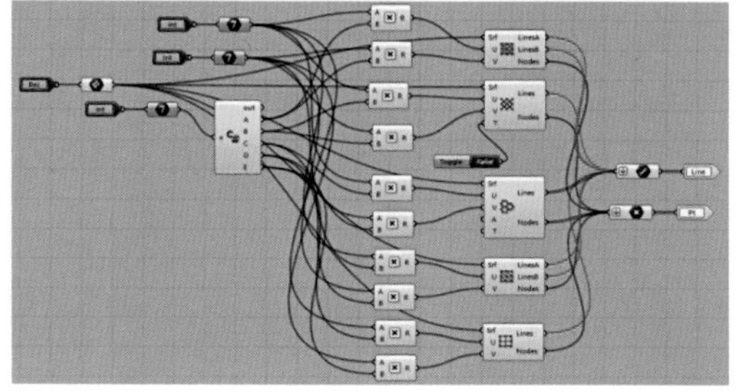

图4-30　集成式结构体系算法规则

2. 模块的生成与优化

参数化体系库是基于模块参数的体系优化生成的基础。当参数化设计平台中的算法规则具有生成大量结构体系的能力后，如何从众多的结构体系中进行选择成为设计师最为关注的问题。结构优化是解决上述问题最常用的技术手段。优化算法能够自动将初始结构体系方案调整为满足输入设计意图参数要求的方案。与此同时，不同结构体系方案的建筑功能和可建造性也作为评价指标在优化过程中对方案的选择起到重要的作用。图4-31描述了基于模块参数体系优化生成的基本流程。

基于模块参数的体系优化生成所涉及的优化变量较少，但优化过程中所需考虑的约束条件没有发生变化。由于类型参数等非几何模块参数的参与，模块参数与结构方案之间通常难以形成连续的函数关系，一些诸如遗传算法、粒子群算法等不需要求解灵

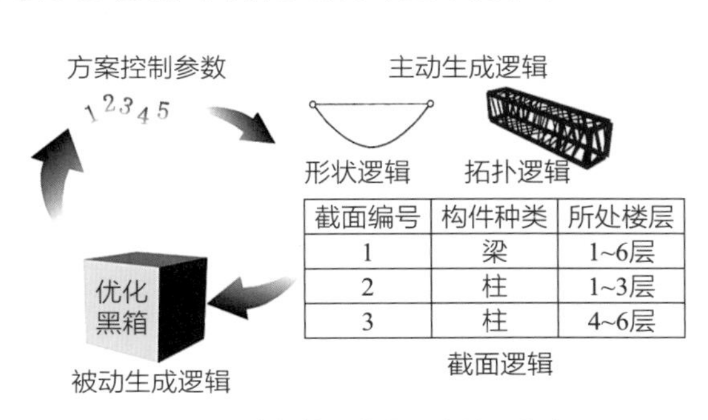

图4-31　基于模块参数体系优化生成的基本流程

敏度的启发式算法在基于模块参数的体系优化生成中具有较为广泛的适用性。事实上，在参数化平台出现之前，许多研究人员已经投入到结构模块参数与结构整体性能逻辑关系的研究中。加强层位置的优化是最典型的模块参数优化问题。加强层作为结构体系的子模块，其最简单的生成逻辑就是它在整个结构中所处的相对高度。研究人员分别考虑了以最小顶点位移[215]、弹簧最大应变能[216]和体积最小化为目标[217]对不同数量加强层的位置进行了优化。

参数化平台的出现使得模块参数的种类更加丰富、控制对象更为具体。图4-32为Michael Wallraff设计的维也纳中央火车站的信息箱。由于现有的地下水道、停车场和公共汽车站严重限制了荷载的传递路径，尽管箱体的钢结构被规划为普通的钢格栅，但适合铺设基础的区域有限，使得该项目难以采用规则的间隔设置支撑。此外，要求由楼梯连接的多个平面不能被结构单元穿过。在上述约束条件下，使用优化算法来得到了最终的设计方案，同时考虑了建筑与结构两个专业的设计要求。使用模块参数优化的项目还有华东建筑设计研究总院所参与的长沙冰雪世界[218]、Bollinger + Grohmann事务所设计的奥地利“白色噪声”[219]、Arup参与设计的北京中信大厦[4]等。

建筑工业化是指通过现代化的制造、运输、安装和科学管理的生产方式，来代替传统建筑业中分散的、低水平的、低效率的手工业生产方式。它的主要标志是建筑设计标准化、构配件生产工厂化，施工机械化和组织管理科学化。基于模块参数的体系优化生成显然就是建筑工业化在结构设计领域的映射。计算机就好比是一个工厂，预先编制的

图4-32　Infobox
（图片来源：https://www.karamba3d.com/projects/infobox/，Michael Wallraff）

体系生成模块就像是其中的生产机器，而所得到的结构体系就是最终的产品。优化算法通过对整个工厂中生产机器参数的调整，使得其生产的产品能够最好地满足规范、业主和设计师的需求。其相同的算法规则可在不同的项目中重复使用，体现了建筑设计的标准化。相比于直接对设计结果进行标准化控制，基于模块参数的体系优化生成算法更侧重于通过设计思想对设计结果进行间接的标准化控制。

4.4.3 演示算例

借助参数化平台中已有的和自行开发的工具，对上述内容进行算例的演示。

1. SIMP法算例

利用Grasshopper中的TopOpt插件[31]演示SIMP法的优化效果。算例的初始对象为二维平面上的长方形，尺寸为40m × 200m。由于SIMP法中的弹性模量是与惩罚因子相关的相对值，因此在优化过程中无需特地设置材料的弹性模量。为保证对称性，在实际优化中选取一半结构。图4-33为相应的Grasshopper电池图，其中，VolFrac决定了有多少材料在优化的过程中可以被重新分布，Penalization为SIMP法中的惩罚因子，R_{min}为过滤半径。

通过设置不同的惩罚因子、过滤半径和外荷载大小可以得到如图4-34所示的优化结果。从优化的结果可以看出，VolFrac的值越小，优化得到的体积越少，材料分布越集中；R_{min}越小，最终得到的拓扑形状更加光滑，棋盘格效应越弱；惩罚因子为2时的优化结果显然不如惩罚因子为3时的优化结果，可见惩罚因子的选择在SIMP法中的重要性。

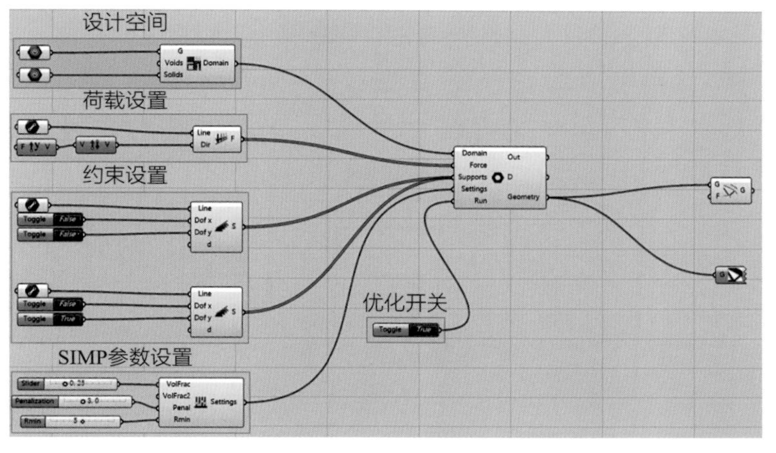

图4-33 SIMP法参数化模型电池

（a）$VolFrac$=0.25；$Penal$=3；R_{min}=2

（b）$VolFrac$=0.5；$Penal$=3；R_{min}=2

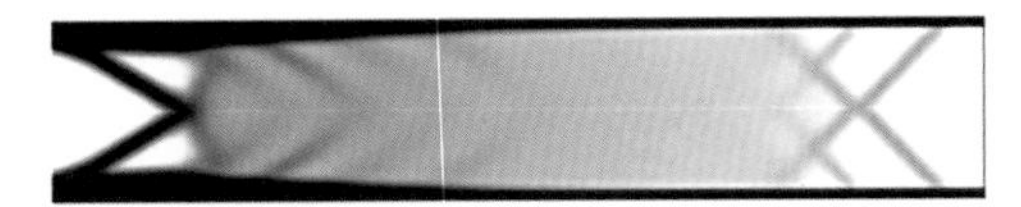

（c）$VolFrac$=0.25；$Penal$=2；R_{min}=2

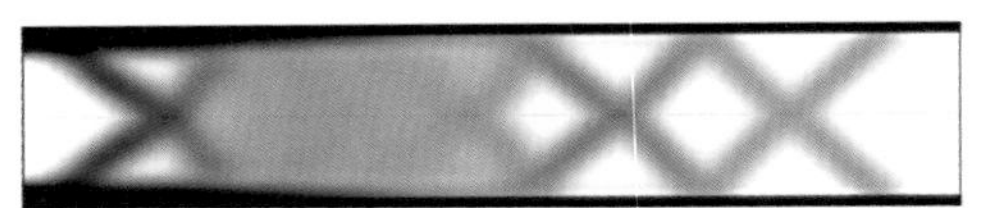

（d）$VolFrac$=0.25；$Penal$=3；R_{min}=5

图4–34　SIMP法优化结果

2. BESO算例

算例采用基于Grasshopper平台的BESO插件Ameba[32]对两个结构进行重力荷载作用下的拓扑优化。在该插件中，使用者可以选择Von Mises应力或应变能密度两种计算单元灵敏度，算法参数包含目标体积与原方案体积的百分比、体积进化率以及过滤半径。在网格大小的选择方面，Ameba自带的网格划分电池提供了建议的网格大小区间，可供使用者选择。

第一个算例结构的初始方案为一长、宽、高分别为100m、30m、30m的长方体。材料为钢材，材料密度为7.85×10^3kg/m^3，弹性模量206GPa，泊松比为0.3，其Grasshopper电池程序如图4–35所示。算例中支座的位置通过3个参数进行控制：支座点总数、支座位置1和支座位置2，两个支座位置分别控制了支座在长度方向的所在位置。网格划分的大小设置为3。加载面所在的上表面设置为非优化区域，确保该区域在优化过程中不被移除。不同支座情况、不同灵敏度设置以及不同目标体积的优化结果见图4–36。

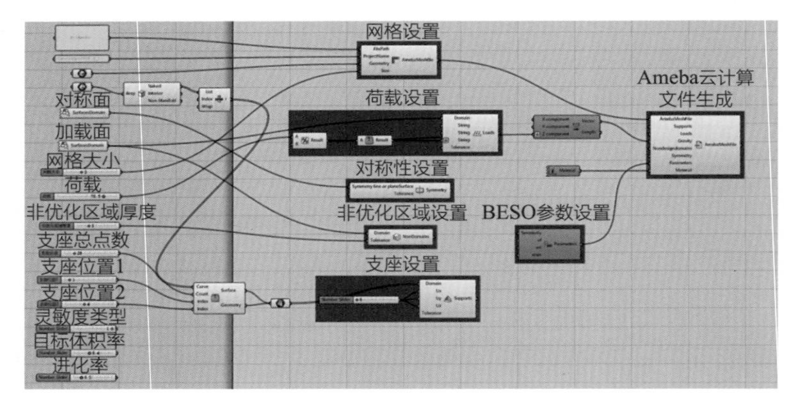

图4–35　BESO电池程序（Ameba）

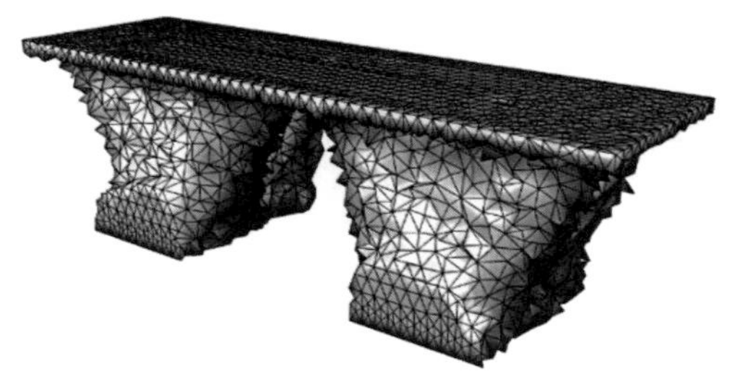

（a）目标体积率0.4，应变能密度灵敏度，支座1

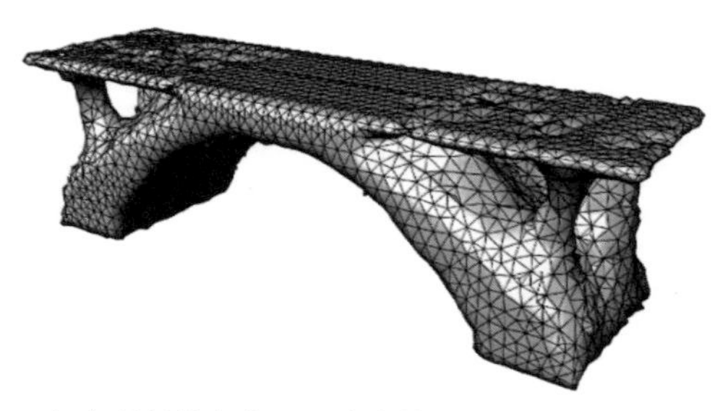

（b）目标体积率0.4，应变能密度灵敏度，支座2

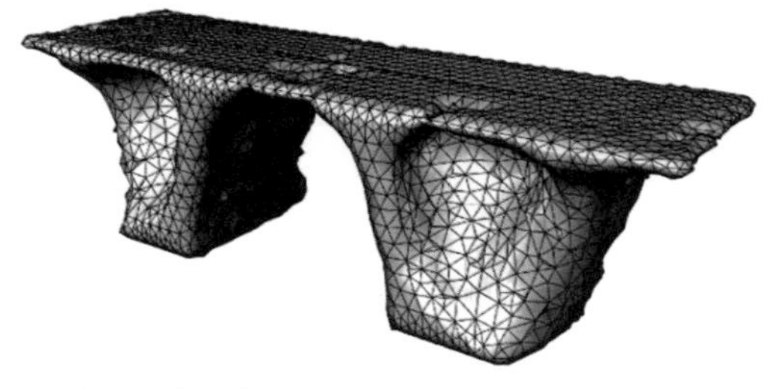

（c）目标体积率0.4，Von Mises应力灵敏度，支座1

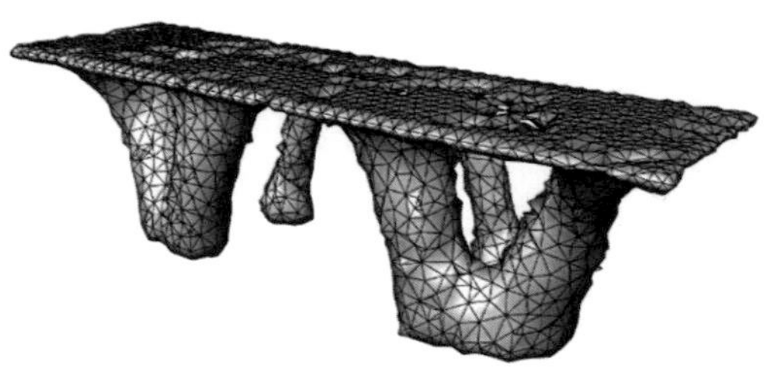

（d）目标体积率0.2，应变能密度灵敏度，支座1

图4-36　长方体BESO优化结果

可以看到，目标体积率越小，算法最终优化得到的体积也就越小。支座位置不同所对应的最优形状有着较大的差别。上表面作为荷载均施加的区域，基本没有变化。即使所受到的荷载大小相同，不同荷载作用位置也会产生截然不同的优化结构。

第二个算例结构围绕一自由曲面壳体展开而成，首先利用Karamba插件[25]对其形状设计的参数进行优化，然后再将该形状作为设计意图参数输入到Ameba的电池中，在竖向荷载和横向荷载两种荷载工况下完成BESO优化。原结构的顶面为一平屋顶，保证了传力的连续性。图4-37为原始结构的示意图及其Grasshopper电池程序。原结构的底平面为椭圆形，长轴长25m、短轴长15m，矢高10m。可以看到，优化后剩余的材料主要留在对角的位置，表明该部分材料对结构刚度的贡献最大，这与实际工程中采用的对角斜撑位置基本一致。

为得到尽可能合理的拓扑优化结果，荷载施加的位置需要谨慎决定。在对高层建筑斜撑进行拓扑优化时，侧向荷载若添加在建筑的单侧而非楼层中心，则会出现优化结果不对称的不合理情况。图4-39中斜撑的优化是通过施加对称荷载的方式来完成。此外，也可以预先在算法中对单元的移除和添加的操作补充对称要求。

3. 模块参数优化生成算例

（1）体系类型的选择

按照基于模块参数的体系优化生成方法对一个跨度40m、矢高8m的单层球面网

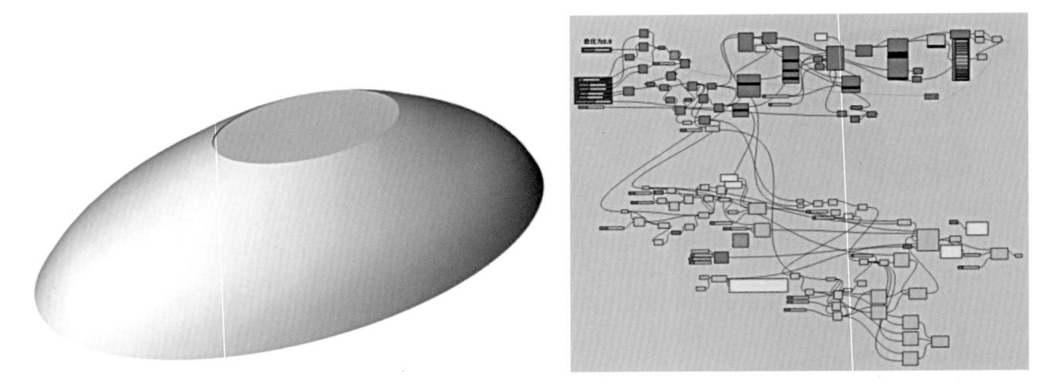

图4-37 原始结构的示意图及其Grasshopper电池

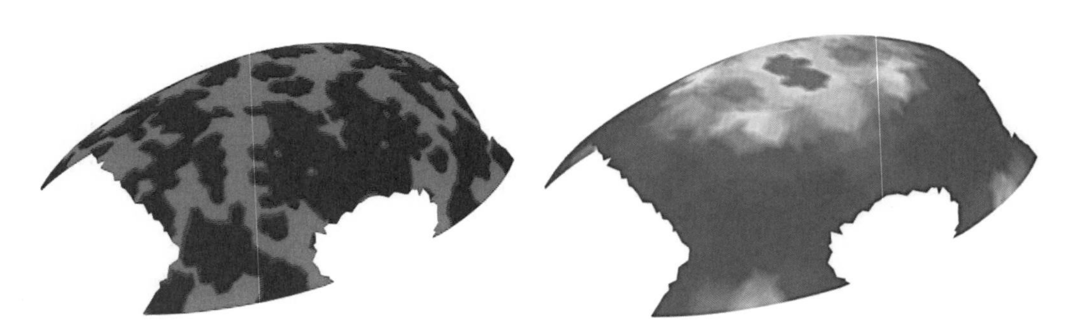

图4-38 自由曲面壳体BESO优化后的主应力云图与MISES应力云图

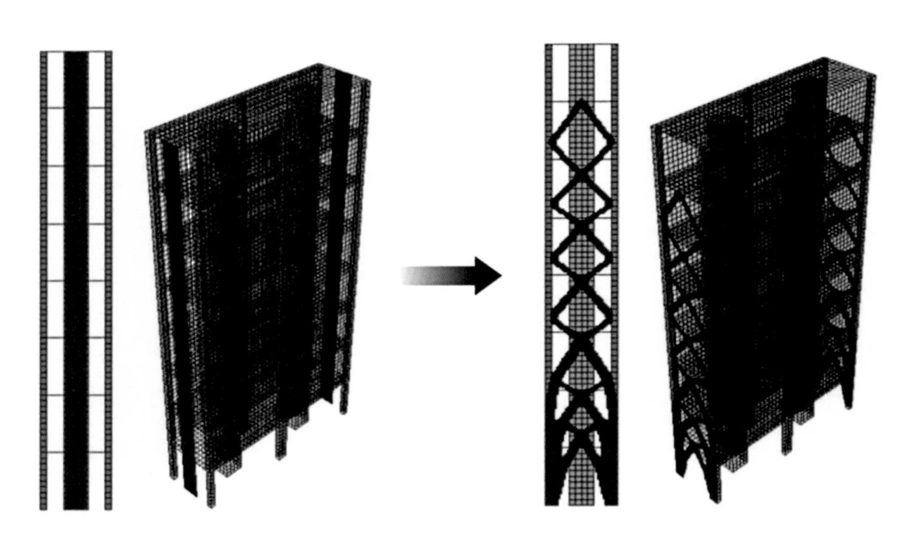

图4-39 BESO的斜撑优化[220]

壳进行多目标优化。由于未进行风洞实验，无法确定球面网壳的风荷载体型系数，因此，在优化过程中没有考虑风荷载的工况。以SAP2000作为有限元分析软件，通过SAP2000API接收来自于Grasshopper中划分完成的网格拓扑信息，这些信息包括各个节点的坐标和各个单元的连接关系。钢材使用Q345，弹性模量为200GPa，泊松比0.3，密度为7.85×10^3kg/m^3。网壳按不上人屋面取值，活荷载取0.360kN/m^2,永久荷载取0.970kN/m^2。主要设计地震参数如下：抗震设防烈度8度（0.30g），Ⅱ类场地，场地特征周期T_g=0.35s，地震影响系数最大值α_{max}=0.24，钢结构阻尼比取0.02。为实现多种体系之间的比选，网壳的拓扑算法规则包括施维德勒网壳、凯威特网壳、联方型网壳和肋环形网壳。图4-40为球面网壳的Grasshopper模型及电池逻辑。其中，对于体系类型参数，施维德勒型网格被标记为0，凯威特型网格被标记为1，联方型网格为2。

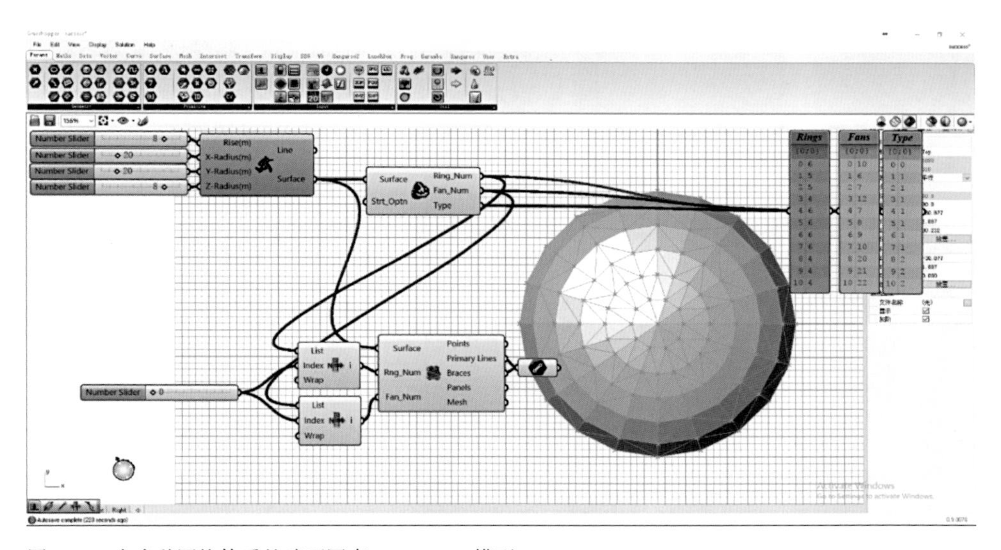

图4-40 含多种网格体系的球面网壳Grasshopper模型

结构体系优化目标分别为优化结构体积和弹性应变能。单层网壳的分析中假定节点为刚接，杆件同时承受轴力、弯矩、扭矩、剪力。约束条件中的强度约束和稳定性约束应该按照相关规范考虑[221]。

荷载组合共考虑9种，详见表4-2。为对比优化结果的质量，事先对该网壳进行设计，作为参考方案，结构的方案环数为6，肋数为12，截面为环形钢管，竖杆和环杆127×3.5，斜向杆121×3.5。球面网壳网格拓扑遴选结果见图4-41和表4-3，最终优化方案在适应度空间（以多个目标函数为坐标轴形成的空间）的位置见图4-42。由于肋环型网格拓扑方案在搜索空间内并无最优解，在优化设计中容易被遗传算法所淘汰，在此未给予考虑。

球面网壳拓扑优化考虑工况　　表4-2

荷载组合编号	1	2	3	4	5
荷载组合	恒	恒 + 活	恒 +1.4 活	恒 +0.5 活 +1.3 地	恒 +0.5 活— 1.3 地
荷载组合编号	6	7	8	9	—
荷载组合	1.2 恒 +1.4 活	1.2 恒 +0.7 × 1.4 活	1.2 恒 +0.6 活 +1.3 地	1.2 恒 +0.6 活— 1.3 地	—

部分球面网壳网格拓扑优化结果　　表4-3

方案序号	环数	肋数	拓扑类型	结构体积（m^3）	结构应变能（J）
参考方案	6	12	施维德勒	11.590	14.358
0	6	10	施维德勒	11.402	12.892
4	6	7	凯威特	11.943	10.512
5	6	8	凯威特	11.618	11.364
9	4	21	联方	15.218	7.494

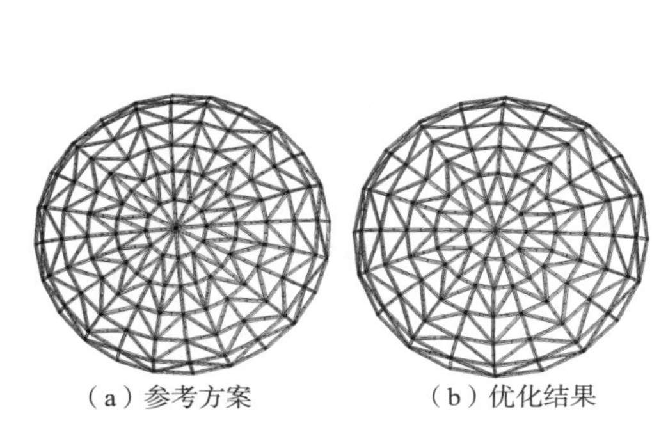
（a）参考方案　（b）优化结果

图4-41　球面网壳体系参考方案与最优结果的对比

图4-42　适应度空间中的球面网壳最终体系方案

从图4-42可以看出，对于算例而言，其适应度空间具有明显的优劣层次，凯威特网壳是Pareto前沿（详见6.2.1节）中的主导网格拓扑类型，可以认为其是备选网壳类型中最合适的网壳类型。

（2）具体结构体系方案

当确定结构体系的类型后，下一步则是设计与该结构体系相对应的具体的结构方案。算例结构体系为一肋环形椭球面双层网壳，其在Grasshopper中所建立的参数化模型见图4-43，初始参数见表4-4。仍采用单位体积应变能和结构体积为目标的多目标优化。图4-44提供了相应的适应度值组合在适应度空间的分布情况。

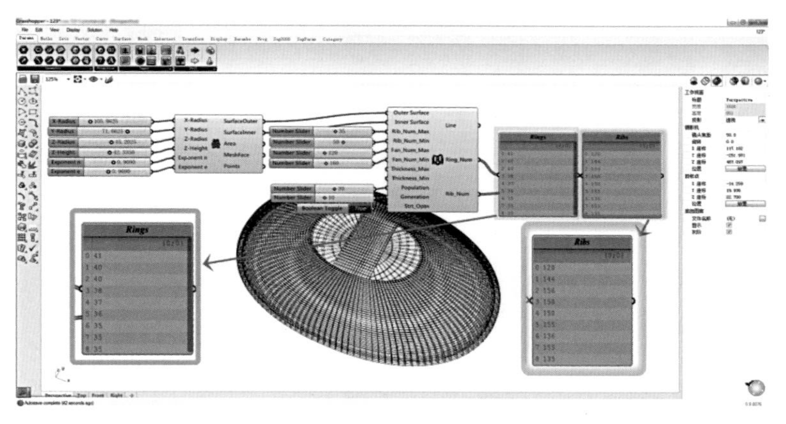

图4-43　肋环形椭球面双层网壳体系优化设计的电池关系图

肋环形网壳拓扑优化设计的控制参数设置　　表4-4

	肋数	环数
Min	35	120
Max	50	160

由图4-44可以看出，超椭球肋型双层网壳的适应度值组合是具有明显的Pareto前沿。选取的最优解为位于Pareto解集中位的（37，150，5570，1.198），即勒数为37，环数为150、5570与1.198分别为结构方案的体积和单位体积应变能。

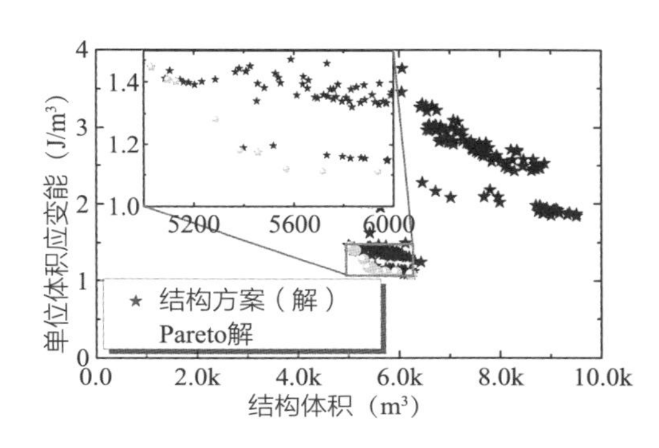

图4-44　肋环形椭球面双层网壳体系方案的适应度空间

4.4.4　小结

基于单元参数的体系优化生成算法通过对单个单元的逐一操作来形成新的结构体系。除了已介绍的SIMP法、BESO算法、基结构法外，该类型的算法还有水平集法[222]、可移动变形组件法[223]等。其内部复杂的运行逻辑使得这些方法总能给设计师带来意想不到的设计结果。然而，这些方法具有以下几个共同的问题：

（1）对基于实体单元进行分析的生成算法，其最终的设计结果形状过于复杂，对施工要求比较高；

（2）基于实体单元的结构模型不利于后续的结构设计，需要转换为宏观结构单元后才能由设计软件依据设计规范进行设计；

（3）结构模型中单元参数的数量巨大，维度灾难严重（设计变量和约束条件的数量随着结构的增大而显著增加）。

上述几个问题在基于模块参数的体系优化生成方法中得到了较好的解决。基于模块参数的体系优化生成基于现有的结构体系知识，其生成结果必然是多种现有结构体系的组合。因此，相对于基于单元参数的体系优化生成方法，其生成的方案具有更好的可建造性。此外，现有的结构体系本身就是由各类宏观杆件或墙体构成，不存在上述结构模型转化的问题。再者，模块参数是单元参数的凝练与提升，单个模块参数具有控制多个结构构件的能力。因此，一个结构方案往往只需要几个模块参数就可以描述。从结构优化的角度考虑，越少的设计变量所形成的设计空间越简单，得到最优解所需的时间也越短。

虽然基于模块参数的体系优化生成能够实现大范围的结构体系变换，但是其变化空间被限制于现有的结构体系及其组合，难以探索新的结构体系。此外，并非所有的结构体系都可以通过相同的模块参数对它们进行描述。例如，对于主次梁楼板体系，设计师需要明确的体系几何参数包括了主梁和次梁的数量以及次梁的布置方向。其生成算法在参数数量上就与图4–30中的集成式网壳生成算法不同。因此，在建立基于模块参数的生成算法时，仍需要按照特定的分体系建立单独的生成模块，然后再组装得到整体结构模型。

总的来说，基于单元参数的体系优化生成算法更加适用于方案的概念初步设计阶段，为建筑师和结构工程师提供设计的灵感。基于模块参数的体系优化生成方法更加适用于对现有结构体系有深入了解的设计师，便于与后续的参数化构件生成进行对接。因此，在参数化结构体系设计过程中，设计师可以先借助基于单元参数的体系优化生成算法来获取设计灵感并确定所要布置结构构件的主要区域，然后再以此为基础通过基于模块参数的体系优化生成方法生成具体的结构体系方案。

4.5 体系优化合理化与加速

上述结构体系优化生成算法借助结构优化的思想在特定的设计意图下得到相应的结构体系。对基于模块参数的体系优化，如果不能从现有的庞杂结构体系中选择合适的体系并在该体系的范围内进行优化，生成结构体系的速度将会十分缓慢，难以满足结构工程师的设计需求。对基于单元参数的体系生成算法，生成体系的结构方案中单元参数相比于体积参数要多得多。因此，基于单元参数的体系生成算法同样也存在着生成速度缓慢的问题。本节探讨几种可能的合理化与加速措施。

4.5.1 专家系统

专家系统（Expert System）是20世纪中后期人工智能发展的一个重要分支。专家系统旨在有效地运用专家多年积累的经验和专业知识，通过模拟专家的思维和判断过程，解决需要专家才能解决的工程问题。因此，专家系统也被称为基于知识的系统（Knowledge-based System）。

最早的专家系统将专家的知识和设计经验以特殊的方式在计算机中表达。人工智能中的知识表示形式有产生式、框架、语义网络等，而在专家系统中运用得较为普遍的知识是产生式规则。

产生式规则通过判断是否满足设定条件来执行不同的结论。条件与结论之间存在与、或、非等逻辑关系。全世界首个与土木工程相关的专家系统式是由Gennet和Englemore[224]于1979年开发的SACON。Eastman[225]是将专家系统引入建筑结构设计领域的先驱。Maher[226]开发了全世界首个高层建筑结构初步设计专家系统HI-RISE，并通过遗传算法改进了结构系统设计的方法。受到业主的主观选择、建筑造型等多方面因素的影响，结构体系的初步设计存在较大的不确定性。对此，Sabouni和Al-Mourad[227]结合模糊理论开发了基于模糊量化知识的高层建筑初步设计方法。Soibelman和Pena-Mora[228]用于高层建筑概念设计的分布式多推理研究系统M-RAM。由于结构体系的选择对结构大震下的安全性有着重要的影响，Berrais[229]开发了从初步设计到详细设计阶段（包括非线性动力分析）的交互式钢筋混凝土结构抗震设计专家系统。

国内的结构设计专家系统虽然起步相对较晚，但在后期的发展过程中也投入了大量的人力与资金。国家自然科学基金“七五”重大项目“工程建设中智能辅助决策系统的应用与研究”在当时掀起了国内土木工程专家系统研究的热潮，促进了一大批专家系统的开发[230~232]。

基于知识和经验的专家系统应用简便，但存在以下几点明显的缺陷：

1）大多数选型结果只能给出定性结果，很难给出详细的结构方案；

2）专家的经验与个人意见难以保持一致，具有较强的主观性；

3）专家系统要求知识的不断积累，不易获取，容易出现开发“瓶颈”；

4）专家经验和知识局限于既有的结构体系，创新性差。

考虑到专家经验和知识获取的难度，基于实例推理的方法（Cased-based

Reasoning, CBR）自20世纪80年代起被逐渐发展了起来[233~237]。简单来说，基于实例推理的方法是从既有的实例库中检索与当前工程问题相近的实例，经过评价后将该实例进行部分或全部地修改，并应用于当前工程。修改后的方案可以作为新的实例加入到实例库中以实现库的动态学习。这种推理的方式与设计人员的设计习惯非常类似，很容易被接受。相比于专家系统，基于实例推理的智能设计系统不需要显式表达的知识，它们所依赖的只有实例，而实例又可以不断添加和完善，也就不存在所谓的“瓶颈”问题。国内土木工程领域对于CBR系统的研究则开始于21世纪初期[238~241]。虽然基于实例推理的方法能够实现自我学习，但它仍然具有以下几点不足：

1）实例的质量参差不齐，并不一定能够得到好的设计方案；

2）实例是历史阶段的产物，对于当前工程的可参考性可能不高；

3）CBR系统同样受限于既有结构体系，自主创新能力不足。

随着深度学习的逐渐普及，数据挖掘技术（Data Mining, DM）为智能设计系统的进一步发展开辟了新的道路。数据挖掘技术是一种从大量数据中发现并形成知识的手段，而深度学习则是数据挖掘的一种实现方法。国家自然科学基金“九五”重大项目“大型复杂结构的关键科学问题与设计理论研究”中，哈尔滨工业大学王光远团队对基于数据挖掘的结构智能选型系统展开了一系列的研究，并开发了高层建筑选型集成支持系统以及大跨空间结构智能选型集成支持系统[242~246]。在CBR系统和上述智能选型集成支持系统中，数据仍然来源于已经建成的建筑。知识库是上述专家系统质量是否优越的关键所在，即知识库中知识的质量和数量决定着专家系统的质量水平。一般来说，专家系统中的知识库与专家系统程序是相互独立的，用户可以通过改变、完善知识库中的知识内容来提高专家系统的性能。然而，已经建成建筑的质量和时代背景参差不齐，设计资料有限，想要达到数据挖掘所需的数据量仍具有一定难度。

专家系统与参数化技术能够很好地结合在一起。生成算法是一个抽象的机器，能够产生源源不绝的方案，这些结构方案在经过详细的结构设计后都能够用于形成专家系统的知识库。在基于模块参数的体系生成过程中，专家系统可以预先从已有的结构体系中选出几种可能合适的结构体系，减少生成算法所需考虑的结构体系种类，提高生成算法的效率。用于形成专家系统的指标既可以是建筑高度、抗震设防烈度、底层建筑面积等与结构设计直接相关的设计条件，也可以是建筑功能、周围环境条件等于结构设计间接相关的设计条件。

4.5.2 体系方案互补策略

在确定总体结构体系后，生成算法就可以通过结构优化的思想来生成结构体系。在利用群体算法生成结构体系的算法中，除了借助算法本身的调整策略外，结构工程师还可以依据结构设计的特点设置特殊的体系调整规则，以加快结构体系生成的效率。这一点对于基于单元参数和体系参数的体系生成方法均适用。

Zhang和Mueller[214]在进行剪力墙平面布置优化时，依据结构重量和结构性能是否满足要求对体系方案进行分类，并建立了对应关系，如表4–5所示。其中，$W_{期望}$为用户预设所期望的结构重量。结构性能S中的“通过”与“未通过”表示结构优化中的约束条件是否满足。依据结构方案的特性，将结构方案分为“主要+”“主要–”和“次要”三个级别。在优化过程中，“主要+”方案与“主要–”方案可以进行结合，弥补彼此的缺点，期望更快得到优化结果。上述处理方法中的结构重量既是剪力墙平面布置问题的优化目标，又是结构方案分类的评判指标，因此，其预设值的大小有可能对优化结果产生一定的偏向性，陷入局部最优解。此外，结构性能（S）过于简单地依据是否有约束条件被违反设置未通过和通过两个选项，没有体现出各个约束条件之间及约束与目标函数间的关系，优化导向性仍显不足。

在利用群体优化算法进行体系优化时，建立各个方案之间的相对关系，相互弥补各自的缺点，有助于加快算法的收敛速度。然而，方案之间的相对关系难以借助单一指标来充分地反映，为此，应抓住方案的关键信息建立综合评价体系以评估各方案之间的相对关系。这种方案互补策略的思想一般用于基于模块参数的体系优化生成算法。

体系方案评价及对应关系[214] 表4–5

调整类型	结构性能 S	结构重量 W	特性	分类
主要	未通过	$>W_{期望}$	有太多墙，结构性能不通过 措施：两方面都进行主要调整	次要
主要+	未通过	$\leqslant W_{期望}$	平面有少量墙，结构性能不通过 措施：加入更多墙以通过强度检查	主要–
次要–	通过	$>W_{期望}$	结构性能通过，有太多墙 措施：减少墙	主要+
次要	通过	$\leqslant W_{期望}$	结构性能通过，有少量墙 措施：保留好的特征	次要

4.5.3 代理模型

代理模型是一种工程方法，当感兴趣的结果不容易被直接测量时，可以使用结果的模型来代替。大多数工程设计问题需要通过实验或模拟的手段来评估特定的设计目标和约束函数。例如，为了找到汽车外壳的最佳形状，结构工程师会通过计算流体动力学来模拟空气流动对不同形状外壳的动力响应。对于建筑结构，结构工程师会采用有限单元法进行结构响应分析。对于大型结构的数值仿真问题单个分析工况可能就需要几分钟、几小时甚至几天才能完成。结构优化数千甚至数万次迭代所需的总时间难以估计。

缓解这种计算压力的一种方式就是采用代理模型，以非常小的计算量尽可能高精度地模拟原模型的行为。代理模型是一种基于数据的自下而上的近似计算方法，本质是一种“黑箱”方法，内部的实现过程是未知的，外部操作人员能够观察到的只有其输入和输出信息。在人工智能领域中，代理模型所需要处理的问题属于回归问题。基于代理模型的结构优化流程一般包括以下4个主要步骤：

1）样本选择；

2）采用高精度结构分析方法对所选样本进行分析，获得相应的结构性能指标；

3）根据优化问题的特点选择合适的代理模型，并根据第2）步中输入、输出数据建立原问题的代理模型；

4）利用代理模型进行优化过程中个体的分析，并在过程中设置检查机制，当检查结果显示代理模型的精度不足时，则返回第2）步生成新的代理模型。

基于代理模型的结构优化最为关键的三个部分是：样本选择的方法、代理模型的种类以及代理模型的评估与优化。

1. 样本选择的方法

样本的选择属于试验设计方法（Design of Experiment，DOE）中的一个研究领域。该领域作为数理统计学的一个分支，主要研究如何通过合理的样本选择，提高试验的有效性、可靠性和可复制性。常用的试验设计方法包括正交试验设计、拉丁超立方体方法、中心复合试验设计和随机投点法等。样本点可以在代理模型建立之前全部确定，也可以在优化的过程中逐步添加，完善代理模型，提高其精度，降低拟合的程度，改进优化的结果。

2. 代理模型的种类

常用的代理模型有多项式响应曲面法（Response Surface Method）、克里金法（Kriging）、径向基函数法（Radial Base Method）、支持向量机方法（Supporting Vector Method）、空间映射法（Space Mapping）、人工神经网络法（Artificial Neural Network）等。图4-45是人工神经网络的示意图。其中，输入层为输入参数，输出层为输出参数，中间层1与中间层2则为用于提高预测精度的隐藏层。隐藏层数量越多，预测越精确，但计算量也越大。对于一般问题，由于“黑箱”内部的函数未知，较难预先判断哪一个代理模型最为准确，没有一种代理模型能够很好地适用于所有的优化问题。对于一些特定的问题，部分代理模型的有效性是已知的，如空间映射法对基于物理学的代理模型是最有效的[247]。将不同种类的代理模型集成后进行评估与筛选是较为合理的一种方式。

3. 代理模型的评估与优化

在选定某一类代理模型之后，如何利用已有的数据使得所选代理模型的参数最精确是其中的关键。使代理模型精确化的过程本质上也是一个优化问题。代理模型的建立分为三个步骤：训练（Training）、验证（Validation）和测试（Test）。训练过程中的优化目标为成本函数（Cost Function），其主要功能是衡量代理模型对于训练用样本的误差。验证阶段则需要采用不同的样本验证代理模型的精度。测试阶段则利用已被认可的代理模型，对于某一输入数据计算相应的输出数据，供优化算法使用。在上述三个阶段中，都需要进行误差估计，常用的误差估计方法包括：均方误差（Mean Squared Error，MSE）、均方根误差（Root Mean Squared Error，RMSE）、正规化均方根误差（Normalized-Mean-Square Error，RMSNE）、平均绝对误差（Average Absolute Error，AAE）、最大绝对误差（The Maximum Absolute Error，MAE），相对平均绝对误差（Relative Average Absolute Error，RAAE）、相对最大绝对误差（The Relative Maximum Absolute Error，RMAE）等。上述误差的表达式见表4-6。其中，y为实际值；h为预测值；STD为标准差，n_0为样本数量。

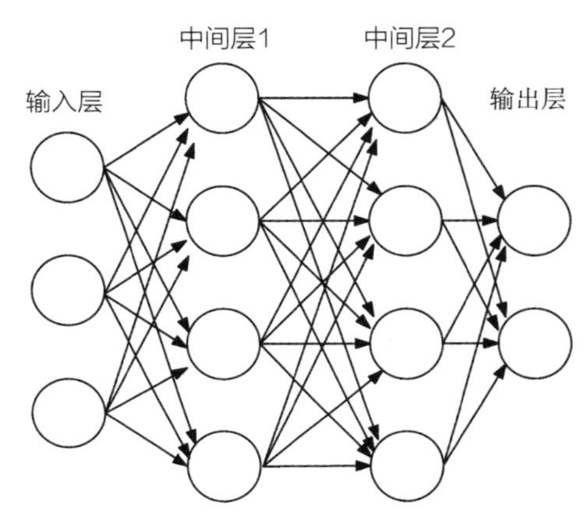

图4-45　人工神经网络

常用的误差估计方法及表达式　　表4-6

误差量度	MSE	RMSE	RMSNE	MAE
公式	$\frac{\sum_{i=1}^{n_0}(y_i-h_i)^2}{n_0}$	$\sqrt{\frac{\sum_{i=1}^{n_0}(y_i-h_i)^2}{n_0}}$	$\sqrt{\frac{\sum_{i=1}^{n_0}(\frac{y_i-h_i}{y_i})^2}{n_0}}$	$\max(\lvert y_1-h_1\rvert,\cdots,\lvert y_{n_0}-h_{n_0}\rvert)$

续表

误差量度	AAE	RAAE	R2	RMAE
公式	$\dfrac{\sum_{i=1}^{n_0}\lvert y_i-h_i\rvert}{n_0}$	$\dfrac{\sum_{i=1}^{n_0}\lvert y_i-h_i\rvert}{n_0\cdot \mathrm{STD}(y)}$	$1-\dfrac{\sum_{i=1}^{n_0}(y_i-h_i)^2}{\sum_{i=1}^{n_0}(y_i-\overline{y})^2}$	$\dfrac{\mathrm{MAE}}{\mathrm{STD(y)}}$

具有较多样本时，可采用分包（Bagged）的方式来提高代理模型的精度，即将当前已有的样本数据均分或按照某一比例划分为多个子样本，然后利用这些子样本分别建立代理模型，通过评估、比较得到其中最优的代理模型。当样本数量不足时，可以采用拔靴法（Boot Strapping），经过多次重复的抽样，建立起足以代表母体样本分布的新样本。在该方法中，原样本个体会被多次使用。如果对相关问题尚了解不够深入，也可以采用集成方法（Ensemble Methods），利用已有的样本数据从多个代理模型中择优选择。

4. 代理模型与重分析技术

重分析是一类以小的精算量换取实现高精度的结构分析结果的手段。严格意义上说，代理模型也可以算作重分析的一种实现方法。但是无论是多项式响应曲面法、支持向量机方法，还是人工神经网络法，都是一种单纯基于数据的近似计算方法。它们可以用于多个领域，但不能体现结构分析问题的特点，如刚度矩阵的形成、刚度矩阵求逆等。从20世纪60年代，力学专业的学者们就开始进行结构分析领域中重分析技术的研究。其基本原理是，在优化变量发生微小扰动时，通过静力平衡方程、动力平衡方程、特征方程等推导得到新方案的结构响应。

按照分析问题的类型，重分析技术可分为静力重分析、动力重分析和灵敏度分析。静力与动力重分析的求解方法又可分为精确重分析方法和近似重分析方法。早期针对静力重分析的研究以精确重分析方法为主，例如分解矩阵法[248]、初始应变应力法[249]和平行单元法[250]等。静力与动力的近似重分析方法在于通过不断的迭代计算，逐步逼近修改后结构的静力平衡方程的解。根据不同的近似方式，可分为局部近似、全局近似和组合近似方法[251]。灵敏度分析则是根据求解方法可分为解析法[252]和半解析法[253]。在半解析法中，常采用差分方式求解相关变量的灵敏度。

上述重分析方法的优点在于考虑结构分析的原理，相比那些单纯由数据驱动的重分析算法，在手段上适用于结构分析。但是，这一优点同时也是该类方法向外拓展的障碍，尤其是对于拓扑优化问题。在这一类问题中，结构体系变化较大，结构刚度矩阵也会发生阶数上的变化，大多数重分析方法所依赖的迭代以及近似方式无法适应这种动态变化。虽然在一些文献中采用了极小截面来表示相应杆件的不存在，从而保证结构自由度数不发生变化，但是附加的小截面杆件会导致近似结构响应不精确。因此，这些依赖于结构分析原理的重分析方法在应用于结构拓扑优化时需谨慎。

4.5.4 设计空间控制

在采用基于单元参数的体系优化生成算法时，得到合理优化结果的关键是预先设置合理的设计空间。设计师有时需要的并不是所谓的最优解，通过牺牲部分结构性能来换取更大的设计自由度可能是设计师真正期望的结果。

设计空间的控制主要分为两种：存在固有单元的不可设计区域和没有单元的不可设计区域。前者在优化完成后基本保留其中的单元，主要用于保留结构体系中必要的结构构件。例如在体系生成过程中，考虑到室内建筑功能的需求，结构工程师一般将楼板设置为不可优化区域，否则有可能在优化过程中楼板区域所在的单元被移除，导致建筑功能失效。没有单元的不可设计区域往往用于保障空间上的建筑功能。通常情况下，没有单元的不可设计区域一般在初始的有限元模型空间中进行设定，在算法中进行设置。如图4–46所示，A和B区域分别为走廊和办公室空间，C区域为楼板，此时该楼层的竖向结构体系只能在D和E区域生成。

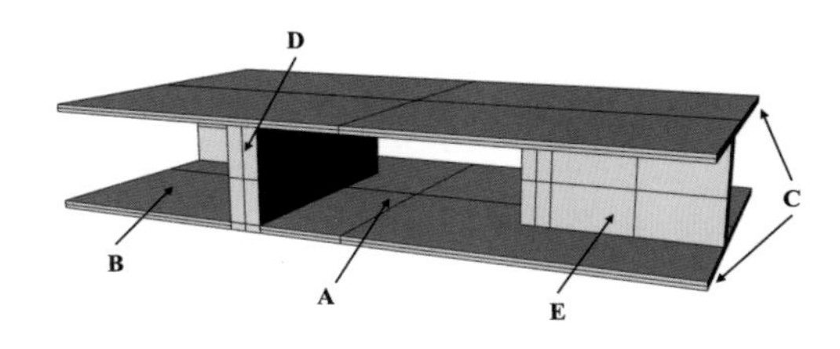

图4–46 体系生成中设计空间的控制

CHAP 5

第5章

参数化结构构件生成

参数化结构构件生成的最终目标是在特定结构体系的前提下合理化生成各结构构件。结构构件设计对象参数主要包括材料类型及用量、截面类型和截面尺寸。与参数化结构体系生成相比，参数化构件生成既要满足结构整体性能要求，又要满足具体构件的设计要求，其设计意图参数种类更多、数量更大，处理难度更高。本章在给出参数化构件生成的基本流程后，对构件优化常用的优化算法进行简介，并结合性能化抗震设计思想对结构构件方案的评估指标进行讨论。最后，结合参数化技术对基于结构性能的节点设计进行介绍。

5.1 构件生成基本流程

5.1.1 参数化结构构件生成特点

与前两阶段的参数化生成相比，参数化构件生成具备以下几个特点。

1. 构件设计内力计算复杂

在参数化形状和结构体系生成阶段，结构工程师关注的是结构的整体性能，因此一般只考虑结构所受到的主要作用，而为保障结构构件的安全，结构构件的设计需要基于最不利的荷载工况组合，各构件的最不利工况并不一定完全相同。当结构整体性能有所欠缺时，一般可通过提高构件设计内力的方法来提高结构安全性。例如，当框架结构的刚重比在10~20时，可对结构位移和结构构件的弯矩、剪力进行放大，以考虑重力二阶效应对水平力作用下结构内力和位移的不利影响。在设计构件承载力时，为避免框架柱端部形成塑性铰产生较大的楼层侧移，可对柱端弯矩设计值适当放大，以体现“强柱弱梁”的概念设计要求。此外，“强剪弱弯”“角柱效应”“底柱效应”等设计概念均明确了对结构构件内力的调整。可见，结构构件的内力调整系数多、相互关系错综复杂，如何在生成过程中处理这些内力调整系数是参数化结构构件生成的技术难点之一。

2. 设计对象与意图参数数量巨大

参数化结构形状和体系生成的设计对象参数主要是控制结构形状和体系的几何参数，而结构构件的设计对象参数则包括构件的材料种类、材料等级及用量、截面类型和截面尺寸。上述设计对象参数均属于离散型参数。在优化问题中，变量具有离散型特性的优化问题属于整数规划。大多数启发式算法都具有对整数变量进行优化的功能。通常的解决方法是：在每一次迭代过程中对每个整数变量采用“圆整”操作，调整后的构件设计参数用于形成结构模型并进行下一步计算。但是，“圆整”

后的设计很可能并不是最优方案，甚至可能是非可行解。对此，可优先考虑不含整数条件约束的优化问题，若最终得到的最优解是可行解，则接受之（可能性较低）。否则，以当前最优解作为初始点引入整数条件约束重新进行优化，直到出现可行的最优解。常用的整数规范算法有分支定界法（Branch-and-bound）及其衍生的空间分支定界法（Spatial branch-and-bound）[254]、α分支定界法（α-branch-and-bound）[255]、分枝消去法（Branch-and-reduce）[256]等。

参数化结构构件生成的设计意图参数需要进一步落实到对各个结构构件的性能控制上，包括承载力、延性等。然而，单个建筑结构的结构构件数量少至几十、多至上万，结构构件的设计意图总量参数可能达到构件数量的十倍以上。如何使得生成的结构构件方案能够快速、准确地满足结构工程师所预设的性能需求（设计意图）是参数化结构构件生成的核心问题。

3. 结构分析仿真度高

不同工况下结构构件的性能评估依赖于可靠的结构分析方法。以结构抗震设计为例，在传统两阶段设计方法中，在完成结构小震弹性设计后，需要对大震下结构弹塑性层间位移角进行验算。在性能化抗震设计中，结构工程师则还需要进一步落实小震、中震、大震下结构构件的性能目标。对于不同性能水准的结构，结构分析应采用相应不同的分析方法。按照分析精细程度和考虑弹塑性程度的不同，可供考虑的分析方法有：底部剪力法、振型分解反应谱法、静力弹塑性分析方法和动力时程分析方法。

4. 生成过程两阶段

结构形状与体系的设计与设计人员的设计理念紧密关联，常在方案之初就基本明确了设计的雏形，然后在此基础上进行演化得到最终的方案。相比于结构形状与体系设计，结构构件方案受设计人员设计理念的影响小。因此，参数化结构构件生成可以进一步细分为构件方案的初步生成和优化两个过程。结构在传统结构设计过程中，结构工程师往往依据设计经验预先估算结构构件，然后在此基础上逐步修改和调整直到符合各方面的设计要求。相比于从无到有的生成方式，从基于经验估算的结构构件方案出发的生成方式能够以更合理的调整方式和更快的调整速度实现设计意图。

5.1.2 结构构件初始方案生成

1. 结构构件材料

结构构件的优化与其所用的材料有关。现代建筑中结构构件的材料主要包括钢材、混凝土、钢-混凝土组合、钢-木组合等。其中，钢的强度高、自质量轻、抗震性能好、施工速度快，但造价相对较高、防火性能差等问题，限制了其在高层建筑中的广泛应用。混凝土可塑性强，取材方便，维护成本低，加之混凝土强度等级不断提高，促使混凝土结构得到广泛应用。然而，混凝土结构存在质量大、结构构件尺寸较大等问题。钢和混凝土两种材料的组合可有效发挥钢与混凝土自身的优点，得到了越来越广泛的应用。

空间结构的材料应用除了与结构设计相关外，在很大程度上还取决于建筑功能。宗教类建筑常采用石材和混凝土作为建筑材料，这些材料自身的颜色和建筑庞大的体量共同彰显了宗教类建筑所需要的庄重和古朴的气质。图5-1中的巴黎圣母院和光之教堂是采用石材和混凝土建造的典型的宗教类建筑。

一些低矮建筑和展览馆采用木材作为建筑材料。木材作为一种生物再加工后得到的材料，无论是颜色还是质地都能为建筑的使用者带来温暖、舒适的感觉，为住户与参观者营造出一种大自然的亲切感。伴随着现代工艺的发展，木材的防火性能、耐久性都得到了显著的提升。我国古代的宫廷建筑大量采用原木结构。现代木结构

（a）巴黎圣母院

（图片来源：https://commons.wikimedia.org/wiki/File: Nave_of_Notre-Dame_de_Paris,_22_June_2014_002.jpg，Dennis Jarvis）

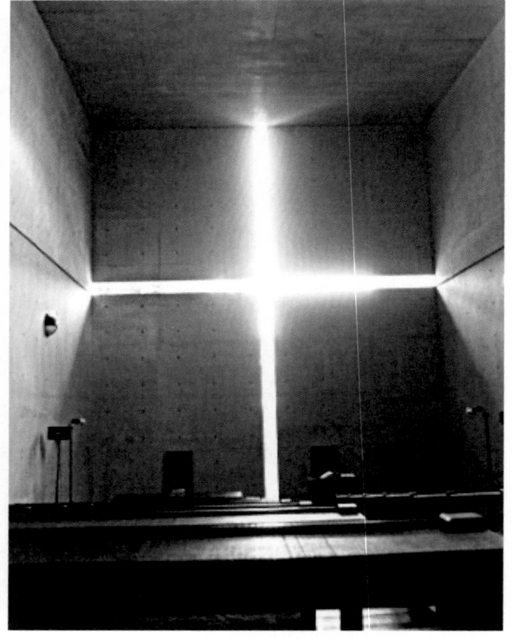

（b）光之教堂

（图片来源：https://commons.wikimedia.org/wiki/File: Church_of_Light.jpg，Bujatt）

图5-1　由石材和混凝土建造宗教类型建筑

抛弃了原木的使用，而采用现代工艺加工后具有特定规格的工程木材料，如胶合板、交错层积材、单板层积材等。为提高木结构的受力性能，现代木结构也往往采用钢木组合的形式。图5-2是板茂建筑事务所设计的蓬皮杜梅斯艺术中心，该建筑的内部主体结构由一个钢框架核心筒和三个相互交错的木结构长方体组成，屋顶结构采用覆盖了PTEE（聚四氟乙烯）薄膜的木网壳。

作为一种轻质金属材料，铝合金是除了钢材外在空间结构中应用较为广泛的一种材料。就力学特性而言，铝合金密度（约$2.7\times10^{3}\mathrm{kg/m^{3}}$）仅为钢材（约$7.85\times10^{3}\mathrm{kg/m^{3}}$）的1/3，其弹性模量和热膨胀系数仅为钢材的1/3和1/2。因此，铝合金的空间结构往往自重较轻，但其稳定性和变形控制往往是设计关键。此外，铝合金构件一般采用挤压成型，制作成本相对较低，适用于具有重复特征构件和节点的大型空间结构。在防腐问题上，铝合金本身能够形成致密的氧化膜，可节省大量的防腐维护费用。

玻璃的密度和弹性模量与铝合金相近，热膨胀系数介于钢材和铝合金之间。普通玻璃的抗压强度一般在60~100MPa，抗拉强度也能达到50MPa左右。脆性是玻璃作为结构材料使用的最大问题。为了改善玻璃的性能，通过退火、淬火、材料复合、涂料等方法发明了一些新型玻璃。图5-3是位于纽约第五大道的苹果旗舰店，该建筑外立面结构使用了15块玻璃拼接而成，形成了完全通透的空间。后来杭州西湖边的苹果专卖店也效仿第五大道的作品，采用11块大幅双层玻璃作为其外立面结构。

2. 截面尺寸估算

结构构件的截面尺寸在很大程度上决定了其重力荷载的大小，反过来重力荷载又对截面尺寸提出了要求。结构在重力荷载作用下要求受力相对均匀合理、稳定可靠，这是结构具备良好工作特性的最基本前提。傅学怡[257]给出了从重力荷载作用

图5-2　蓬皮杜梅斯艺术中心
（图片来源：https://commons.wikimedia.org/wiki/File:Centre_Pompidou_in_Metz_(Frankreich)_-_Seitenansicht.JPG，Guido Radig）

图5-3　第五大道苹果旗舰店
（图片来源：https://commons.wikimedia.org/wiki/File: Apple_store_fifth_avenue.jpg，Uthman Ed）

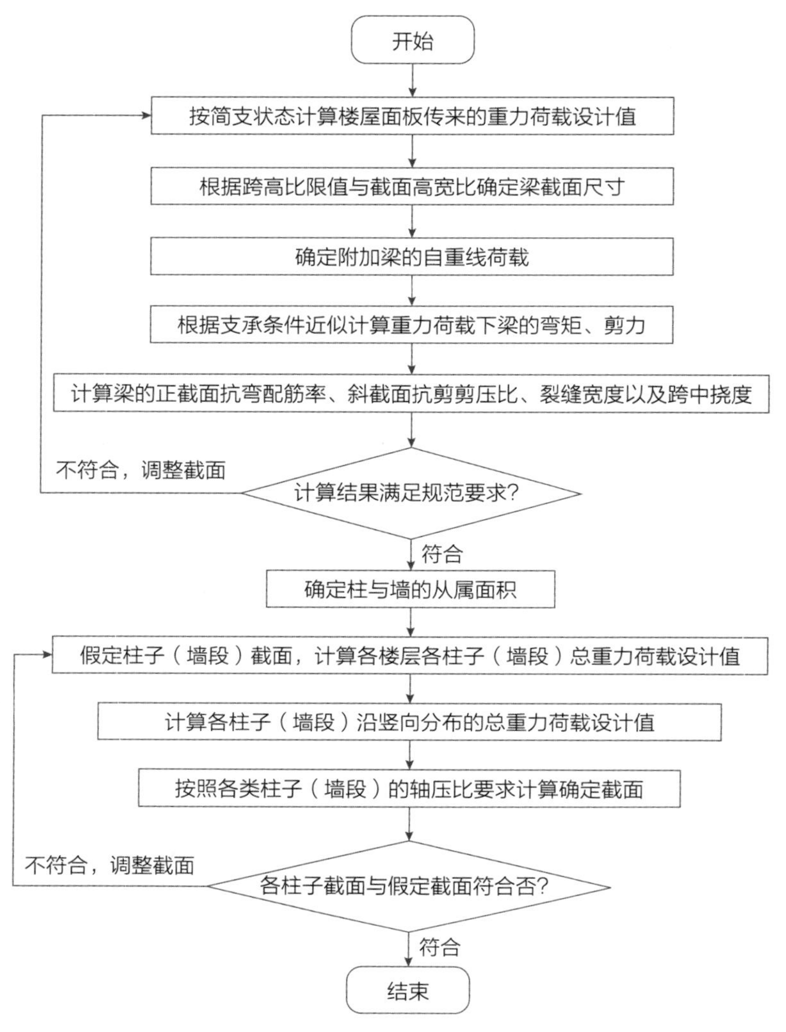

图5-4　高层结构构件截面尺寸初始方案生成流程图[257]

下结构效应出发的高层建筑构件截面的确定方法，见图5-4。该流程按照力的传递顺序，优先估算梁的截面尺寸，然后估算柱和剪力墙的截面尺寸。上述高层建筑截面尺寸估算流程的合理性取决于对各项截面设计指标的限值要求，限值要求越严格，得到的截面方案越保守。为减小重力荷载下因沉降差产生的内力重分布，同一标高处各竖向构件的轴压比应尽可能接近。

大跨空间结构形式多样，其中网壳结构空间刚度大，整体性和稳定性好，有良好的抗震性能和建筑造型效果，得到了广泛应用。在网壳结构的形状、体系、边界条件和控制荷载确定后，可采用满应力法（见5.2.2节）估算构件截面尺寸。此外，长细比也常用于网壳结构构件截面的估算。图5-5为钢网壳结构截面尺寸估算的流程。

在选择网壳结构构件截面类型时应注意以下几点：

（1）所选截面类型不宜过多，要考虑方便制作与安装；

（2）杆件截面具有较大的回转半径，有利于压杆稳定；

（3）截面类型应充分考虑建筑功能和选型的需求；

（4）宜选用当地市场常供型号，减少运输费用。

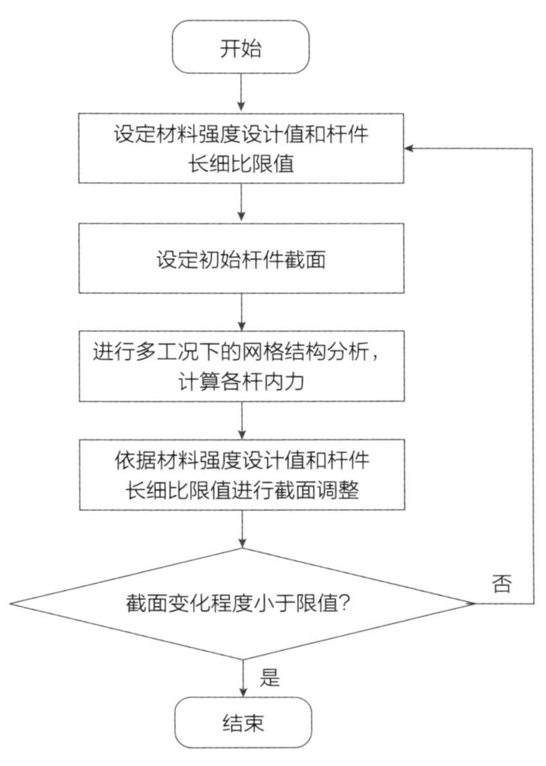

图5–5 钢网壳结构截面尺寸估算的流程

5.1.3 构件优化基本思路

当构件材料确定后，参数化截面优化可分为三个阶段：截面类型选择、截面尺寸优化和施工图优化设计。截面类型应当依据建筑师和结构工程师的要求，从特定的几种截面类型中考虑力学性能和施工成本进行选择。影响截面类型的选择既有感性因素，也有理性因素，应在结构构件初始方案生成阶段大体确定，原则上不要有大的变动。因此，构件优化的主要对象是构件的截面尺寸。

1. 结构整体性能与构件性能的平衡

钢筋混凝土结构和钢结构的截面尺寸优化有所不同。前者截面尺寸主要控制结构的刚度，配筋则是用来保证构件的承载力、延性等性能；后者截面尺寸则同时控制结构刚度和构件性能，因此，截面尺寸优化可以分为同时考虑结构整体性能与构件性能，以及分开考虑结构整体性能与构件性能两种情况。如何在截面尺寸优化过程中协调构件性能与结构性能则是关键。如果一味地追求所有构件最优，结构整体性能可能无法满足要求；相反，如果单一考虑结构整体性能，则构件性能不一定能够满足要求。Charles等[258]用遗传算法对钢筋混凝土框架结构的截面尺寸进行了优化，优化中考虑了重力二阶效应引起的附加内力，但没有考虑结构位移的限制要求。相反地，Chan和Zou[259]则依据虚功原理和最优准则法，以结构整体性能为约束条件，对弹性和弹塑性阶段的矩形截面进行了造价最优化，但未考虑构件自身的承载力、变形等因素。李刚和程耿东[260]运用基于性能的抗震设计思想，以全寿命总费用最小为目标，在综合考虑构件与结构性能要求的前提下，对钢筋混凝土框架结构、剪力墙结构、框架–剪力墙结构的截面尺寸进行了抗震优化设计。

截面尺寸优化的过程中结构整体性能与构件性能的平衡可以理解为不同层面约束条件对优化过程的影响。通常情况下，约束优化问题可通过诸如罚函数法、拉格朗日法等转化为无约束优化问题进行求解。也就是说，不同层面约束条件对优化过程的影响可直接反映在转化后的优化目标函数上。然而，庞大的约束条件数量将导致最终的设计空间具有明显的非线性和不规则性，启发式算法很容易迷失其中，基于梯度的算法则可能很快陷入某一非可行解对应的局部最优解。针对上述情况，在优化过程中宜逐层次渐进考虑各类约束条件，在优化初期考虑主要约束条件，引导截面方案向关键指标满足条件的区域移动；在优化后期则逐渐加入细碎繁琐的约束条件，引导方案在满足之前主要约束条件的前提下向更优的方向发展。同时，在约束转化为目标函数的过程中，不同层次的约束条件应当通过不同的权重系数体现出各约束条件之间的相对重要性。权重系数的相对比值在算法的初期应设为较大值，随着优化过程和其他层次约束条件的添加逐渐减小。在算法层面，前期应当使用全局探索能力较强的算法，在保证多样性的前提下，探索得到多个满足主要约束条件的方案；后期则需要采用局部搜索性能较好的算法，在相对较小的范围内进行搜索，实现方案的快速寻优。此外，前期和后期优化之间的备选方案数量并不一定需要始终保持一致。相反地，引入淘汰机制可以逐层次淘汰明确不合理的方案，将算法的关注点集中于相对较优的方案周围，减少对不合理方案的探索时间，提高算法的寻优效率。对于单目标优化问题，如果采用罚函数作为转化方法，上述截面设计优化设想所对应的目标函数可用图5–6表示。其中，Fitness为合并后无约束优化问题的目标函数；Function为合并前的目标函数；Constraint_1、Constraint_2与Constraint_N分别为各层次约束条件对应的惩罚项；w_1、w_2与w_N为各惩罚项参与的权重系数。应当注意的是，在上述流程图中，为进行约束函数的层次处理，迭代过程被均分为N段，这样的操作并不一定合理，应当视各层次约束条件的数量确定。某层次的约束条件数量多，则该阶段分配的迭代次数也应更多，这样才能够加强对优化方向调整的针对性作用。

除了分层次约束条件处理外，约束凝聚和约束暂消除也是常用的方法。约束凝聚的核心思想是采用一个凝聚函数代替原有的多个约束，在使得约束边界在光滑连续的条件下，减少优化问题的数学模型中不等式（约束）的数量，使得算法更容易

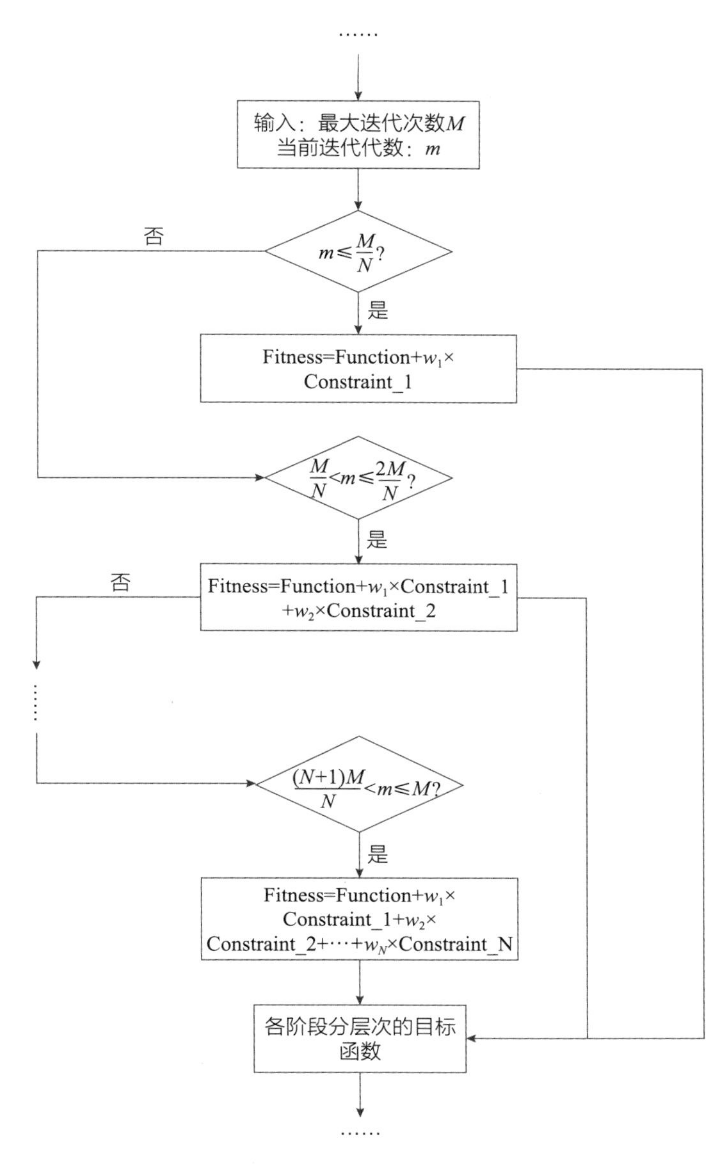

图5-6　截面尺寸优化目标函数

找寻到合适的优化方向。约束暂消除与分层次约束条件处理类似，该方法将每一步迭代过程中的约束状态，按照计算值与约束界限值的大小分为违反约束和满足约束两种。对于违反约束，按照违反的程度又可分为严重违反和轻度违反两类。在优化的过程中，算法会重视严重违反的约束条件，暂时无视轻度违反的约束条件，集中解决当前方案的主要问题。相比分层次约束条件处理，约束暂消除法更多地从数学层面出发，而没有考虑结构设计层面的因素。

2. 构件多层次分组

如果每个结构构件尺寸的设计对象参数都相互独立，一方面会因引起空间复杂度的上升而明显增加尺寸优化所需的时间；另一方面也会因最终截面尺寸种类过多而导致施工成本上升。构件分组是截面尺寸优化中常用的手段之一。通过对结构模型中构件的合理分组，可大大减少优化变量的数量，缩小设计空间，减少优化算法的迭代次数。

构件分组策略按照分组的时间点可分为预分组策略和实时分组策略两大类。前者是由设计人员在截面优化开始前，对不同构件截面的整体尺寸或局部尺寸进行分组，并在后续优化过程中始终保持该分组方式。预分组策略依赖于设计人员的结构概念与设计经验，是一种主观分组方式。如果设计人员设计经验不足，最终可能得到显然不合理的优化结果。图5-7显示了利用参数化工具建立的预分组桁架模型。在该模型中，独立的截面设计变量只有x_1，x_2和x_3，分别控制了腹杆、上弦杆和下弦杆的截面尺寸。

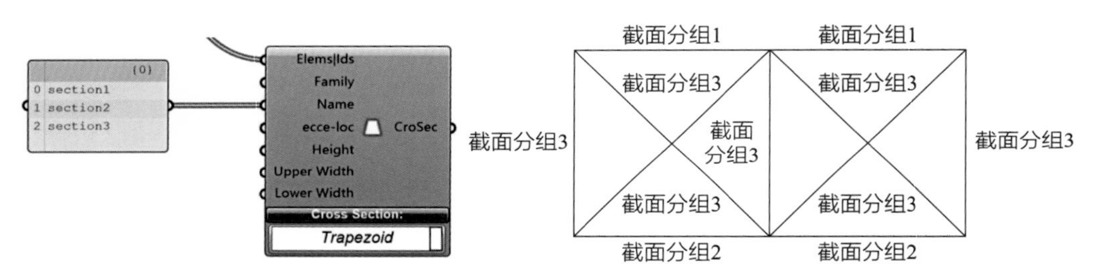

图5-7 利用参数化预分组桁架模型

实时分组策略是由设计人员预先设定分组准则，在每一步迭代中加入分组模块进行截面变量的实时分组。实时分组策略的关键在于分组准则的设置，其中较为直接的方式就是依据外荷载作用下的结构主要响应进行分组。需要注意的是，建筑结构远复杂于简单的桁架结构，结构构件的内力除轴向力外，还有弯矩和剪力，如果采用同一类结构响应指标对所有构件的截面进行分组，虽然最终有可能仍然可以得到满足约束条件的优化结果，但往往不是最优解。此外，建筑结构构件材料并不单一，不同材料的构件即使截面类型相同，也应当具有不同的截面设计变量。当然，不同截面类型的构件也应当具有不同的截面尺寸设计变量。综上所述，截面尺寸优化阶段的构件分组策略应当从构件类型、材料种类、材料强度等级和截面类型四个层次进行制定。在截面类型选择阶段的构件分组则只需从构件类型、材料种类和材料强度等级三个层次进行制定即可。图5-8展示了多层次构件分组策略的思想。

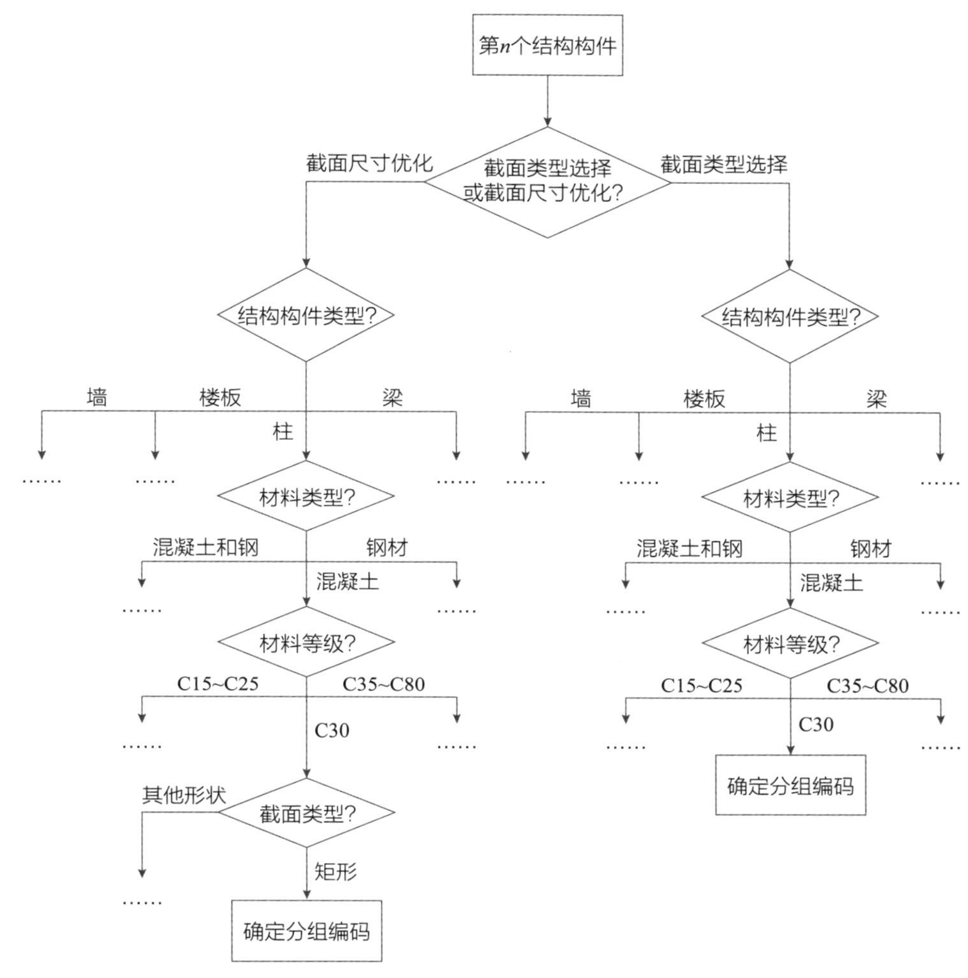

图5-8　多层次构件分组策略

多层次的构件分组策略体现了建筑结构构件类型繁杂、截面类型多样的特点，从理论上来说是一种更适用于建筑结构截面设计优化的构件分组策略。要尽可能控制截面尺寸优化前截面类型的数量，减小最终的分组数量。

3. 优化流程与设计方法

结构优化设计首先是结构设计，其次才是优化。结构优化设计需要与特定设计方法结合才能实现，否则的话，结构优化仅滞留在某一个阶段，得到的结构方案不一定能够满足所有设计需求。图5-9是与两阶段设计方法相结合的截面尺寸优化基本流程。可以看到，两阶段设计方法将截面尺寸优化分为上述两个阶段：弹性设计阶段优化后得到的结构方案进入弹塑性校核阶段，若不满足设计要求再对结构方案进行局部细微调整。郑山锁[261]针对钢–混凝土混合结构提出了一种基于损伤

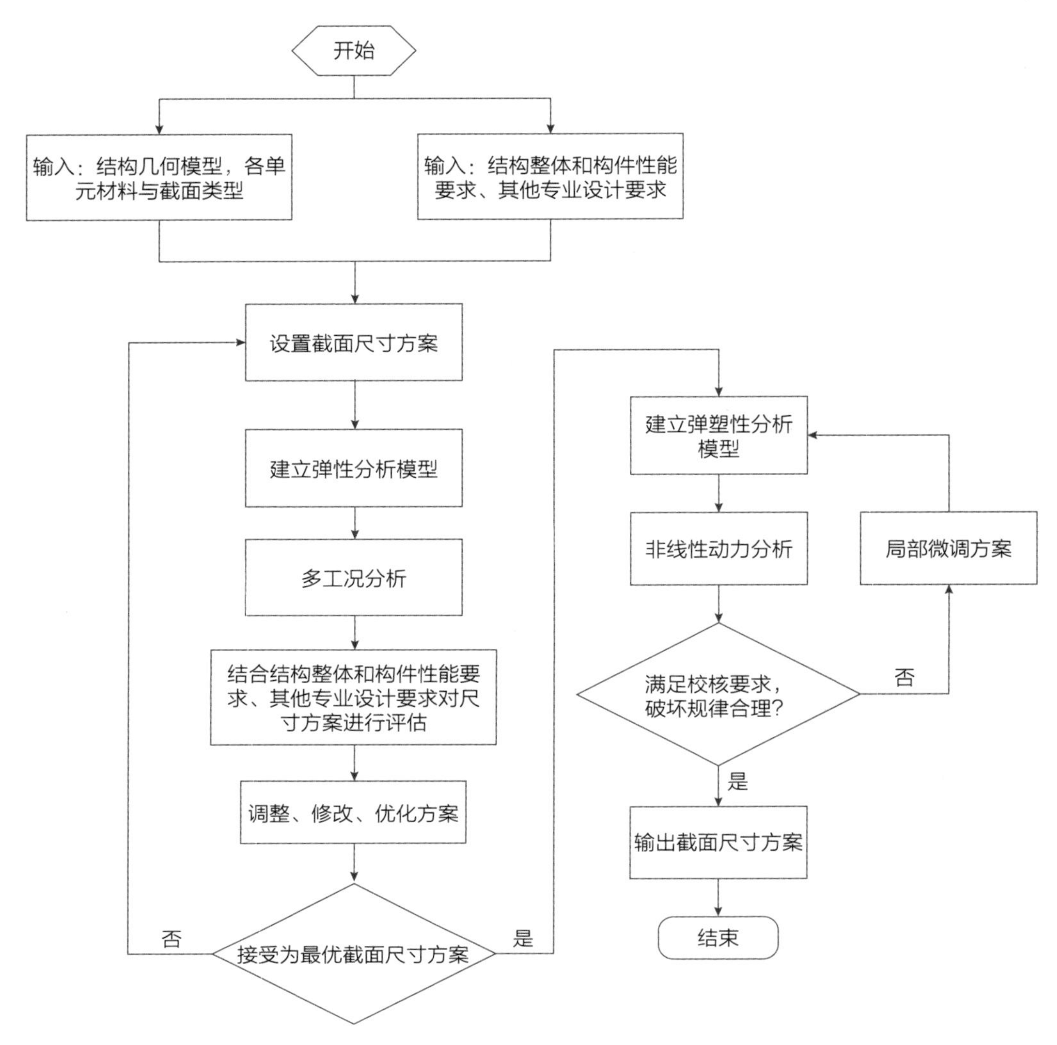

图5-9　截面尺寸优化基本流程

的三水准逐级优化设计方法，如图5-10所示。

5.2　构件优化算法基础

5.2.1　数学规划法

数学规划法是在简单解析法的基础上结合计算机数值分析技术发展而来，其特点是优化问题的目标函数与约束条件都能写成关于设计变量的表达式。多数结构优化可归纳为一个数学规划问题，然后用数学规划法求解。数学规划法的一般提法是：

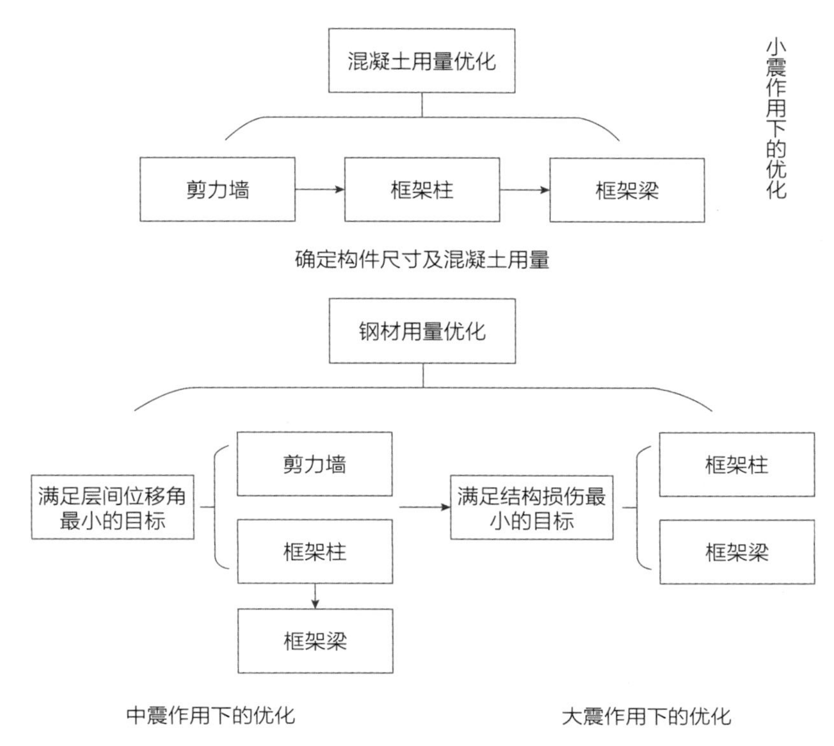

图5-10　钢-混凝土混合结构多阶段优化方法[261]

$$\min \text{ or } \max \quad f(\boldsymbol{X})$$
$$\text{s.t.} \begin{cases} g_i(\boldsymbol{X}) \leqslant 0, & i=1,2,\cdots,m \\ h_j(\boldsymbol{X})=0 & j=1,2,\cdots,l \end{cases} \tag{5-1}$$

式中，$\boldsymbol{X}=(x_1,x_2,\cdots,x_n)^{\mathrm{T}}$为设计变量组成的向量；$g_i(\boldsymbol{X})$为第$i$个不等式约束；$h_i(\boldsymbol{X})$为第$j$个等式约束；$m$与$l$分别为不等式和等式约束的个数。

数学规划法把优化问题归结为在n维设计空间中，由等式约束超曲面和不等式约束半空间所构成的可行域内，寻求位于最小目标等值面上的可行点，即问题的最优解点。数学规划法有严格的理论基础，在一定条件下能收敛到最优解，但它要求问题能显式表达，大多数情况下还要求设计变量为连续变量、目标与约束函数连续且性态良好。对于大型的结构优化问题，这类方法收敛性并不好且迭代次数过多，结构重分析的工作量过大，从而效率不高。近些年来，近似概念的提出明显改进了规划方法的计算效率，大幅降低了结构重分析的次数，使得数学规划法在保有严密的数学基础的前提下具备了较好的通用性。

根据数学列式的不同，工程优化问题分为线性规划和非线性规划两大类。若式（5-1）中的目标函数及约束函数均为X的线性函数，则称该优化问题为线性规划，否则为非线性规划。由于线性规划中的目标函数和设计变量向量的导数是不全为0的常数，线性规划问题的极值必然位于设计空间与约束可行域的边界上，这是凸优化问题的一个重要特征。然而，工程中很少有结构设计优化问题能够在不做大量近似或简化的前提下表示为线性规划问题，大部分优化问题都是由高度非线性的目标函数和约束条件形成。即便如此，研究线性规划问题也是非常有意义的。人们发现，很多非线性约束问题的解都能够用线性问题的解来近似，这就是序列线性规划法的原理，但线性近似表达会产生一定的误差，同时如果最优解在可行域和目标等值面的切点时，可能会造成收敛困难。针对这些问题，Fleury和Braibant[262]提出序列近似凸规划的方法，在导数为负时在倒数空间展开，实现了较好的函数近似。为了得到更好的拟合效果，Svanberg[263]提出移动渐近线法，实现了在导数为正时也能在倒数空间展开，同时曲率可以调整，拟合效果更好。一个特定的非线性约束优化问题是否适合用一系列的线性约束优化问题近似代替，需要设计者根据给定问题的设计目标及相应的知识背景来作出判断。

当然，也可以依照其他标准来对数学规划问题进行分类。例如，如果设计变量只允许取整数，则称为整数规划；如果目标函数和约束函数中包含随机性质的参数，则称为随机规划；如果目标函数和约束函数都是正定的多项式，则称为几何规划。划分类型的不同决定了数学规划问题解决方式的不同。对于大多数的线性规划，单纯形法和两相法已非常成熟，能保证获得全局最优解。近年来又有椭球算法[264]与卡玛卡算法[265]，它们比单纯形法拥有更高的效率。对于非线性规划，虽然方法很多，但还没有一种通用的成熟方法。目前的方法大致有如下几种：一种是前述的线性近似技术，如序列线性规划法、序列二次规划法、移动渐近线法等；另一种是序列无约束优化方法，如罚函数法、乘子法等；第三种是探讨在约束边界处搜索的可行方向法，如可行方向法、梯度投影法、广义简约梯度法等；最后一种是只利用函数值不使用导数信息的直接法，如复形法、可变容差法、随机试验法等。以下选取部分典型求解线性规划和非线性规划的优化算法进行简介。

1. 单纯形法

很多实际工程问题中的目标函数和约束方程的导数是很难得到的，例如结构的地震响应求解属于一种隐式强非线性问题，设计者只能利用目标函数值进行优化。直接利用目标函数值进行优化的算法比较简单，效率并不高，但且易于编程实现。属于这类方法的有直接搜索法、鲍威尔法（Powell）及单纯形法等。从工程实际来看，单纯形法使用最多。所谓单纯形，是指由n维空间中的$n+1$个不同的顶点组成的多面体，如果这个多面体的各边相等，则称为正单纯形。单纯形优化方法是在单纯地计算一组解的目标函数值，加以比较后选出好点和坏点，然后依据一定的规则找出一个新的、估计是更好的点，代替原有顶点中的最坏点，从而构造出一个新的单纯形。如此重复下去，就会得到一系列的单纯形，每一个都是基于前一个计算得到的目标函数值。若这些规则选择适当，便能够得到一个包含最优点X^*的单纯形，此时，便可以估计X^*，估计的精度依赖于最后包含X^*的单纯形的大小。线性规划的单纯形法通过化为典型方程式、进基、离基、判断收敛等步骤就能得到最优解。单纯形法被认为是求解线性规划最有效的方法，但有时并不能直接使用或者使用效率不高。对此，国内外学者提出了许多改进方法，如针对不能直接用单纯形法求解的两相法[266]、Bland法[267]、对偶单纯形法[268]等。单纯形法可能存在较为严重的降维问题，对于设计变量较多的优化问题，很难保证最优点是N维最优。因此，单纯形法仅适用于设计变量较少的情况。图5-11为二维空间下单纯形法的迭代示意图。

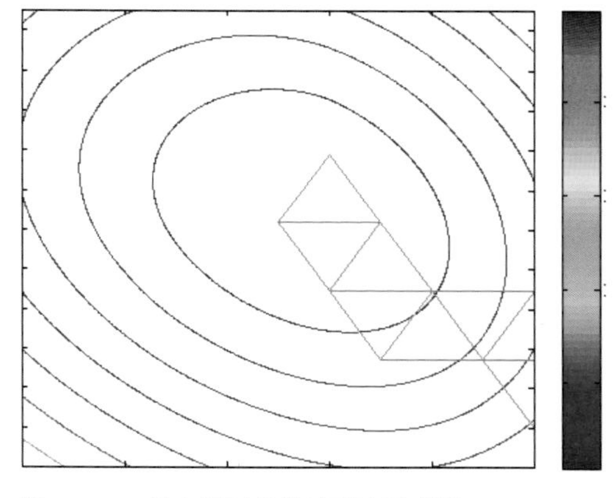

图5-11　二维空间下的单纯形法示意图

2. 梯度下降法

一旦工程问题能够求解目标函数及约束方程的导数时，就可以利用基于梯度的优化算法。最早最简单的是梯度下降法，也是最常用的优化方法之一。梯度下降法实现简单，当目标函数为凸函数时，梯度下降法的解是全局解。一般情况下，其解不能保证一定是全局最优解，梯度下降法的速度也未必最快。梯度下降法的优化思想是用当前位置负梯度方向作为搜索方向，所以也被称为最速下降法，其主要过程如下：

①选择初始解$x^{(0)}$；②计算梯度向量，并以负梯度方向作为探索方向；③采用一维搜索方法求出步长；④迭代出新的变量值$\boldsymbol{X}^{(k+1)}=\boldsymbol{X}^{(k)}-\alpha^{(k)}\nabla^{\mathrm{T}}f\left(\boldsymbol{X}^{(k)}\right)$，其中$a^{(k)}$为步长系数；⑤判断收敛，不收敛返回②。

由于每次前进方向为梯度方向，实际上走了“之”字路线。梯度下降法越接近目标值，步长越小，收敛越慢，求解需要更多次的迭代，因此通常用于前期迭代过程中。梯度下降法的搜索迭代示意如图5-12所示，其中x_1和x_2是优化变量。

3. 牛顿法与拟牛顿法

梯度下降法利用一阶导数确定迭代方向及步长，其迭代收敛相对较慢。若将优化的目标函数在当前设计点处进行二阶泰勒展开，由目标函数二阶导数组成的Hessian阵（一个自变量为向量的实值函数的二阶偏导数组成的方阵）来确定迭代方向，便可得到二阶收敛速度的牛顿法。对于一个二次目标函数的优化问题，牛顿法通常仅需要一次迭代即可求得精确解。对于一般非线性函数，在接近最优点时，也能很快收敛。牛顿法的一般过程如下：

①选择初始解；②计算海森阵；③计算迭代方向；④进行迭代计算；⑤判断收敛，不收敛返回②。

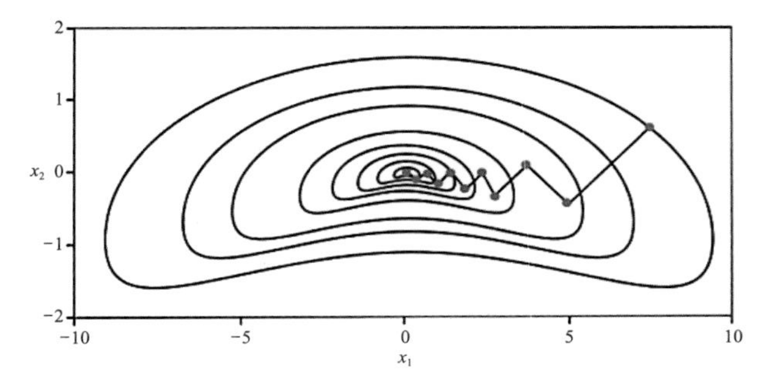

图5–12 梯度下降法示意图

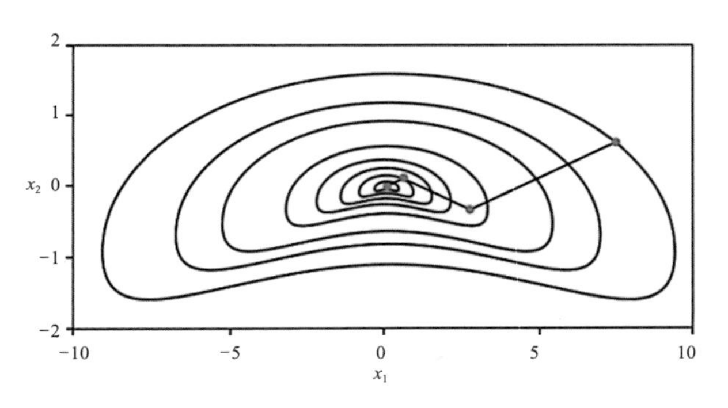

图5–13 牛顿法示意图

与梯度下降法相比，牛顿法优化迭代的路径更短，迭代收敛更快。牛顿法的搜索迭代示意如图5–13所示，其中x_1和x_2为优化变量。牛顿法的性质决定了其局限性，即目标函数必须在当前设计点处二阶连续可微。牛顿法虽然不需要求解目标函数值，但在每一步迭代中均需要求解目标函数的Hessian阵的逆矩阵，计算比较复杂，此外，当离最优解较远时，收敛速度变慢。为改善牛顿法需要求解二阶Hessian阵逆阵的缺陷，Davidon[269]提出了拟牛顿法，其主要思想是使用正定矩阵来近似Hessian阵的逆，简化运算的复杂度。拟牛顿法和最速下降法一样，只要求每一步迭代时知道目标函数的梯度。通过测量梯度的变化，构造一个目标函数的模型使之足以产生超线性收敛性。拟牛顿法不需要二阶导数的信息，有时比牛顿法更为有效。拟牛顿法最常用的两种逼近方式是DFP和BFGS。如今，优化软件中包含了大量的拟牛顿算法用来解决无约束和大规模的优化问题。

此外，还有把共轭性和梯度下降法相结合的共轭梯度法。此法利用已知点处的梯度，构造一组共轭方向，并沿着这组共轭方向搜索，经过n次迭代，得到目标函数最小值。此法仅需利用一阶导数信息，不仅克服了最速下降法收敛慢的缺点，又避免了牛顿法需要存储和计算海森矩阵并求逆的缺点，是解大型非线性最优化最有效的算法之一。在各种优化算法中，共轭梯度法的优点是所需存储量小，稳定性高，而且不需要任何外来参数。

4. 移动渐近线法

对于约束非线性规划问题，常用的思想就是通过泰勒展开转化为线性或二次规划问题，从而使问题得到简化。序列近似规划方法就是求解这类问题的主要方法，包括序列近似线性规划、序列近似二次规划及移动渐近线法等。此前，序列近似线性规划法一直是求解该类问题的主流，能够方便地将复杂的约束非线性问题转化为可以直接求解的线性规划问题，但是采用线性近似方法会产生较大的误差，在此基础上如何找到更好的拟合函数成为一个重要的研究方向之一，移动渐近线法就是在这样的背景下产生的。Svanberg[263]提出的移动渐进线法（Method of Moving Asymptotes, MMA）是一种基于倒数空间和左右渐近线的线性泰勒展开的复杂序列线性规划算法。在迭代过程中，通过求解一系列具有良好性质的优化子问题，来逐步获得原问题的解。MMA方法第k步的子问题如式（5–2）所示：

$$\begin{aligned} \min\ & g_0^k(\boldsymbol{X}) \\ \text{s.t.}\ & g_i^k(\boldsymbol{X}) \leqslant 0, i=1,\cdots,k \\ & x_j^l \leqslant x_j \leqslant x_j^u, j=1,\cdots,n \end{aligned} \tag{5–2}$$

式中，$g_i^k(\boldsymbol{X})$求解方法见式（5–3）~式（5–6）：

$$g_i^k(x) = r_i^k + \sum_{j=1}^{n}\left(\frac{p_{ij}^k}{x_j^{u,k} - x_j} + \frac{q_{ij}^k}{x_j - l_j^{l,k}}\right) \tag{5–3}$$

$$r_i^k = g_i^k(x^k) - \sum_{j=1}^{n}\left(\frac{p_{ij}^k}{x_j^{u,k} - x_j^k} + \frac{q_{ij}^k}{x_j^k - x_j^{l,k}}\right) \tag{5–4}$$

$$p_{ij}^k = \begin{cases} \left(x_j^{u,k} - x_j^k\right)^2 \dfrac{\partial g_i(x^k)}{\partial x_j} & \dfrac{\partial g_i(x^k)}{\partial x_j} > 0 \\ 0 & \dfrac{\partial g_i(x^k)}{\partial x_j} \leqslant 0 \end{cases} \tag{5–5}$$

$$q_{ij}^k = \begin{cases} 0 & \dfrac{\partial g_i(x^k)}{\partial x_j} \geqslant 0 \\ -\left(x_j^k - x_j^{l,k}\right)^2 \dfrac{\partial g_i(x^k)}{\partial x_j} & \dfrac{\partial g_i(x^k)}{\partial x_j} < 0 \end{cases} \tag{5–6}$$

式中，$x_j^{l,k}$和$x_j^{u,k}$分别是x_j在第k步的上界和下界。

当x_j^k接近$x_j^{l,k}$和$x_j^{u,k}$时，函数二阶导数变大，曲率变小。反之，二阶导数变小，近似函数在当前点越接近线性近似。MMA方法是求解一般非线性规划（结构优化问题）的有效算法，适合大规模优化问题。MMA法在序列近似凸规划的基础上做了进一步的改进，目的是为了改进序列近似凸规划中严格的非负要求，克服了曲率不可调整、倒数大于0时线性近似精度不足的缺点。

MMA算法的优良特性引起了许多学者的兴趣。Bruyneel等[270]提出了一种基于MMA算法的1阶近似算法；Gomes-Ruggiero等[271]针对MMA算法中的参数提出了应用信赖域求解MMA子问题的方法；王海军[272]研究了求解大规模线性不等式约束和无约束优化问题的MMA法方法。传统的MMA法对大部分结构优化问题适用良好，但对部分问题可能不是全局收敛的。后来，Svanberg[273]中提出了全局收敛移动渐近线法（The Globally Convergent Version of Method of Moving Asymptotes，GCMMA），该方法具有全局收敛性，可适用于大型多变量结构优化问题。如今，以序列近似线性规划、序列近似二次规划、MMA为代表的序列近似规划方法已经成为结构优化求解的主流方法之一。

5. 可行方向法与KT条件

对于多数工程结构非线性优化问题，约束条件的存在限制了优化算法的迭代方向和步长选择。若将下降算法搜索的空间限定在变量空间的可行域内，可得到一类求解约束优化问题的方法：可行方向法。其典型策略是，从可行点出发，沿着下降的可行方向进行搜索，求出目标函数下降值得到新的可行点，直到满足最优条件得到最优解X^*为止。搜索方向的不同选择方式形成了不同的可行方向法，比较常用的有通过求解线性规划来确定搜索方向的Frank-Wolfe方法[274]及Zoutendijk[275]提出的可行方向法。在可行方向法中，用来判断迭代是否达到最优解的最优条件，即非线性规划问题在最优解X^*附近需要满足的一阶必要条件称为KT条件（亦称为KKT条件）。对于仅含有非等式约束的优化问题，式（5-7）中的拉格朗日表达式在最优解X^*处要求满足式（5-8）中的KT条件：

$$L(\boldsymbol{X},\alpha)=f(\boldsymbol{X})+\sum_{j=1}^{m}\alpha_j g_j(\boldsymbol{X}) \tag{5-7}$$

$$\begin{cases}\dfrac{\partial f(X^*)}{\partial x_i}+\sum\limits_{j=1}^{m}\alpha_j^*\dfrac{\partial g_j(X^*)}{\partial x_i}=0 & i=1,2,\cdots,n\\ g_j(X^*)\leqslant 0 & j=1,2,\cdots,m\\ \alpha_j^* g_j(X^*)=0 & j=1,2,\cdots,m\\ \alpha_j^*\geqslant 0 & j=1,2,\cdots,m\end{cases} \tag{5-8}$$

式中，α_j^*是拉格朗日乘子。

5.2.2 准则法

数学规划法推导严谨，迭代策略明确，但实际工程中的结构优化问题的目标函数和约束条件非常复杂，数学规划法经常显得无能为力。作为补充，人们提出了优化准则法。优化准则法根据工程经验和力学概念以及非线性规划的最优条件，预先建立某种准则，通过相应的迭代方法，获得满足这一准则的设计方案，作为问题的最优解或近似解。由此可见，优化准则法包含两个必要因素：最优准则和达到最优准则的迭代规则。

1. 同步失效准则

同步失效准则是准则法中的一种传统方法，最初于20世纪50年代应用于航空结构设计，特别是受压构件的横断面尺寸优化。该方法假设最优结构中所有可能的破坏模式同时发生。它具有简单、方便等优点，但也有一些明显的缺点：一方面，该方法要求失效准则能够解析表达，这对于复杂的大型结构优化问题较为困难；另一方面，当约束数大于设计变量数时，该方法必须在确定的破坏模式下才能给出最优设计，这通常是一件十分困难的工作。此外，当约束数和设计变量数相等时，也不能保证求得的解是最优解。

2. 满应力设计准则

满应力设计（FSD）方法是较为成功的最优准则法之一，是一种简单、容易被工程设计人员接受的结构优化算法，用于求解只有应力约束的结构优化设计问题。其主要原理如下：最优设计结构中的每一个构件的截面尺寸，如果不是取其下限值则至少在某一种工况下达到满应力设计状态，即由应力约束决定。满应力设计准则中的应力比法是一种基础迭代方法，它通过计算构件中应力与许用应力的比值反复对构件面积进行迭代从而得到最优设计。桁架结构应力比ξ_i的表达式为：

$$\xi_i = \max_{j \in \mathrm{J}} \left\{ \frac{\sigma_{ij}^{(k)}}{\sigma_i^{\mathrm{a}}} \right\} \tag{5-9}$$

式中，σ_i^{a}为第i号杆件的容许应力；集合J为所有的工况；$\sigma_{ij}^{(k)}$为当前第k步迭代时第i号杆件在第j种工况下的应力。应力比法流程如图5-14所示。

然而，应力比法也存在一定的问题，主要有：

（1）在迭代过程中可能会产生一系列不可行的设计点；

（2）重量（及材料密度）在满应力设计中不起作用；

（3）如果可行域中仅含约束曲面和目标函数等值线的切点，满应力设计往往不

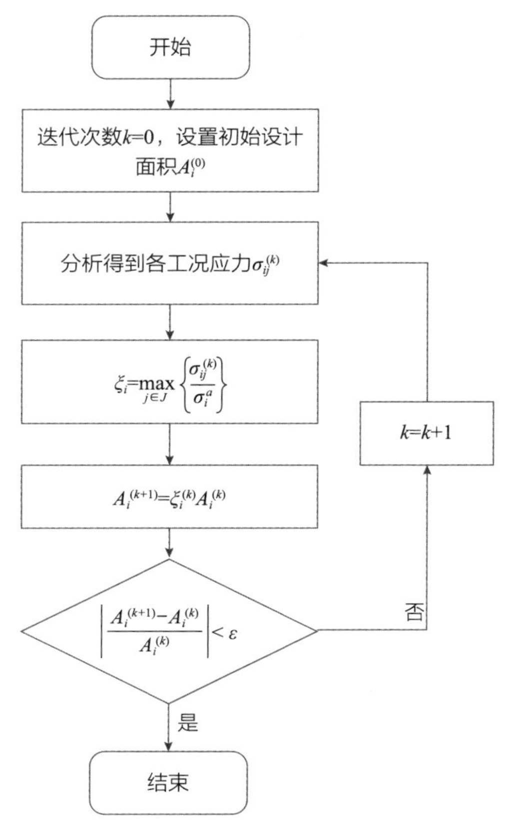

图5–14　应力比法流程

是最优设计。

针对上述问题，可采用射线步进行可行性调整，将所有设计变量同时乘以一个所有杆件在所有工况下的最大应力比ξ，即式（5–10）：

$$\xi=\max_{i\in\mathrm{I}}\max_{j\in\mathrm{J}}\left\{\sigma_{ij}^{(k)}/\sigma_i^{\mathrm{a}}\right\},\quad I=\{1,2,\cdots,m\},J=\{1,2,\cdots,J\} \tag{5–10}$$

此时，可将设计点拉到最临界的约束曲面上，如图5–15中b→b′或a→a′所示。

上述将射线步与满应力法结合的方法称为齿行法，齿行法实际上已不是纯粹的准则法，射线步相当于数学规划法中的可行性调整策略，齿行法在结构优化中的成功应用表明了准则法和规划法结合的优势。齿行法的实现流程如图5–16所示。为保证迭代顺利进行，初始重量需设置为一

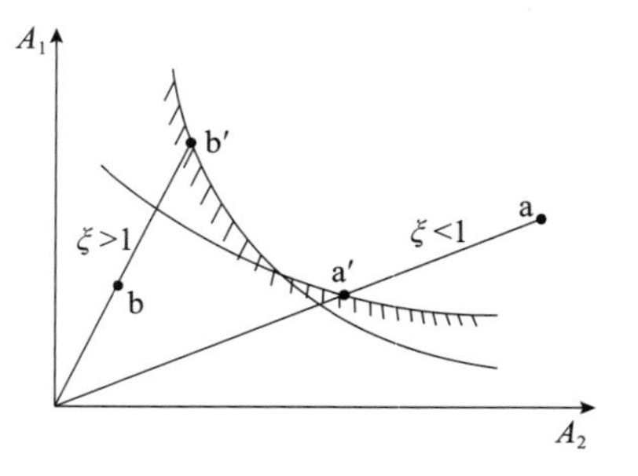

图5–15　齿行法示意图（两种截面尺寸的桁架案例）

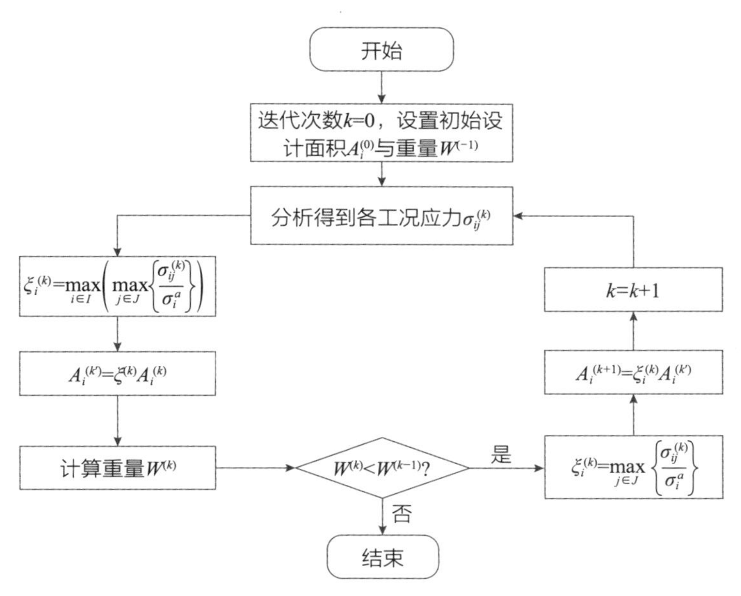

图5-16　齿行法流程图

个很大的值。

3. 分部优化法

满应力准则要求每根杆件都达到满应力状态。对于桁架结构，其设计本质上可以归结为对每一根杆件的设计。这种由局部优化近似地进行全局优化的方法称为分部优化法。钱令希[276]对分部优化法中的迭代过程做出了如下解释：对一个结构方案进行多工况下的结构分析，得到该结构的内力分布，然后将其拆分成为若干部分构件或子结构，根据各部分的受力状态进行分部优化，修改各部分的设计变量，再将各部分重新拼合得到新的结构方案，进入下一个迭代步。图5-17演示了分部优化法的基本思想。

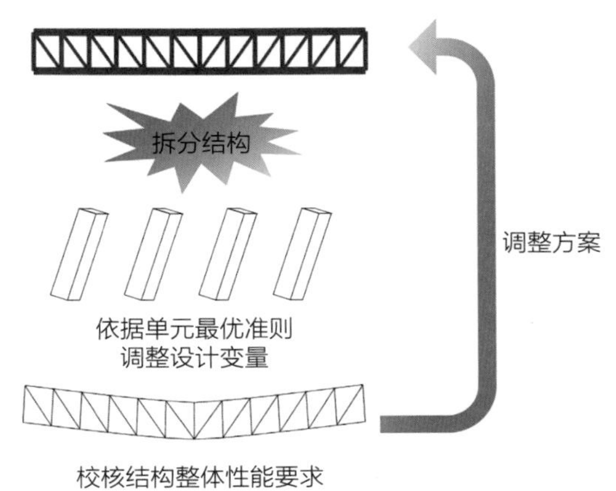

图5-17　分部优化法基本思想

可见，分部优化法化整为零，对结构部分或局部的关注度高于整个结构，一般适用于处理局部性约束，而对位移、频率、整体稳定性等整体性约束处理效果较差。对于超静定次数较高的结构，其内部单元之间的相互影响程度较弱，单个构件变化对结构整体性能的影响较小，采用分部优化法较为合适；对于超静定次数较低的结构，其内部结构单元之间的相互联系较为紧密，直接采用分部优化法效果可能会较差，迭代是否能够收敛也难以确定。因此，可考虑数学规划法与准则法相结合的混合算法，由数学规划法处理局部性约束，准则法用于处理整体性约束。相比局部性约束，整体性约束的数量往往较少，处理难度相对较低。

5.2.3 启发式算法

传统基于梯度的算法往往从一点开始通过寻找下山方向来寻优，适用于求解凸规划问题，而对于更一般的问题，通常存在多个极小值点，如采用梯度算法，往往只能收敛于局部极小值而非全局最优解。智能算法能够同时从多点寻优从而获得全局寻优能力，理论上可以得到全局最优解，同时改善了群体优化个体多导致优化效率低的问题。智能优化算法又称为现代启发式算法，在理论上具有全局优化性能、通用性强、不需要函数的导数且适合并行处理的随机化搜索算法。目前，常用的启发式算法主要有遗传算法、模拟退火算法、粒子群算法、蚁群算法、免疫算法、人工神经网络等。

启发式算法是一种针对无约束问题的算法，而工程实际中，各种复杂的问题往往带有着不同的约束，针对这些约束应进行一定的处理以使启发式算法能够得以应用，其中应用最广泛的就是罚函数方法，该方法将约束以一定的方式加入到目标函数中以实现约束问题向无约束问题的转化。

1. 遗传算法

（1）基本思想与流程

遗传算法[277]是一种模拟生物进化过程中个体间基因行为的进化算法。对于二倍体的生物，其基因有隐性与显性之分。一般来说，最终能看到的特征是显性基因表达的结果，而看不到的是隐性基因表达的结果。最原始的遗传算法是采用二进制编码来表示基因，由二进制代码构成优化问题中的优化变量。优胜劣汰是生物进化的一大特征，因此，在遗传算法中需要制定对种群中的各个个体（即各个方案）进行优劣判断的依据，这就是所谓的适应度函数。对于最小值问题，具有较小适应度函数值的个体更有可能被选中延续到下一代。标准遗传算法的基本流程如图5-18所示。

至于基因在遗传时的操作，标准遗传算法主要模仿交叉和变异。图5-19和图5-20分别是基因交叉和变异的示意图。交叉即两串基因序列（即两个方案对应的设计变量）进行部分交换得到新基因序列的操作；变异则是基因序列中的基因发生

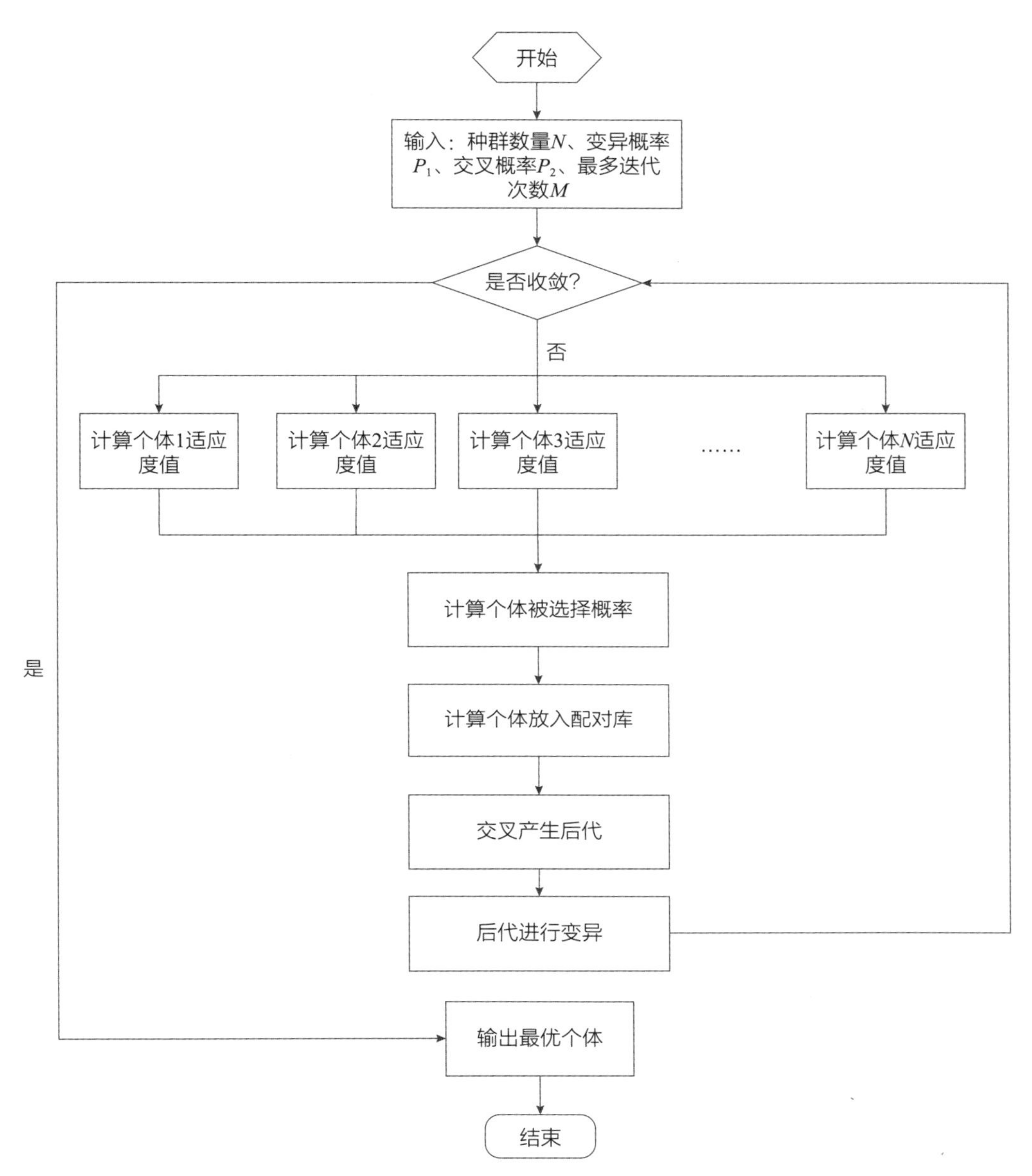

图5-18　遗传算法基本流程

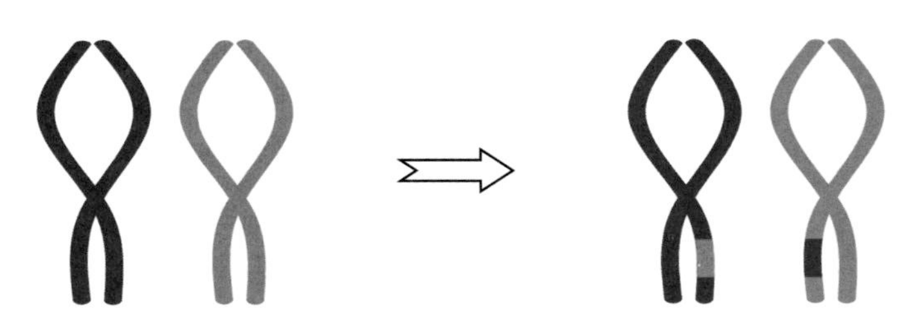

图5-19　基因的交叉操作

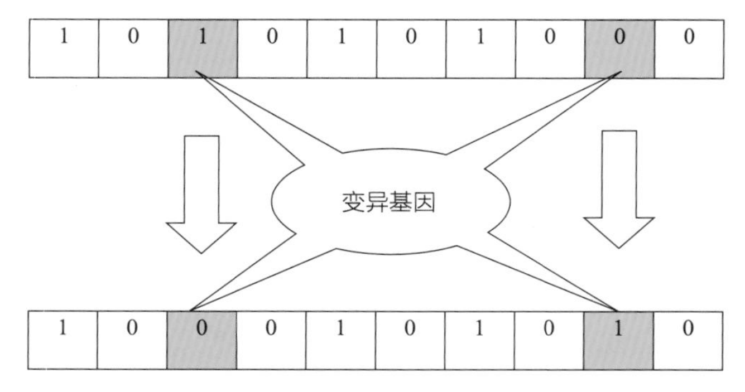

图5-20　变异操作

突变，对于二进制编码的遗传算法，变异操作即为0和1的转化。

个体1：1 0 0 1 0 1 1 0 1 0 1　　个体1：30 15 10 20 50 33

个体2：0 1 0 1 1 1 0 1 1 1 0　　个体2：10 25 20 12 45 12

个体1：1 0 0 1 0 1 1 0 1 0 1　　个体1：22 20 15 20 50 20

个体2：0 1 0 1 1 1 0 1 1 1 0　　个体2：24 18 16 12 45 25

图5-21　二进制交叉与实值交叉

虽然最初的遗传算法采用的是二进制编码，但是二进制编码对于设计变量很多的优化问题会存在编码过长、操作困难的问题。实值编码更符合人们对设计变量的认知。虽然编码方式的不同会导致遗传算法中交叉和变异的操作方式不同，但本质思想没变。以图5-21中所示的交叉算子为例，二进制遗传算法在对某一设计变量进行交叉操作时，核心操作是交换特定序列的0-1编码，而实值编码的遗传算法则是直接利用两个方案当前的设计变量值进行操作，省去了对基因交换位置的选择。

遗传算法的核心是确定选择、交叉和变异算子。选择算子包括被选择概率计算和采样策略。前者包括随机选择概率、排序选择概率、波尔曼兹选择概率和适应度值比例选择概率等；后者则包括赌轮盘选择、随机普遍采样、锦标赛选择、（$\mu+\lambda$）选择、精英选择和名人堂等。交叉算子可依据父代个体的数量分为双亲交叉和多亲交叉两大类。多亲交叉算子包括算术（权重）交叉、几何交叉、单模分布、单纯形交叉等。大多数多亲交叉算子都是从双亲算子发展而来，线性交叉、模拟二进制交叉则只能进行双亲交叉。相比之下，多亲交叉算子扩大了搜索的区间，本来两点一线的空间，进一步向高维的搜索空间发展，提高了遗传算法的搜索能力。与双亲算子相比，多亲交叉算子因结合了多个个体的基因，后代与父代的相似性更小。当遇到自变量较多、较为复杂、多局部最优解的优化问题时，算法需要具有更强的全局搜索能力，多亲算子更加适用。至于变异算子，最关键的是确定变异

“步长”或变异后的基因值。由此变异算子可分为均匀变异、非均匀变异、高斯变异、柯西变异、勒威分布、指数分布、混沌分布、组合分布、多项式分布等。

（2）关键参数

由标准遗传算法的基本原理及其流程图不难发现，其关键参数主要包括种群大小、选择概率和变异概率。种群越大，交叉算子所能参考的个体越多，算法的全局搜索能力也就越强，但是每个个体都需要进行单独计算适应度函数与约束函数，这就意味着计算量也大幅增加。若种群太小，则对应方案群体的离散度不够。通常情况下，种群的大小可取设计变量数量的3~5倍。

标准遗传算法的选择概率和变异概率在整个优化过程中保持常数。过大的概率会导致优化后期基因可能仍存在较大的波动，一些具有良好适应度值的个体难以维持，不利于算法的收敛；过小的概率则会导致算法在早期探索设计空间的能力减弱，容易发生“早熟”。同时，如果不同适应度值的个体若具有相同的交叉和变异概率，在优化后期优秀个体的稳定性与劣势个体相同，算法的收敛性有所下降。综上所述，合理的概率设置策略是：个体适应度越高，交叉和变异概率越小；反之，交叉和变异就越大。此外，应在优化迭代初期设置较高的选择和变异概率，随着优化过程逐渐减小个体的变化程度。具体的，概率变化的形式可以是单线性的，也可以是多线性的，甚至是非线性的。

（3）算法改进

遗传算法是众多启发式算法中发展时间最长也是最为成熟的一种算法。其仿生的核心思想易于理解，选择、交叉和变异的操作在实现上难度不大，遗传算法本身是一种具有全局搜索能力的无约束优化算法。但相比梯度优化算法和模拟退火算法，标准遗传算法在收敛速度上稍显不足。

针对遗传算法的改进基本围绕着全局搜索能力和局部搜索能力这两个方面展开。为增强算法的全局搜索能力，岛屿策略是常采用的方法之一。岛屿遗传算法实质上是一种并行遗传算法[278]。该类算法使用多个群体，对每个群体在单独的处理器上进行相干计算，选择、交叉和变异也在每个子群体内单独进行，各子群体之间也能进行信息的传递并允许个体在子群体之间移动。图5-22为岛屿遗传算法的示意图。

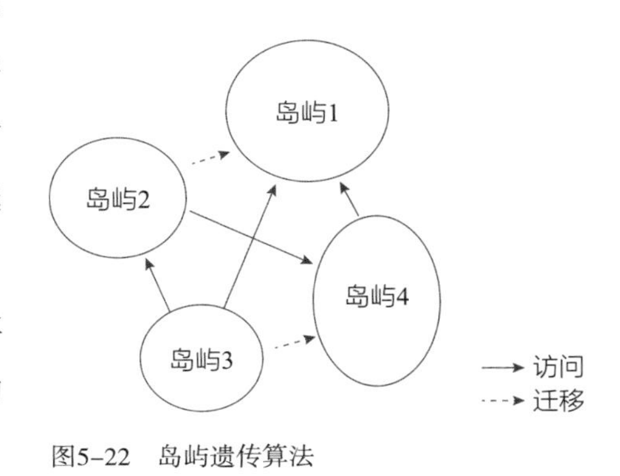

图5-22　岛屿遗传算法

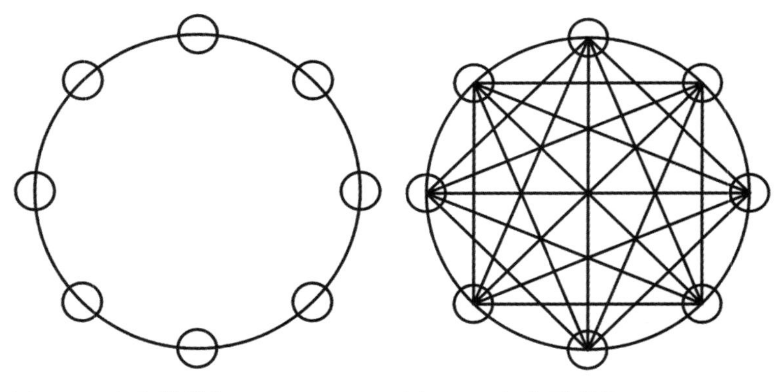
图5-23 环型网络结构　　图5-24 星型网络结构

对于岛屿遗传算法，岛屿（即子群体）之间的迁移路径决定了子群体之间信息以及个体传递的速度。图5-23和图5-24分别为环型和星型的拓扑网络结构。相比之下，后者岛屿之间的距离更近，传播途径更多，较好解的信息传播速度较快，有利于算法的收敛；前者是一种稀疏的网络结构，能够促进多个解的出现。当遗传算法对某一优化问题的全局搜索能力不足时，可以前期采用稀疏型拓扑网络结构来提高算法的离散度，在后期转为密集型拓扑网络结构，从而更好统筹各子群体，以得到近似的全局最优解。迁移率决定了子群体之间进行个体迁移的频率。一般来说，为保证算法前期的探索性和后期的收敛性，迁移率随着子群体优化的进行逐渐增大，当子群体接近收敛时，个体进行迁移并重新开始子群体的优化。至于如何替换个体，总的来说可分为以下四大类：优秀个体代替劣势个体、优秀个体替换随机选择的个体、随机个体替换劣势个体和随机个体替换随机个体。此外，被移民的子群体可以按照一定的概率，如波尔兹曼选择，决定是否接受新的移民个体。

另一种子群体思想的遗传算法是小生境遗传算法。小生境（Niche）是来自于生物学的一个概念，是指特定环境下的一种生存环境。生物在其进化过程中，一般总是与同类生活在一起，共同繁衍后代。物种赖以生存的资源环境则被称为小生境。在实际操作过程中，小生境技术将每一代个体划分为若干类，每个类中选出若干适应度较大的个体作为一个类的优秀代表组成一个种群，再在种群中以及不同种群之间，进行杂交和变异产生新一代个体群。小生境遗传算法一般用于寻找多个较优解，提高算法的探索性。Jong[279]提出了基于排挤机制的选择策略，其基本思想如下：在一个有限的生存环境中，各种不同的生物为了能够延续生存，他们之间必须相互竞争有限的生存资源。为此，在算法中设置一个排挤因子CF（一般取CF=2或3），从当前群体中选择1/CF个个体组成排挤成员，然后依据子代与排挤成员的相似性排挤掉其中类似的个体，个体之间的相似性可用个体编码之间的海明距离来度量（Hamming Distance，定义为两条染色体相同基因位置上不同基因的数量）。随着排挤过程的进行，群体中的个体逐渐被分类，从而形成一个个小的生成环境，维持群体的多样性。个体之间的相似性判断和排挤成员的选择方法在后来的研究中得到了改进[280，281]。Goldberg和Richardson[282]提出了基于共享机制的小生境实现方法，这种实现方法的基本思想是通过反映个体之间相似程度的共享函数来调节群体中各个个体的适应度，算法依据调整后的新适应度来进行选择运算，以维持群体的多样性，创造出小生境的进化环境。此共享机制建立在小生境数量和范围已知的基础上，在实际操作时需要进行多次试算才能得到较合理的结果。小生境遗传算法还可以结合聚类思想[283]和并行策略[284]进行改进。

遗传算法还可与具有局部搜索能力的梯度算法相结合[285]，即在前期使用遗传算法进行设计空间的探索，在后期则使用梯度算法进行局部区间的快速收敛。陆海燕[286]将遗传算法与准则法进行结合，提出了一种分开考虑结构整体性能与构件性能的两级混合优化算法。该算法在单元优化设计阶段采用基于模糊综合评价技术的多目标遗传算法，将约束条件分为起控制作用的主要约束和起复核、验算作用的次要约束，以梁柱截面尺寸、钢筋的数量与直径作为设计变量，以总造价最低为设计目标进行结构优化；在整体刚度优化设计阶段则采用准则法，以梁柱截面尺寸作为设计变量，以结构总材料造价或总重量作为目标函数，层间位移和梁柱截面尺寸为约束条件进行结构优化。在截面设计优化时，考虑了规范中规定的各类内力调整系数，优化结果较为贴合规范的要求。另一类做法则是在对父代进行选择、交叉和变异的操作之后，对子代采用准则法优化[287，288]。准则法和遗传算法的混合在优化初期可以为群体提供一个较为合适的进化方法，加快算法的收敛速度，但在后期可能会出现因准则定义不完善而导致优化方向不合理，在优化后期应谨慎使用。此外，遗传算法还可以与人工神经网络相结合，提高算法的优化效率[289]。

2. 模拟退火算法

模拟退火算法（Simulated Annealing，SA）同样是一种发展比较成熟的智能算法。它是一种模拟冶金退火过程的算法，金属通过逐渐降温的过程使得晶粒排列整齐，宏观性能得到强化，1983年，Kirkpatrick等[290]成功地将退火思想引入组合优化领域。仿照金属退火过程，算法从某一较高初温出发，获得初始解周围随机一点的解，并按照一定的规则接受新解，伴随系统温度的逐渐下降，对于新解的接受变得越来越严格，最终在最优点处以概率1接受最优解。在迭代过程中，算法依据Boltzmann分布，以式（5–11）的概率值接受当前解[291]：

$$P=\begin{cases}1 & f(x_{i+1})<f(x_i)\\ e^{-\frac{f(x_{i+1})-f(x_i)}{c_b T_s}} & \text{其他情况}\end{cases} \tag{5-11}$$

其中，$c_b>0$为Boltzmann常数；T_s为系统温度。模拟退火算法的流程如图5-25所示。其中，$U(0,1)$为在区间(0,1)上均匀分布的一个随机数。生成新解（即方案）的方法，通常是给予当前解一个小的随机变化。

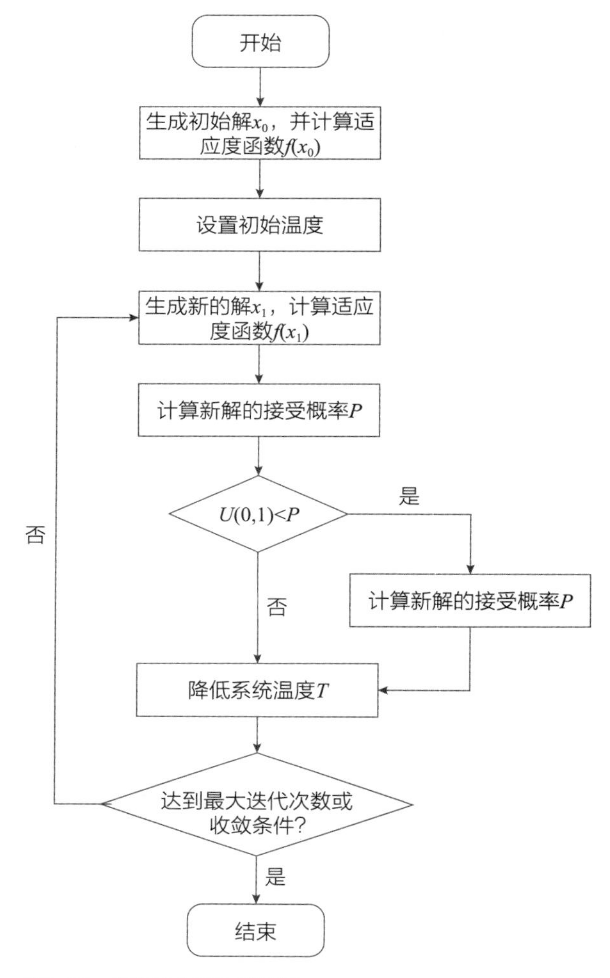

图5-25 模拟退火算法流程图

在算法进行的过程中，系统温度T_s的下降过程是影响算法效率的关键。如果温度下降太快，会导致算法收敛至局部极小值点；如果太慢，则收敛速度会变得很慢。标准模拟退火算法是一种随机搜索方法，为了可靠地获得全局最优解，往往会降低收敛速度。针对这个问题，有学者提出了柯西退火算法[292]、模拟再退火算法[293]、广义模拟退火算法[294]等来加速模拟退火算法的收敛。其他的改进方法还引入了模糊概念以避免陷入局部最优[295]、用决定的方式代替随机搜索方式[296]以及并行策略的引入[297]。

模拟退火算法是一种通用的优化算法，理论上具有全局优化性能，已在生产调度、控制工程、机器学习、神经网络、信号处理等领域得到广泛应用。在结构优化领域，也有许多学者在从事相关的应用研究，如Torbaghan等[298]将模拟退火算法应用于桁架截面积的优化，这一过程与遗传算法求解桁架截面设计优化问题类似。在构造目标函数并处理约束后将模拟退火算法融入其中，通过直接比较函数值获得最优截面积。Ceranic等[299]则将模拟退火算法应用于混凝土结构的优化设计中。

3. 粒子群算法

（1）基本原理与流程

粒子群算法（PSO）是由Kennedy和Eberhart[300]提出的一种群体智能优化算法。PSO算法通过模拟自然界中鸟群、鱼群等群体的行为模式来达到寻优目的，与人工智能领域有着广泛的联系。其基本原理是通过参考各个粒子在优化过程中历史最优位置和整个粒子群中所有个体的历史最优位置来决定每个粒子的前进方向，经过迭代使群体收敛于全局最优点。

粒子群算法依据粒子群拓扑网络的不同可分为全局最佳粒子群算法和局部最佳粒子群算法[301]。两类算法的本质区别在于粒子群拓扑网络的不同，以及由此造成的“全局”最优粒子的选择不同。图5-26为冯诺依曼型的粒子群拓扑网络，可以看出，每个粒子并非与其他所有粒子均有连接，其本身与相连的个体形成了一个邻域。

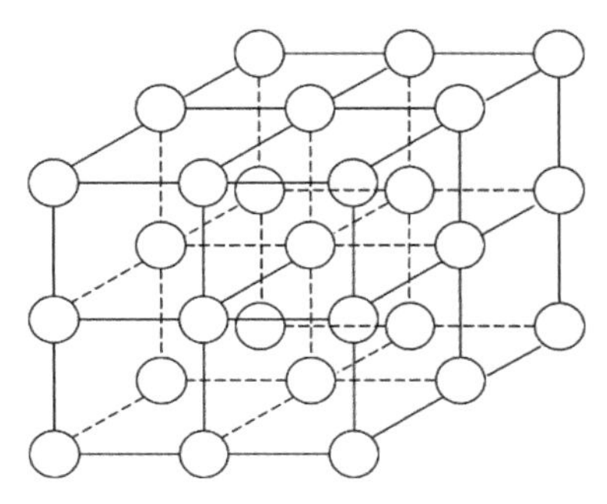

图5-26　冯诺依曼型拓扑网络

局部最佳粒子群优化正是将全局最优粒子替换为邻域内的局部最优粒子，进行后续粒子速度和位置的更新。另一种邻域范围是距离粒子某一欧氏距离内（即粒子在设计空间中各坐标值差的平方和的平方根）的整个范围。相比之下，全局最佳粒子群算法具有更高的粒子相关性，具有更快的收敛速度，但多样性相对较差。无论是全局最佳粒子群算法，还是局部最佳粒子群算法，速度和位置更新函数可分别表示为式（5-12）和式（5-13）：

$$V_i(t+1)=V_i(t)+c_1\times r_1\times(pbest_i-x_i)+c_2\times r_2\times(gbest-x_i) \qquad (5\text{-}12)$$

$$X_i(t+1)=X_i(t)+V_i(t) \qquad (5\text{-}13)$$

式中，$gbest$为全局最优位置或局部最优位置；$pbest_i$为第i个粒子的历史最佳位置；c_1、c_2为加速系数；r_1、r_2为在区间[0,1]上的随机值；$V_i(t)$为当前代第i个粒子的速度。式（5-12）中的第一项是记忆项，受上次速度的影响，第二项是自身认知项，由当前点指向自身认知最好点，第三项是群体认知项，由当前点指向群体认知最好点。综上所述，粒子群算法的基本步骤如图5-27所示。

（2）关键参数

与所有群体智能算法一样，群体大小会影响优化的结果。群体粒子多，初始群体的多样性就越好，但计算代价也会相应增加。虽然一些实验研究表明，粒子群体大小在10~30个之间，算法就有能力找到最优解，但对于高维的结构优化问题，这一经验区间并不适用。对于局部粒子群算法，邻域的大小决定了粒子之间相互交流的范围。一般来说，邻域大小随着优化过程的进行逐渐增大，能够保证算法初始的多样性以及后期的收敛性。

加速系数c_1与c_2控制了个体历史最优与群体历史最优对粒子整体速度的影响。c_1可以理解为粒子对自身的信任度，c_2则表示粒子对邻域内粒子的信任度。通常情况下，为平衡个体与群体的影响，c_1与c_2可取相同值。然而，对于建筑结构优化这一类搜索空间复杂的优化问题，较高的c_1可能会更具优势。Ratnaweera[302]提出了线性自适应的c_1与c_2。其中，c_1随着时间线性递减，而c_2则线性增加。这种改进使得

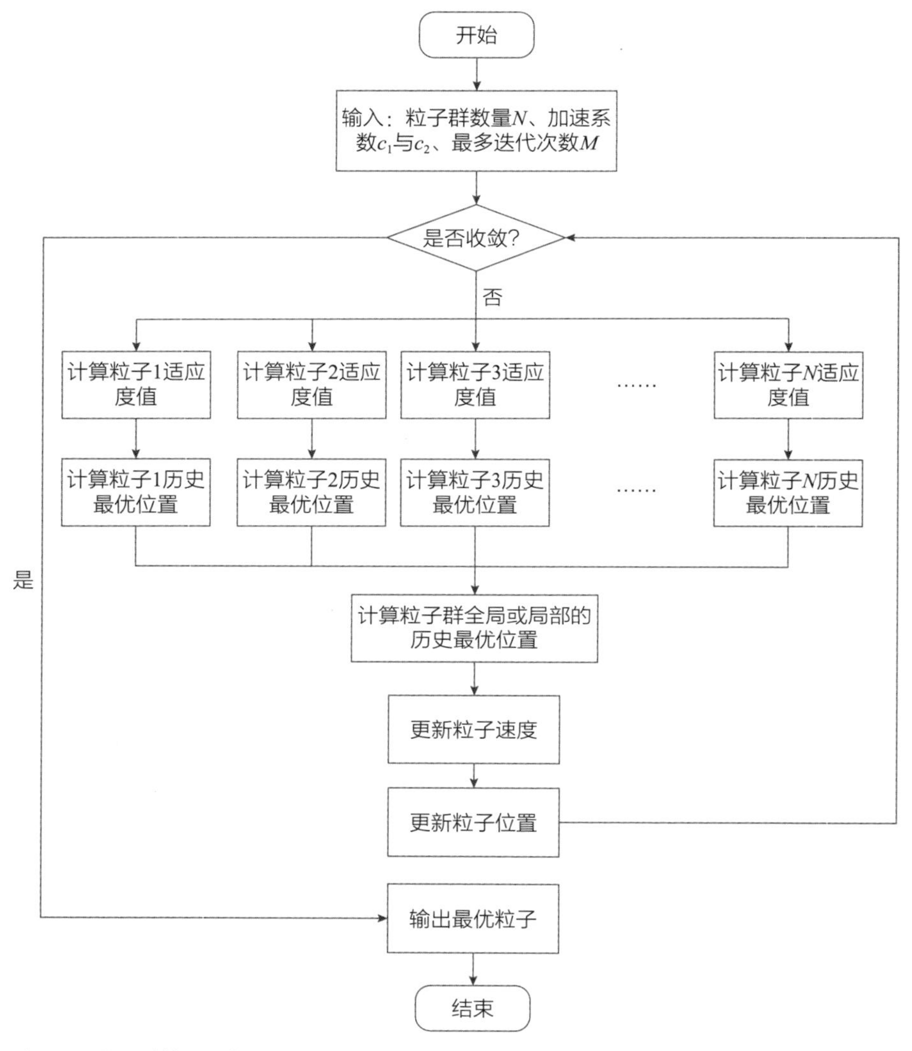

图5–27 粒子群算法基本流程

算法在早期能够专注于全局探索，而后期则更多地考虑全局或邻域内最优位置的影响。

（3）算法改进

研究人员发现，基本粒子群算法为将群体引导向全局最佳位置，可能让那些远离全局最佳和个体最佳的粒子产生较大的速度，导致粒子位置变动极大，甚至离开搜索空间的边界。因此，可以为粒子速度设置一个上限值，即速度箝位，其表达式如式（5–14）所示：

$$V_i(t+1)=\begin{cases}V_i(t+1) & V_i(t+1)<V_{max}\\ V_{max} & \text{其他情况}\end{cases} \tag{5–14}$$

式中，V_{max}为速度箝值。若计算得到的粒子速度大于速度箝位，则直接将当前速度设置为与速度箝位相同的大小。大的速度箝位可以促进全局搜索，小的速度箝位则可以促进局部搜索。速度箝位过小，则会增大算法收敛至局部最优解所需的时间；速度箝位过大，则可能会因粒子位置变化过大错过最优解所在的区域。速度箝位的主要问题在于，当粒子各设计变量所对应的速度均达到最大速时，粒子将一直在［$x_i(t)-V_{max}$，$x_i(t)+V_{max}$］超立方体所定义的边界内进行搜索，降低了算法的局部搜索能力。因此，速度箝位应当随着时间逐渐减小，从而减小上述情况对算法局部搜索能力的影响。

另一种处理方法是引入惯性权重[303]。带有惯性权重的速度更新如式（5–15）所示：

$$V_i(t+1)=wV_i(t)+c_1\times r_1\times(pbest_i-x_i)+c_2\times r_2\times(gbest-x_i) \tag{5–15}$$

式中，w为惯性权重。由上式可以看出，惯性权重是对速度更新表达式中前一步粒子的速度进行修正。当惯性权重大于1时，粒子速度会很快达到速度箝位；当惯性权重小于1时，粒子速度则会逐渐降低，达到速度箝位的难度加大。因此，小的惯性权重有利于局部搜索，大的惯性权重则有利于全局搜索。惯性权重同速度箝位一样，也可以随着时间动态改变[304]，通常是由一个大于1的数逐渐减小至小于1的数。

Clerc[305]、Clerc和Kennedy[306]提出利用式（5–16）的约束系数来控制全局与局部搜索能力的平衡：

$$V_i(t+1)=\chi\left[V_i(t)+\phi_1\times(pbest_i-x_i)+\phi_2\times(gbest-x_i)\right] \tag{5–16}$$

$$\chi = \frac{2\kappa}{\left|2-\phi-\sqrt{\phi(\phi-4)}\right|} \tag{5-17}$$

式中，$\phi=\phi_1+\phi_2$，$\phi_1=c_1r_1$且$\phi_2=c_2r_2$；χ为约束系数；κ为控制参数。该方法依据群动力学的特征分析得到，能够保证算法收敛到一个稳定的点。约束系数χ在0与1之间时，粒子在迭代过程中的速度逐渐减小。关键参数κ控制着算法的全局和局部的搜索能力。当$\kappa=1$时，算法具有较强的全局搜索能力，反之具有较强的局部搜索能力。与惯性权重相比，该方法的优势在于不需要需速度箝位，并能在$\phi\geqslant4$且$\kappa\in[0,1]$时能够保证收敛。

考虑到基本的粒子群算法的“早熟”现象，一系列与较强全局搜索能力算法相结合的混合粒子群算法被提了出来，特别是遗传算法。选择算子[307]、交叉算子[308]和变异算子[309]均在修改后用于基本粒子群算法的改进。另一种降低粒子群算法“早熟”可能性的方法就是采用子群体智能算法。不同子群体粒子群算法的区别主要在于子群体内部及之间操作方式的不同。吸引和排斥粒子群算法（ARPSO）将对粒子的操作分为吸引和排斥两个阶段。在吸引阶段，相应子群中的粒子会向全局最优位置移动；在排斥阶段，相应子群中的粒子则会远离全局最佳位置。此外，协作式PSO[310]和捕食PSO[311]也是常用的子群体粒子群算法。Chatterjee等[312]用粒子群算法优化人工神经网络，并用于预测多层钢筋混凝土结构的倒塌概率。

5.2.4 小结

数学规划通过建立数学模型，推导目标函数和约束条件对设计变量的灵敏度来求解优化问题。数学规划法因其缜密的推导逻辑被大多数结构优化专家所推崇，并以之为基础开发了许多针对特定问题的结构优化算法（如前文中的SIMP法等），在结构优化领域具有重要的地位。然而，其严密的推导逻辑也是该类方法在实际工程应用一直受到限制的主要原因。建筑结构设计时的约束条件种类繁多，推导各个指标对设计变量的灵敏度并将之集成到程序中，对于结构工程师而言确实具有一定的难度。此外，实际结构构件的设计变量大多为离散变量，而数学规划法针对的是连续设计变量，为得到切实可行的设计方案，需要对优化得到的结构方案做进一步的后处理。

和数学规划法相比，优化准则法物理意义更明确，将结构优化问题从一个单纯的数学问题过渡到力学问题，方法相对简便，结构重分析次数较少，收敛速度较快。然而，准则法也存在着应用的局限性问题。满应力法与齿行法暂时只能应用于桁架结构，每一迭代步中的截面设计变量的调整建立在桁架杆件内力不发生变化的基础上，即暂时静定化。对于梁、板、柱等结构构件，构件刚度与设计变量的关系更为复杂，可采用推广的近似满应力步和射线步来寻求满应力设计[276]。准则法与数学规划法在发展的过程中逐渐合流。准则法以数学规划中的$K-T$条件为基础，建立了理性的优化准则；数学规划法则在发展的过程中充分结合力学的概念和各种近似手段，从而达到提高效率的目的。Chan和Zou[259]所提出的截面尺寸优化准则法已用于大量实际结构的侧同刚度优化。

启发式算法最为突出的优点是其简单易懂的原理和宽广的适用范围。启发式算法在优化的过程中不需要求解目标函数和约束函数对设计变量的灵敏度，可处理非连续、非光滑优化问题，设计变量既可以是连续变量，也可以是离散变量。启发式算法的劣势在于其优化方向的寻找速度和质量。优化方向的确定基于大量结构方案分析结果，在结构分析上会耗费大量的时间。确定优化方向的结构方案不同，最终所得到的优化结果也不一定相同。此外，启发式算法还引入了众多考虑多样性的随机参数，即便应用相同的算法参数开始优化，最终得到的优化结构也可能会不一样。而数学规划法和准则法的算法中一般不存在随机因素，当初始方案、算法参数均一致时，优化得到的结构也应该一致。启发式算法已经被广泛用于结构优化领域，包括形状优化、以截面尺寸为变量的桁架最小重量优化问题[313～316]、框架结构截面设计优化问题[317]、截面配筋问题等典型建筑结构优化问题。

5.3 结构构件方案评估指标

在结构构件方案的优化中，设计师需要根据特定评估指标并对每个方案进行打分，逐步生成与设计意图相符合的结构构件方案。从优化的角度来讲，评估指标可以分为优化目标（或生成目标）和约束条件，二者分别体现了主动设计意图和被动设计意图。

5.3.1 结构构件方案生成目标

1. 结构材料造价

与参数化结构体系生成中所考虑的结构材料造价类似，结构构件方案的材料造价应当包括结构材料原价、非结构材料原价、与材料相关的运杂费和运输损耗费、采购及保管费等。对钢筋混凝土结构，涉及刚度的结构整体性能主要与混凝土有关，钢筋所能提供的刚度可被忽略。因此，在参数化结构体系生成的过程中，一般不会对钢筋用量进行较为详细的计算。然而，钢筋对钢筋混凝土构件的承载力和延性有着重要的影响，其用量与布置方式是结构构件设计的主要内容之一。此外，钢材成本远高于混凝土，经济性也是一个重要的关注指标。

这种以结构材料造价为生成目标的结构构件生成往往忽略了包括运营维护费用的长期经济效益，不符合全寿命优化的理念。为此，设计师还需要适当考虑结构的全寿命效益。

2. 结构安全储备

结构的安全储备分为构件层面的安全储备和结构层面的安全储备。目前的结构设计方法，多是通过构件层面的安全储备来保障结构整体的安全性，并非将结构作为一个整体来考虑其安全储备能力。在强烈外荷载作用下，如罕遇地震、强风等极端灾害，结构发生局部构件损伤或破坏时，结构系统的整体性对于整个结构的安全具有重要意义。以材料造价为生成目标的参数化结构构件生成算法容易得到冗余度较低的结构方案。为体现不同类型建筑结构不同的安全性要求、降低结构在服役期间遭受极端作用时的损失，以结构的安全储备为生成目标可以间接实现上述需求。

结构安全储备指标的类型与安全性评估方法密切相关。结构安全性评估方法可分为确定性评估方法和概率评估方法两大类。确定性评估方法主要基于结构在灾害作用下失效过程的模拟，记录结构的整体响应来进行安全储备的定量分析。1988年，Titus和Banon[318]提出如下定义的储备强度比（Reserve Strength Ratio，RSR）：

$$RSR=\frac{\text{结构极限抗力水平}}{\text{设计荷载水平}} \quad (5\text{-}18)$$

1996年，HSE（Health and Safety Executive）[319]以*RSR*为安全储备指标，对导管架结构的储备强度作了分析和总结，指出Pushover分析能被应用于导管架结构的性能评估。*RSR*通常用基底剪力或者倾覆力矩来进行刻画。

ATC-63报告[320]综合了以往大量的相关研究，提出了一套相对标准化的结构抗倒塌易损性分析流程和评价准则。该流程基于增量动力分析方法（Incremental Dynamic Analysis，IDA）[321]，以倒塌安全储备系数（Collapse Margin Ratio，CMR）来量化结构的倒塌安全储备；此外，该报告中还建议了用于分析的地震波数据库，讨论了地震波选择、结构计算模型以及实验数据等不确定性因素对结构倒塌安全储备能力评估的影响。

CMR被定义为中值倒塌强度（即50%地震动使得结构倒塌时的地震动强度，$IM_{50\%}$）与大震强度（即50年超越概率为2%的地震动强度，IM_{MCE}）的比值[320]，其表达式如式（5–19）所示。图5–28为不同地震动强度水平下的结构倒塌概率曲线。

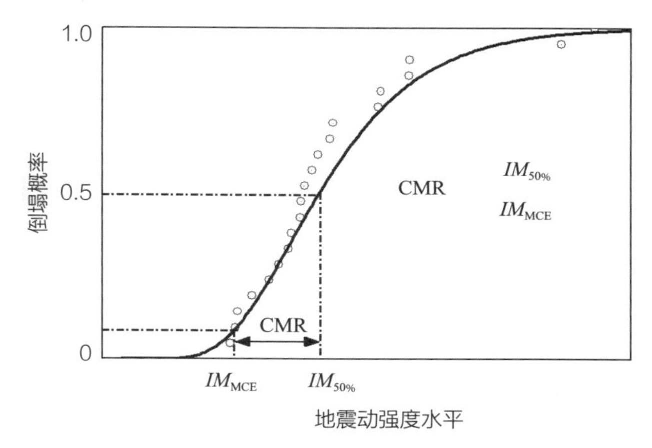

图5–28　倒塌概率与地震动强度水平关系

$$CMR = \frac{IM_{50\%}}{IM_{MCE}} \tag{5–19}$$

国内外学者针对不同结构体系的抗倒塌能力评估和设计方法进行了研究。Liel等[322]在针对钢筋混凝土框架的抗倒塌性能评估中，探讨了强度、刚度、周期退化等不确定性对结构抗倒塌能力的影响。Haselton等[323]分析了结构的高度、跨度以及地震动的不确定性等对结构倒塌安全储备的影响。唐代远等[324]基于IDA方法，采用*CMR*指标衡量按抗震7度设防设计的24个混凝土框架的抗倒塌能力，认为柱轴压比能显著影响框架的抗倒塌能力。施炜等[325]定量评价了按我国规范背景下不同抗震设防烈度下多层框架结构的抗地震倒塌能力和倒塌安全储备。吕大刚等[326]基于结构可靠度理论分析了钢框架的最可能倒塌失效模式，为大震和特大震作用下结构抗倒塌设计提供了依据。Villaverde[327]对现有的评估建筑结构抗倒塌能力的方法进行了总结，分析了各种方法的优缺点。何政等[328]通过对比分析，认为Pushover方法能够在保证计算精度的情况下，提高结构倒塌性能的计算效率。

3. 可建造性与施工成本

参数化结构构件生成的主要对象是具体的且能够满足安全要求的结构构件，其参数主要包括空间位置参数、材料参数、截面类型参数、截面尺寸参数。设计师可以利用计算机程序对所有构件的上述参数进行统计和分析，给出更为详细的施工成本评估。从施工（可建造性和施工成本）的角度考虑，设计师应尽可能最小化结构构件的种类，尤其是截面种类。截面尺寸变化度（Cross Section Variation，CSV）是反映构件截面尺寸变化程度的一种指标。其中，最为直接的一种方法就是统计不同尺寸截面的种类，作为刻画截面尺寸变化度的指标，这种指标不受限于截面的形式。另一种指标则是衡量不同截面尺寸之间的欧式距离，更具备数学意义，但该指标只能用于同一种截面类型的构件。对于预制装配式结构，构件自身的运输费需要更细致地考虑。

5.3.2 结构构件方案约束条件

应当注意到满足结构整体性能要求并不总意味着构件的性能能够同时满足相关设计规范的要求，这些构件层面的设计要求正是参数化结构构件生成的主要设计意图参数。

对于考虑抗震设计的结构，建筑抗震性能化设计是通过提高结构构件承载力或抵抗变形能力的途径实现。因此，结构构件的设计与结构的抗震性能目标密切相关。性能目标综合考虑了抗震设防类别、设防烈度、场地条件、建造费用、修复难易程度等因素。表5-1给出了针对高层建筑结构的A、B、C、D四个等级的结构抗震性能目标。性能目标与相应的地震水准有关。结构的抗震性能分为1、2、3、4、5水准，如图5-27所示。其中，关键构件是指该构件的失效可能引起结构的连续破坏或危及生命的严重破坏；普通竖向构件则是指除了关键构件之外的竖向构件；耗能构件则包括了框架梁、剪力墙连梁等。

结构抗震性能目标[164]　　表5-1

地震水准	性能目标			
	A	B	C	D
多遇地震	1	1	1	1
设防烈度地震	1	2	3	4
罕遇地震	2	3	4	5

各性能水准结构预期的震后性能状况[164]　　表5-2

结构抗震性能水准	宏观损坏程度	损坏部位			继续使用的可能性
		关键构件	普通竖向构件	耗能构件	
1	完好、无损坏	无损坏	无损坏	无损坏	不需修理即可继续使用
2	基本完好、轻微损坏	无损坏	无损坏	轻微损坏	稍加修理即可继续使用

续表

结构抗震性能水准	宏观损坏程度	损坏部位			继续使用的可能性
		关键构件	普通竖向构件	耗能构件	
3	轻度损坏	轻微损坏	轻微损坏	轻度损坏、部分中度损坏	一般修理后才可继续使用
4	中度损坏	轻度损坏	部分构件中度损坏	中度损坏、部分比较严重损坏	修复或加固后才可继续使用
5	比较严重损坏	中度损坏	部分构件比较严重损坏	比较严重损坏	需排险大修

1. 承载力要求

钢筋混凝土与钢构件的承载力计算有所不同。对于钢筋混凝土构件，需要在得到内力组合设计值的情况下根据承载力公式对其进行截面配筋设计。由此可见，混凝土构件的承载力是在材料、截面尺寸一定的情况下由所配钢筋用量决定；对于钢构件，是利用内力组合设计值进行截面承载力的验算，验算时可考虑截面一定的塑性发展。例如，在主平面内受弯的实腹构件，其抗弯强度应按式（5-20）规定计算：

$$\frac{M_x}{\gamma_x W_{nx}}+\frac{M_y}{\gamma_y W_{ny}}\leqslant f/\gamma_{RE} \tag{5-20}$$

式中，M_x和M_y分别为同一截面处绕x轴和y轴的弯矩；W_{nx}和W_{ny}分别为对x轴和y轴的净截面模量；γ_x和γ_y是截面塑性发展系数；f是钢材的抗弯强度设计值；γ_{RE}为承载力抗震调整系数。

2. 延性要求

除了承载能力外，构件还需要具有一定的延性。结构、构件和截面的延性是指从相应屈服状态到最大承载能力或达到承载力后尚无显著下降之间的变形能力[329]。在结构层面，良好的延性有助于吸收和耗散动力荷载的输入能量，增强结构抵御大震倒塌的能力；在构件层面，足够的延性则有助于防止构件发生不可预期的脆性失效。在传统的两阶段设计方法中，主要采用各类抗震构造措施来满足基本设防目标中中震可修的性能水准。

对于钢筋混凝土竖向构件，轴压比是影响其延性性能的最关键因素。实验研究表明，轴压比较低的构件具有较好的延性。轴压比定义如式（5-21）所示：

$$\mu=\frac{N}{Af_c}\leqslant[\mu] \tag{5-21}$$

式中，μ为柱轴压比；$[\mu]$为轴压比限值；N为考虑地震作用组合的轴压力设计值；A为柱全截面面积；f_c为混凝土轴心抗压强度设计值。为保证有足够的延性，规范要求竖向构件的轴压比不得超过规范限值。为了防止构件发生脆性的斜压破坏，规范中还规定了剪压比限值。剪压比是截面平均剪应力与混凝土轴心抗压强度设计值的比值，表明了截面承受名义剪应力的大小。如式（5–22）所示：

$$\eta=\frac{V'}{\beta_c b_1 h_0 f_c}\leqslant[\eta] \tag{5-22}$$

式中，η为构件剪压比；$[\eta]$为剪压比限值；V'为调整后的组合剪力设计值；b_1为梁、柱截面跨度或剪力墙墙肢截面宽度；h_0为截面有效高度；β_c为混凝土强度调整系数。式（5–22）表达的实质是规定了截面限制条件，避免截面过小。

屈曲也是一种脆性失效方式，应尽可能避免。钢构件在压力作用下易发生突然的屈曲。刻画构件稳定性的方式分为两种：一种是依据构件受力状态所确定的稳定性验算公式；另一种是长细比限值。不同受力状态所对应的稳定性验算公式则作为截面设计生成过程中对构件稳定性判别的依据。对于处于轴压状态的构件，可直接通过控制长细比来避免屈曲的发生。表5–3给出了不同性能目标下的结构构造措施。

不同性能要求的构造抗震等级[162]　　表5–3

性能要求	构造的抗震等级
1（A）	基本抗震构造。可按常规设计的有关规定降低 2 度采用，但不得低于 6 度，且不发生脆性破坏
2（B）	低延性构造。可按常规设计的有关规定降低 1 度采用，当构件的承载力高于多遇地震提高 2 度的要求时，可按降低 2 度采用。但均不得低于 6 度，且不发生脆性破坏
3（C）	中等延性构造。当构件的承载力高于多遇地震提高 1 度的要求时，可按常规设计的有关规定降低 1 度且不低于 6 度，否则仍按常规设计的规定采用
4（D）	高延性构造。仍按常规设计的有关规定采用

3. 正常使用状态验算

为保障结构构件的正常使用，在设计上还需要进行正常使用极限状态验算。对于混凝土结构构件，正常使用极限状态验算的内容主要是裂缝和挠度。

表5–4给出了不同混凝土结构类型和不同环境类别下裂缝控制等级及最大裂缝宽度。裂缝宽度的计算与构件类型、钢筋的类型、数量和直径有关。其中一级裂缝控制等级严格，要求构件不能出现裂缝且构件受拉边缘混凝土不应产生拉应力。

混凝土构件的裂缝控制等级及最大裂缝宽度限值（mm）[330]　　表5-4

环境类别	钢筋混凝土结构		预应力混凝土结构	
	裂缝控制等级	最大裂缝宽度限值	裂缝控制等级	最大裂缝宽度限值
一	三级	0.30（0.40）	三级	0.20
二 a		0.20		0.10
二 b			二级	—
三 a、三 b			一级	—

钢筋混凝土和预应力混凝土受弯构件的挠度计算需要考虑荷载长期作用的影响，计算得到的挠度值不应超过表5-5规定的限值。

受弯构件挠度值限值[330]　　表5-5

构件类型		挠度限值
吊车梁	手动吊车	$l_0/500$
	电动吊车	$l_0/600$
屋盖、楼盖及楼梯构件	$l_0<7\text{m}$	$l_0/200$（$l_0/250$）
	$7\text{m} \leqslant l_0 \leqslant 9\text{m}$	$l_0/250$（$l_0/300$）
	$9\text{m}<l_0$	$l_0/300$（$l_0/400$）

其中，l_0为构件的计算跨度。表中括号内的数值适用于使用上对挠度有较高要求的构件。对于预应力混凝土构件，其计算所得的挠度值可减去预应力引起的反拱值。混凝土构件受压翼缘面积与腹板有效截面面积的比值、纵向受拉钢筋配筋率、钢筋弹性模量与混凝土弹性模量的比值等均对混凝土构件的挠度值具有影响。

4. 结构构件尺寸限值

除上述轴压比、长细比对构件截面尺寸进行验算之外，相关规范还从施工的角度给出了最小构造截面的要求。对于矩形截面柱，抗震设计时，四级不宜小于300mm，当抗震等级大于等于三级时，钢筋混凝土柱的截面尺寸不宜小于400mm；梁截面的宽度不宜小于200mm等。

除了结构设计因素外，截面尺寸的选择还应考虑建筑效果。在参数化结构体系生成中，建筑功能空间的几何构成、室内采光等也会对构件尺寸提出一定的要求。此外，在参数化结构构件生成中，结构构件的尺寸还需要考虑非结构构件的影响。

5. 结构整体性能约束

参数化结构体系生成考虑了结构的整体性能，这使得参数化结构构件生成之初就已具有一定合理的结构整体性能。然而，随着构件截面类型或尺寸的变化，结构整体性能会发生波动，甚至出现结构整体性能不满足设计要求的情况。因此，在结构构件的生成过程中仍然需要考虑结构整体性能的约束条件。

相比在于结构体系生成中结构整体性能对结构体系方案合理性的导向性作用，在结构构件生成中，对结构整体性能的约束更偏向于一种对构件方案的验算与微调。前者的目的并非要求严格满足相关设计规范的要求，而是在于得到合理的结构体系，而后果则是希望能够得到严格满足规范要求的设计结果，供设计人员参考。两者一个偏向于定性，另一个偏向于定量。相比于结构构件方案的调整，结构体系的变化具有非连续、非线性的特点，会引起相应结构整体性能的大幅度变动。参数化生成的结构体系已基本满足整体性能要求，因此应当尽可能避免结构体系大的变动。在参数化结构构件生成过程中，当局部区域结构性能不满足设计要求时，调整截面尺寸或材料能够更快捷方便地实现设计目标。

5.4 基于结构性能的节点设计

为了设计出安全可靠的结构，设计师常常需要在工程造价和整体性能之间进行权衡。工程的总体造价往往依赖于设计及建造人员的工程经验。为了解决这一问题，基于性能的设计（Performance Based Design）思想逐渐被更多的设计人员所接受。在设定性能水准或目标后，整个设计过程都会向着满足该水准或目标进行，设计过程因此更具有针对性，也能更合理分配结构构件或材料。

节点作为连接结构构件的重要组成部分，其失效往往伴随着灾难性的后果，在结构设计中应尤为关注。对于那些相对重要的节点，应当根据性能目标进行设计和评定，确保节点在各个可能的工况下具有足够的强度和稳定性。借助于强大的计算软件，设计者可以得到详细的节点应力分布，为节点的优化提供了可能。

5.4.1 节点拓扑优化

随着增材制造等高端制造技术的发展，制造业已经不囿于原来的标准化生产流程，能够针对不同的性能要求生产出特定形状和性能的产品，对于结构节点也是如此。传统意义上的节点，无论是混凝土节点、钢节点还是组合节点，为了方便设计与施工通常都采用常规标准化形状，这些类型的节点可能无法满足特定情况下的性能指标，尤其当结构构件连接变得更为复杂时。基于性能并结合拓扑优化的节点设计将作为一种有效的设计方法被应用于大量工程实际中。图5-29为Arup公司利用增材制造与拓扑优化技术所生产出的节点。图中最左边为按照传统的设计及制造工艺加工的节点形状，节点形状相对规整棱角分明，容易出现应力集中，焊接处易发生脆性断裂。经过优化处理后，中间的节点表面更加的平滑，材料分布也更加的高效，大幅度降低了安全隐患。最右边的节点是对同一节点的优化结果，可以看出，节点的尺寸进一步减小，材料分布得到了进一步的优化。可见，性能设计思想与优化技术的结合使材料的分布更加高效。

节点的性能评估离不开对节点应力或应变的分析，利用有限元分析软件，设计者可以得到详细的应力应变云图，利用这些云图设计者可以得到节点在各荷载工况下的工作状态，了解节点是否有塑性发展及强度储备等，从而定量地描述出节点的性能以供设计和管理人员进行评价与改进。图5-30为一钢结构节点有限元分析应力图，该图详细地显示了节点应力的分布情况。可以看出，该节点处总体应力水平处于较低水平，且应力分布并不十分均匀，这说明材料的性能没有得到充分发挥，可通过更加合理的材料布置实现更加合理的传力。对于一些连接形式相对固定的金属材料节点，可借助一些优化软件实现节点材料的合理分布，完成拓扑优化进程。

节点区对于整体结构来说，是一个相对复杂的局部区域，为了良好地描述这一区域，在进行有限元分析及优化时应采用实体单元，并进行适当的网格划分以满足精度上的要求。现有的商业有限元软件针对连续体的拓扑优化通常采用SIMP法，该方法发展历史相对较长，算法稳定性较高，也经过了大量工程实例的验证。而节点的拓扑优化之所以存在着广泛的前景，主要有着如下几个原因：

（1）3D打印技术发展迅速，在性能越来越受到关注的今天，结构的复杂性逐渐

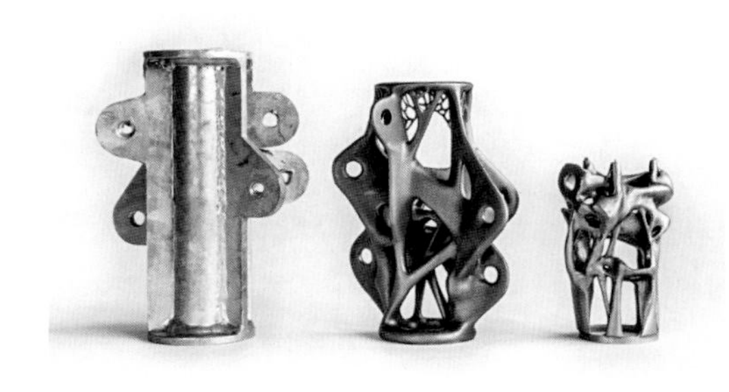

图5-29　传统节点和经拓扑优化后节点的对比[331]

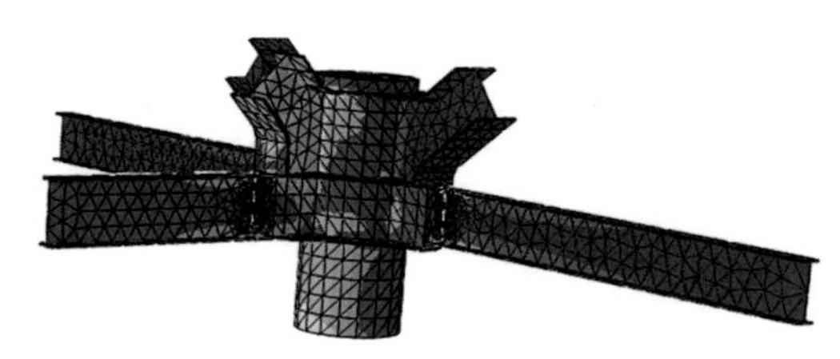

图5-30　节点有限元分析

不再成为成本的控制要素，设计者可以根据性能或外观需要打印出任意形状的结构；

（2）人们不再满足于一成不变的设计结果，追求更加新颖、个性化的产品。节点拓扑优化很好地顺应了这一需求，将力学与美学很好地结合到一起，将构件节点赋予美学意义；

（3）节点拓扑优化能够将材料进行合理地分配，去除多余的材料，降低材料成本。虽然制造成本仍然相对较高，但作为一种先进的理念仍值得推广与实践。

由于钢筋混凝土结构中节点的稳定性及承载能力要求对钢筋的数量、锚固以及布置等有着严格的规定，且材料存在突出的拉压性能的差异，加之异形节点钢筋布置困难等因素，拓扑优化技术在混凝土节点方面的应用较少。而对于钢结构，由于金属材料相对稳定且各向同性，具有良好的传力性能，加之制造技术的推进，节点拓扑优化成为可能。金属节点主要应用于钢结构建筑及大跨空间结构等方面，根据其形式的不同往往可以分为球形节点、杆件相贯节点、铸钢节点、支座节点等[332]。一个合理的节点能够很好地将受力传递至下部构件，使得整个设计变得高效，节省材料使用。

5.4.2 节点设计算例

下面以一个钢管圆柱形节点为例进行基于性能的节点设计，该节点的通常形式是采用圆钢管弦杆和腹杆直接焊接构成节点，常用于中小跨度轻型四角锥网架和三角形网架中。图5–31为节点的初始形状，节点的高应力区域主要集中在连接位置处，而其他部位材料的强度没有得到充分地发挥，存在着大量的低应力区，材料并非处于最优的分布形式。

在优化中，选择中部的钢管作为设计变量，并将钢管中部填实形成钢柱，以探寻钢管圆筒节点在特定荷载条件下的拓扑形式。设置上下两端盖板为非设计区域，腹杆及钢管圆筒满足最初的构造要求，在腹杆与钢管圆筒的交接处施加腹杆传至钢管圆筒的荷载，设置好力与位移边界条件后便可以进行分析计算，图5–32为Grasshopper电池程序，图5–33是体积分数为0.6时的优化结果。从以上优化结果来看，在节点上部承受的应力值较大，需要更多的材料支撑；在节点下部区域，则更多的负责传力，应力分布相对均匀。

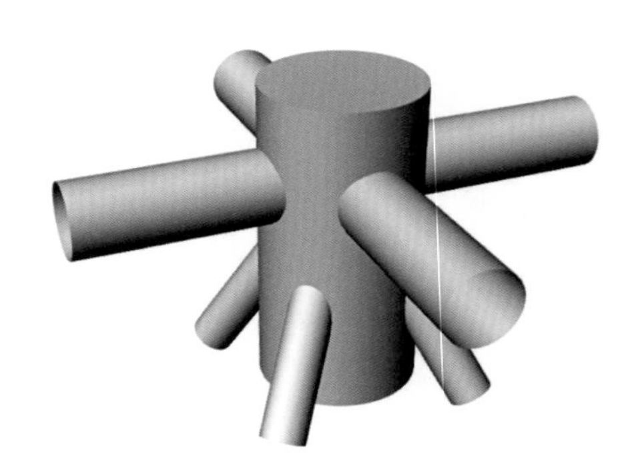

图5–31　节点初始形状

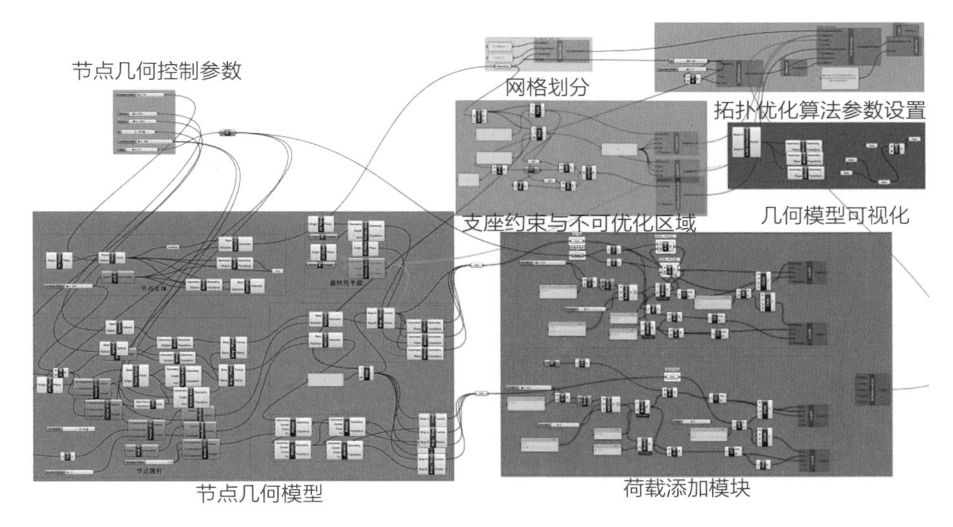

图5-32　钢管圆筒节点参数化设计程序

基于性能的节点设计和拓扑优化给设计人员提供了一种适用于具体设计情况下的设计新思路，无论是作为一种设计手段还是验算分析手段，它都能给设计人员以新的设计灵感，在计算机技术飞速发展的今天，相信这种设计手段也将被越来越多的设计人员所接受。

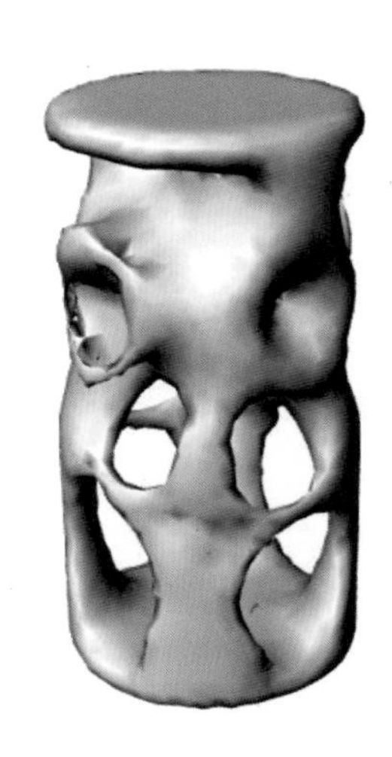

图5-33　节点优化结果

CHAP

6

第6章

参数化建筑与结构互动技术

参数化结构设计的实现建立在参数化建筑模型与参数化结构模型互动的基础上，互动的实质是传递与修改信息的过程。图6–1描述了参数化结构设计的信息传递路径。

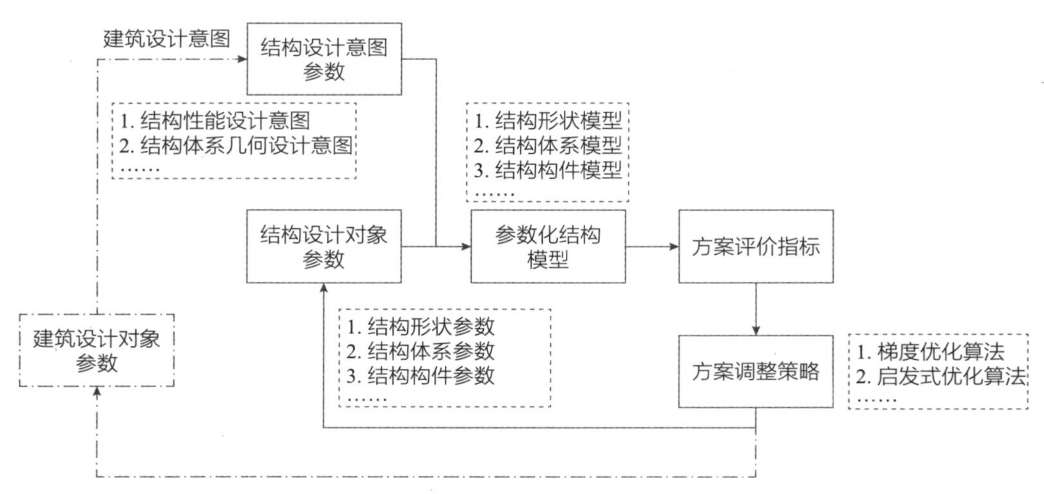

图6–1　参数化结构设计的信息传递

由上图可以看出，参数化结构设计实现的首要条件是实现设计意图的参数化表达，并建立结构分析模型。与结构性能设计意图、结构形状几何设计意图、结构体系几何设计意图等参数相比，选择恰当的建筑设计意图参数是参数化结构设计能够最大程度实现建筑理念与功能的前提。参数化结构设计的对象既可以是结构对象参数也可以是建筑方案设计初期的建筑设计对象参数。这种方式更能体现结构设计对建筑设计的“反作用”。由于参数化设计是以多专业协同工作为基础的设计方法，各专业之间高效的信息传递显得格外重要。

6.1　结构分析模型的建立

参数化结构设计的特点之一是结构模型与建筑模型均建立于同一参数化平台，有效缩短了跨分析平台信息传递的时间。如何在同一平台上实现参数化建筑模型到对应结构分析模型的自动转化是参数化结构设计的关键问题之一。这不仅涉及结构几何模型的确定，还涉及构件信息的赋予、荷载的添加等问题。

6.1.1　结构几何模型

与传统结构设计类似，参数化结构设计中的结构几何模型既可以由已有的建筑模型生成，也可以由结构工程师基于关键建筑设计参数在相同的平台上单独建立。这两种方式在生成思想与操作难度上有所不同。

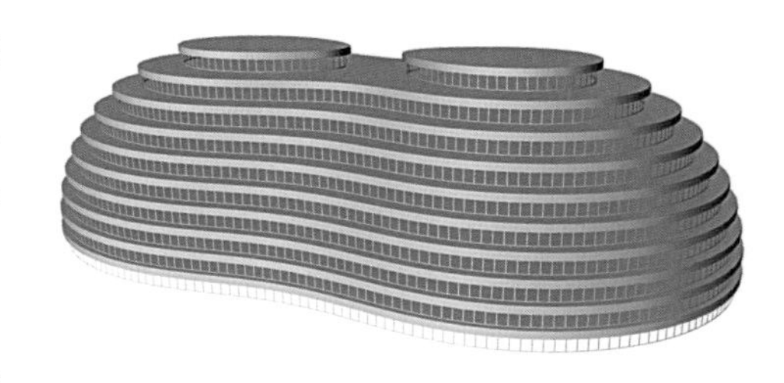

图6-2　基于Metaball算法生成的大跨空间结构

在第一种生成思路中，结构工程师从已有的建筑几何设计结果出发，通过偏移、缩放、移动等操作建立结构几何模型。由于依赖于建筑几何设计结果，该类结构几何模型中与建筑设计相关的设计意图更易于主动实现，而非依靠优化算法被动实现。对于图6-2中基于Metaball算法生成的大跨空间结构，其幕墙与内部结构体系之间的最小距离可以通过偏移或缩放幕墙曲线的参数进行控制。同时，可以用平面与内部隔墙相交的方法来定位建筑隔墙位置，并以之作为竖向结构构件放置的备选区域，如图6-3所示。在生成效果上，这种生成方式得到的结构体系与建筑外形的相关性大，契合度高，而结果的合理性则依赖于结构工程师所制定的生成规则。

图6-3　平面切割定位建筑隔墙位置

在传统结构设计中，结构工程师更习惯建立独立的结构几何模型，该模型满足结构几何模型与建筑模型之间空间关系的设计要求。从参数化设计的角度来看，结构工程师从已有的参数化建筑模型提取出关键的设计意图参数（例如隔墙线位置），并以这些关键参数为基础，单独建立新的结构几何模型，通过建立单独的算法规则主动控制结构构件的所在位置。建筑设计中的设计意图参数在最低程度上保障了结构几何方案与建筑几何方案的一致性。上述建模思路需要针对不同的建筑方案制定各自特定的算法规则，通用性相对较差。在生成效率上，由于需要通过被动调整的方式满足建筑与结构几何方案之间的空间关系要求，上述建模思路的生成效率相对较差。上述生成算法中的优点在于其生成过程大部分属于“白箱”设计，便于行业内其他工作人员的理解。

上述两种建模思路的核心是建筑构件到结构构件的转化和结构构件的参数化表示方法。以办公楼的建筑平面图为例，立柱几何位置的参数化表示方式较为简单，考虑到立柱一般为直线型构件，其定位则直接取决于上下节点的空间位置。剪力墙的几何空间位置包括了剪力墙所在的位置和剪力墙的长度。图6-4为剪力墙所在的网格，结构工程师可以通过程序从中选择特定的线段，并以之为基础生成具有特定长度的剪力墙。这种生成剪力墙的方法操作较为简单，容易被结构工程师接受，但其基础网格需要符合建筑几何方案。

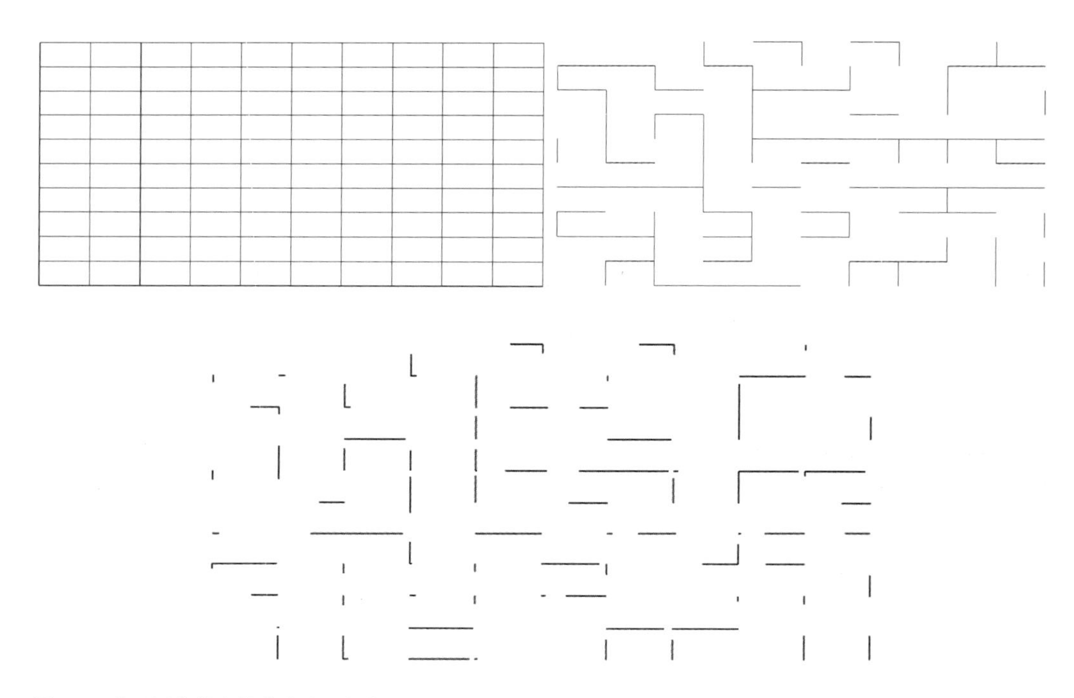

图6-4　基于网格线段的剪力墙几何位置

水平结构构件的几何位置一般在竖向结构构件之后确定。对于楼面梁等直线型水平构件，上述剪力墙生成的方法仍可以被采用，但其初始网格应依据竖向结构构件的端部节点确定。楼板的几何空间位置主要与建筑设计相关，其提取方法可采用平面切割法（即层高处的水平面与竖向构件切割）。对切割得到的建筑内部空间，依据其中竖向结构构件所在的位置进行楼板的剖分。

6.1.2　结构构件定义

结构的基本组成单元是结构构件，结构构件的属性则依赖于结构材料与截面。这种链式的依赖关系是参数化结构分析模型内涵算法规则的一部分。

1. 简化模型的结构构件

在方案设计的初步阶段，为节省结构分析的时间，结构工程师往往会采用一些简化模型进行近似的结构分析以估算结构的整体性能。这些简化模型中的构件往往代表了实际结构模型中多个构件，但关键刚度参数的映射关系却难以显式表达。图6–5是用于框架–剪力墙结构分析的弯剪耦合模型。其中代表弯曲变形的弯曲梁和代表剪切变形的剪切梁由无数根刚性水平轴力杆相连。在利用该简化模型进行结构分析时，结构工程师所关注的重点在于弯曲梁弯曲刚度和剪切梁剪切刚度的确定方法。上述连续化简化模型的解析解一般基于竖向刚度和质量均匀分布的假定。目前已经得到了三角形荷载、均布荷载和顶点荷载下楼层位移的解析解和自由振动解析解[333]。

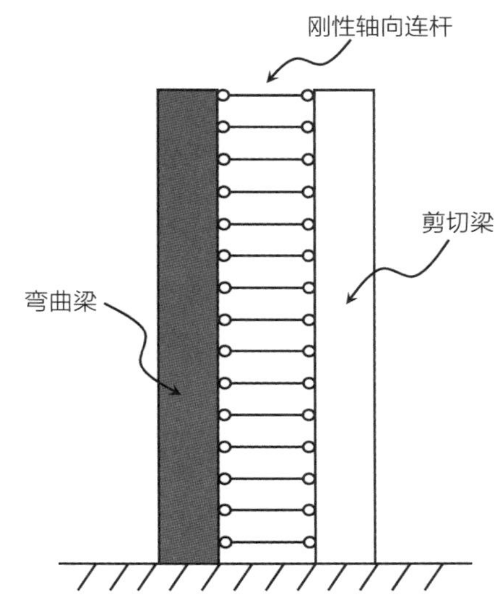

图6–5　弯剪耦合模型

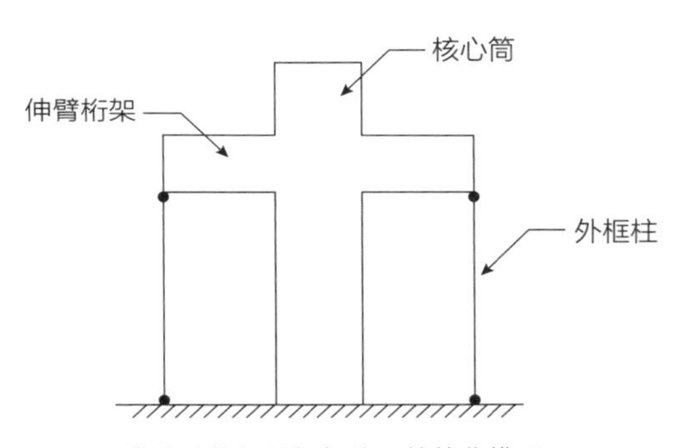

图6–6　带伸臂桁架的框架核心筒简化模型

图6–6是带伸臂桁架的框架–核心筒结构的经典简化模型。在该简化模型中，柱子假定仅承受轴力作用，因此在方案设计阶段只考虑柱的轴向刚度。该模型中柱的面积可近似理解为单侧所有外框柱面积的总和。该模型主要被用来确定加强层的最优位置。

简化模型中结构构件的估算或换算精度有所欠缺，尤其对于复杂的结构体系。简化模型一般用于二维结构来表达，对结构空间协同工作有所低估。然而，简化模型求解速度快，适用于变化较大的设计初期的方案比选。对于复杂的结构体系，其简化模型的解析解有时难以求得，需要结合一些数值手段，如传递矩阵法、有限单元法等。图6–7为Karamba[25]中的截面属性定义，其中截面的抗弯刚度近似无穷大，可用来模拟弯剪耦合模型中的剪切梁。

2. 有限元模型的结构构件

（1）线弹性分析

在线弹性分析中，材料本构，即应力–应变关系，服从广义胡克定律，应力应变

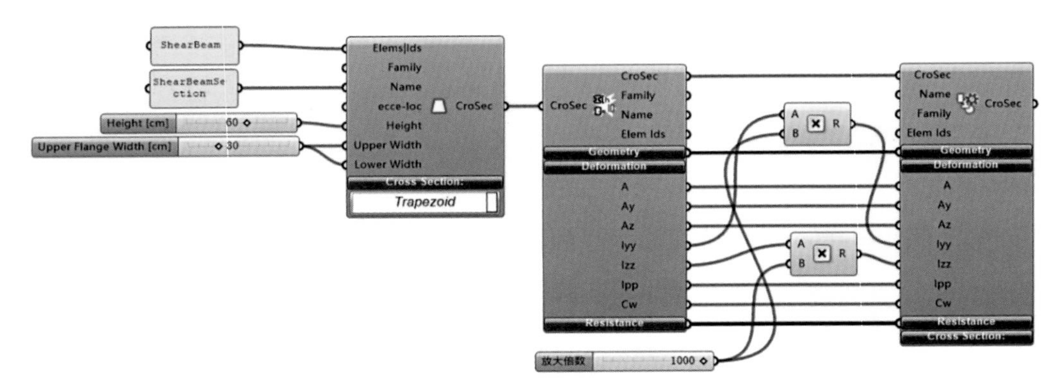

图6-7　参数化模型中剪切梁的截面定义

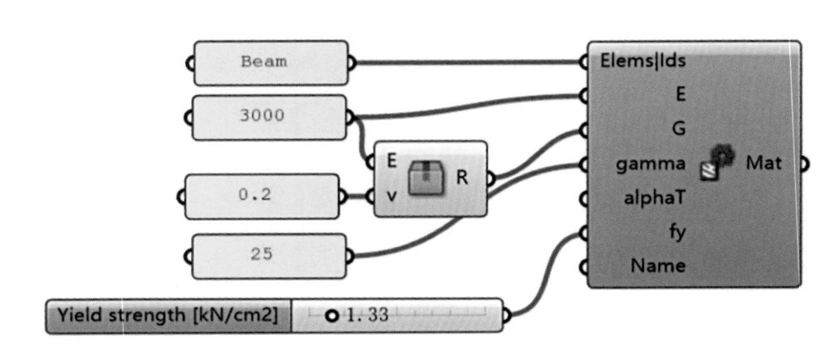

图6-8　参数化模型中的线弹性材料定义

在加卸载时呈线性关系，卸载后材料无残余应变。这种材料的主要参数包括弹性模量、泊松比和剪切模量。此外，为考虑重力荷载和温度作用，材料密度和热膨胀系数的设置也必不可少。图6-8是Karamba[25]中的线弹性材料定义模块，其中的屈服强度值f_y可用来计算材料的利用率，即当前荷载状态下应力与屈服强度值的比值。具有设计功能的参数化程序还需要提供材料的拉压强度设计值，以便进行截面配筋计算。

线弹性分析中的几何信息，决定了截面惯性矩、转动惯量等关键设计参数。为计算混凝土构件截面的配筋，混凝土保护层厚度、纵筋间距等布筋信息也需要在截面定义时给定。图6-9为Millipede插件[26]中对不同类型截面尺寸的定义。

结构单元的类型与结构构件的受力特点有关。通常情况下，梁、柱一般可采用基于欧拉-伯努利梁理论（Euler-Bernoulli Beam）的梁单元进行模拟。跨高比较小的深梁或剪跨比较小的柱可采用考虑了横向剪切变形的Timoshenko梁[334]和Shear梁[335]。图6-10为Karamba[25]中对梁单元与壳体单元定义。壳单元一般可用于模拟建筑结构中的楼板、剪力墙或巨型厚柱。其中，壳单元的电池输入既可以是三角形网格，也可以是

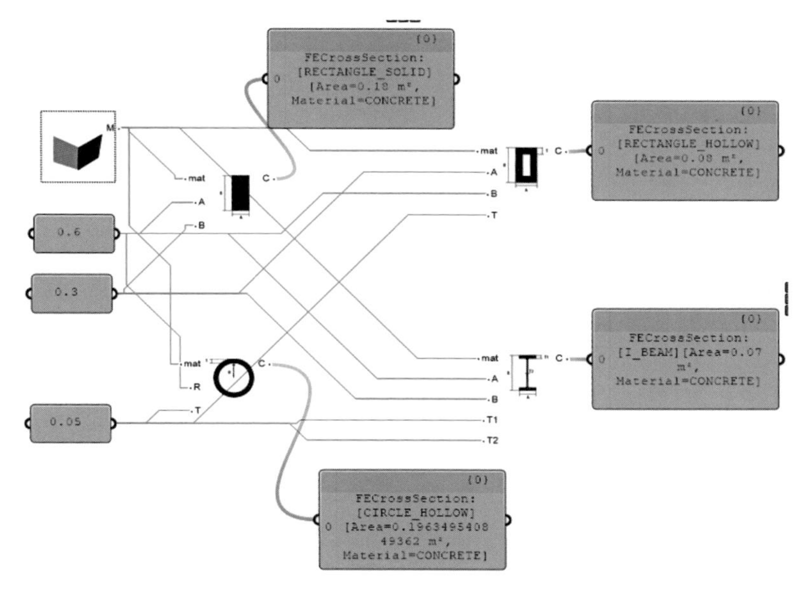

图6-9　Millipede插件中的截面定义

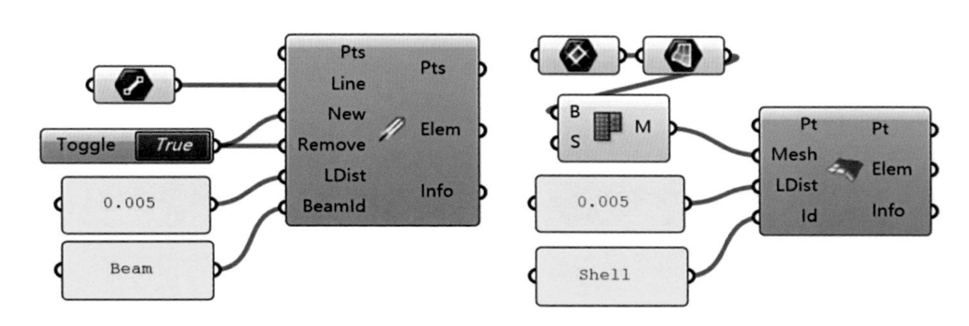

图6-10　Karamba中梁单元与壳体单元定义

四边形网格。Karamba会将四边形单元分解为三角形单元进行结构分析，三角形单元可采用Argyris等[336]提出的三角形单元，这种单元的计算效率高，但不能考虑横向剪切变形。

（2）非线性分析

在较高强度的荷载激励作用下，如强震，结构构件会进入弹塑性状态，需采用非线性分析方法进行评估。结构构件非线性源于三个方面，即材料非线性、几何非线性以及接触非线性。非线性分析中的输入特征参数在数量上远多于线弹性分析情况。

用于非线性分析的单元种类多样，参数复杂。图6-11为Grasshopper中实现的常用于模拟非线性梁柱行为的纤维梁柱单元和用于模拟非线性剪力墙力学行为的分层壳单元的电池。其中，纤维截面电池的输入信息包括截面名称、截面高度、截面宽度、保护层厚度、混凝土材料等级、钢筋材料等级、纵筋数量以及纤维截面划分相关的设计参数。分层壳单元则包括四边形输入网格、分层数、剪力墙厚度、配筋率等信息。有关非线性钢筋混凝土单元的信息可见文献[337]。

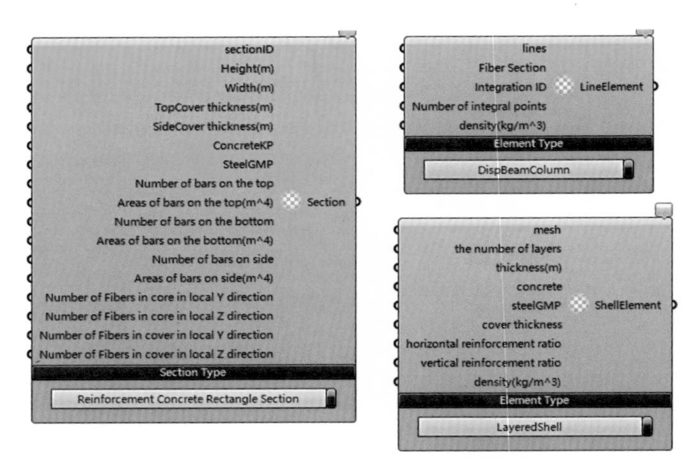

图6-11　Grasshopper平台中的纤维梁柱单元和分层壳单元电池

6.1.3　作用

直接作用又称为荷载。建筑结构所受到的荷载主要包括结构自重、楼面活荷载、屋面活荷载、屋面积灰荷载、风荷载等。间接作用是指那些不直接作用在建筑结构上的作用，如地震作用、温度作用等。在利用参数化工具施加荷载时，结构工程师可以针对单一构件单独施加荷载，也可以针对不同构件施加不同的荷载。图6-12是Karamba[25]中荷载的定义模块，包括了重力荷载、点荷载、均布线荷载、网格荷载、初始应变、温度作用、初始几何缺陷等。

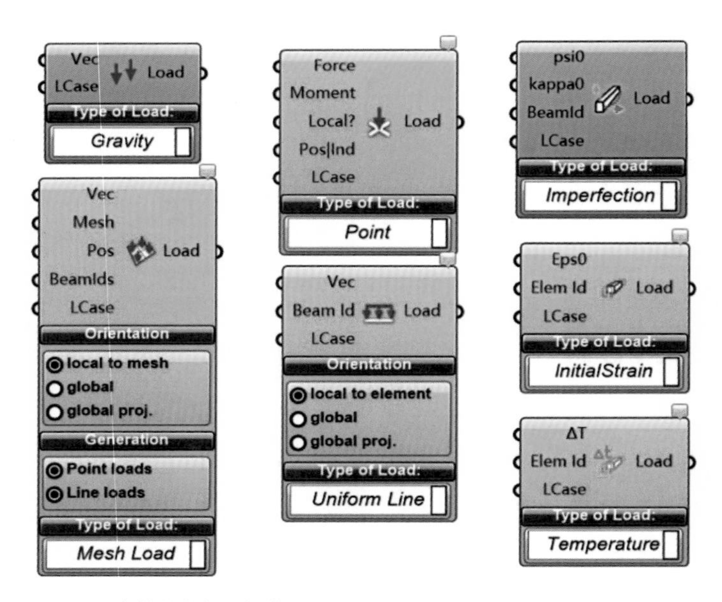

图6-12　参数化荷载添加模块

在参数化结构分析模型中，结构材料的自重标准值可由程序自动计算，由楼面活荷载、雪荷载等对应的部分重力荷载代表值则需要结构工程师自行编制计算节点质量的程序，并将这部分质量施加在相关节点上。图6–13为一不规则楼板节点质量的近似计算过程，借助Voronoi算法（泰森多边形）以楼板平面内点到角部节点的距离划分楼板。

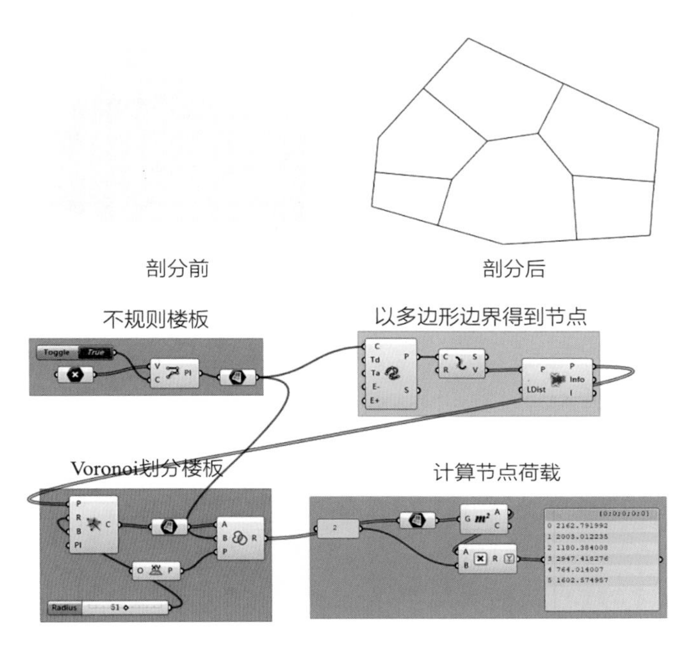

图6–13　不规则楼板节点质量的近似计算

在参数化结构分析模型中，荷载施加的关键在于建立所施加荷载与结构单元之间的算法逻辑。当结构方案发生变化时，结构构件上的荷载也要随之联动变化。此外，结构方案的荷载与相应内部空间的建筑功能息息相关，不同功能空间对应的楼面均布活荷载取值不同，因此，需要建立建筑区域使用功能与荷载的算法逻辑。地震作用大小与结构整体方案有关，对于变化的结构方案，可采用反应谱方法计算作用在结构上的地震作用。

在参数化结构分析模型中，不同荷载组合常采用不同的名称参数进行标记，并设置不同荷载所对应的分项系数、组合值系数、频遇值系数、准永久值系数等。

6.1.4 节点约束与束缚

节点的约束与束缚定义了结构工程师对节点自由度的绝对和相对限制。一般地，建筑结构的节点约束是底部支座，对于不同的结构方案，可采用通用的参数化逻辑是提取所有节点的纵坐标值，在允许容差内对纵坐标值为0的点进行筛选。图6–14是上述对结构分析模型施加支座约束的参数化程序。

对于空间桁架，一般还需将单元端部连接设置为铰接，铰接的实现方法不止一种。Karamba[25]可分别通过释放杆件端部的弯矩、扭矩或在梁节点和目标节点之间添加弹簧的方法来实现节点的铰接。图6–15为用Karamba[25]中Beam–joints电池实现简支梁的参数化程序。

另一种常用的自由度约束则是刚性楼板约束的实现。当楼板整体性较好，其平面内整体刚度较大时，可假定楼板在其自身平面内为无限刚性，大幅度减少结构模型的自由度数量，提高计算效率。刚性楼板假定下的每层楼板只具有X方向、Y方向和绕Z轴扭转方向三个方向的自由度。同一楼层内的节点自由度因刚性楼板假定而

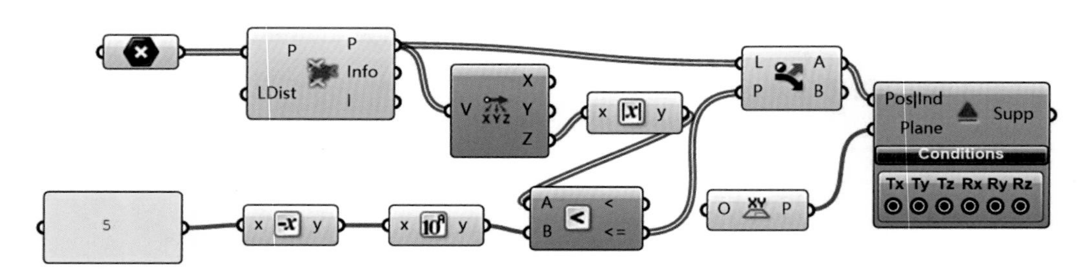

图6–14 施加底部支座约束的参数化程序

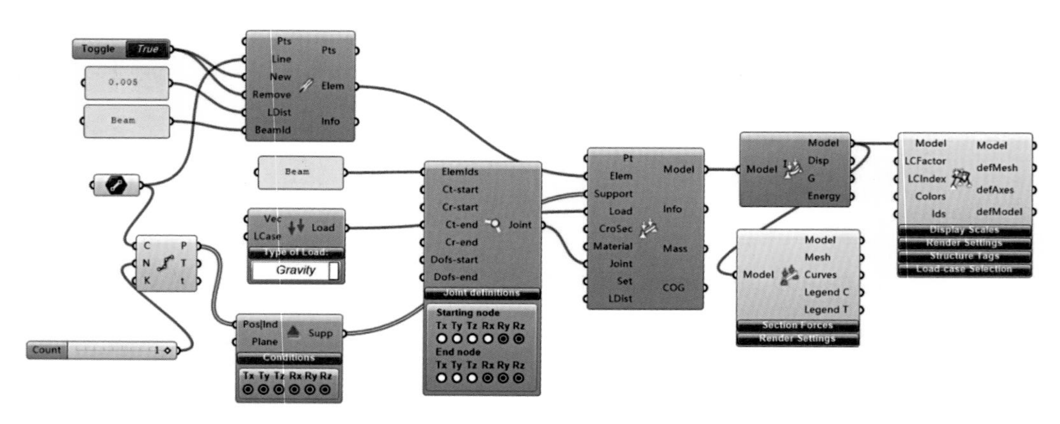

图6–15 Karamba简支梁参数化程序

相互耦合。Karamba本身不具刚性楼板的功能，使用者可以通过在楼板单元节点间添加刚度系数很大的弹簧来实现。

6.1.5 结构模型组装

结构分析模型为结构构件、作用和节点约束的组合。传统结构设计软件通常在读取可视化的结构模型信息后，交由内部的分析内核进行分析，最后再将计算结果反馈到可视化窗口上。读取的顺序一般为节点→材料→截面→单元→约束→附加质量→荷载→求解算法→输出信息要求。参数化结构设计具有算法规则可利用的特点，这就意味着平台中结构分析模型的组装具有更高的自由度，同一参数化程序可用于多种结构方案的建模。单一关键设计参数可同时控制结构方案中的多个结构构件。图6-16为同一参数化逻辑下搭建的多个框架-剪力墙模型及相应的参数化程序，其中，设计对象参数包括跨距、楼层数、层高、跨数、剪力墙的位置等。

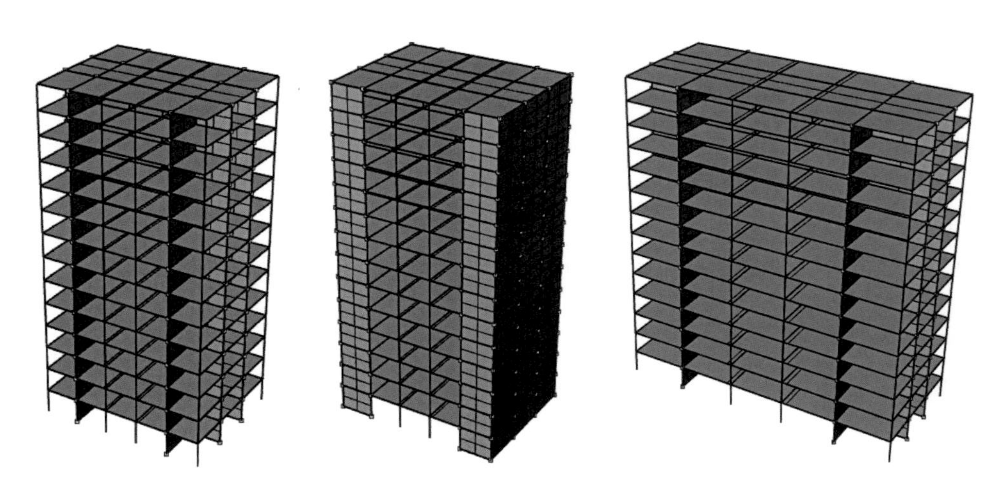

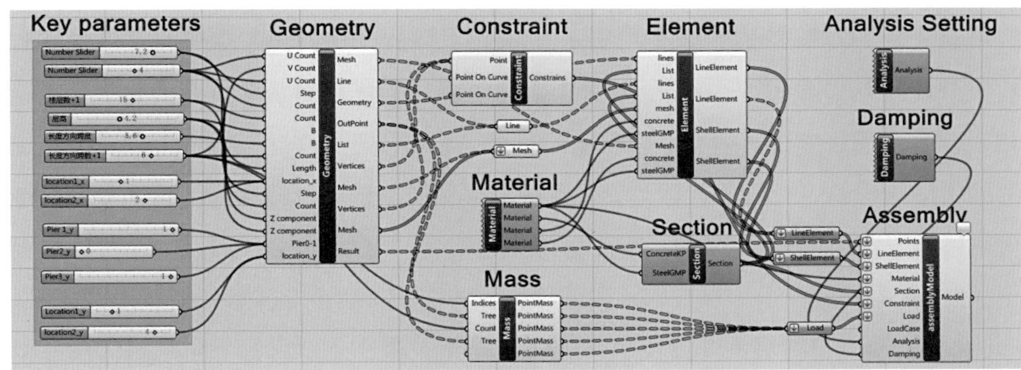

图6-16　框架剪力墙的模型组装

6.2 评价指标传递

结构方案调整的前提是对当前结构方案的合理评价。方案评价指标的传递是指将结构方案有关建筑、结构、设备、施工等专业的评价指标进行再整理和再加工后传递给调整模块的过程。评价指标的再整理和加工包括多目标处理和约束处理。

6.2.1 多目标处理

实际工程需要各专业人员共同参与才能够完成。尽管各专业工作人员的工作侧重点不同，但在关注自己领域内的问题的同时，或多或少需要协同考虑其他专业的设计目标。这类存在多专业设计目标相互协调的工作过程本质上是方案设计的多目标优化。

一般地，求解多目标优化问题要比单目标优化问题困难得多。在单目标优化问题中，任何两个解都可以比较出其优劣，这是因为单目标优化问题是完全有序的；而多目标优化问题是半有序的，任何两个解不一定都可以比较出其优劣。多目标优化问题中由于存在相互冲突的目标，一般不存在对所有目标都是最优的解（即不能简单地定义多目标优化问题的最优解），而是存在一组均衡解，即后面要介绍的Pareto最优解集。本小节概要介绍多目标优化的原则以及常用处理方法。

1. 多目标优化的基本概念

首先需要明确两个基本概念：解之间的支配关系和Pareto解。解之间的支配关系（Domination Relation）定义如下：对于所有目标均以最小化为最优的问题，当下述两个条件均满足的时候，可称解A支配解B。

（1）解A的每一个目标函数值均小于等于B；

（2）解A至少有一个目标函数值严格小于B。

意大利工程师兼经济学家Vilfredo Pareto（1848～1923年）在研究经济效率和收入分配时第一次使用了Pareto解这个概念。多目标优化问题的目标函数中存在着相互冲突，无法判读具体哪一个解是最优解。Pareto解可以近似理解为单目标优化问题中的最优解，它与单目标优化问题中的最优解一样，也存在局部最优和全局最优两种情况。但Pareto解是由一系列解形成的集合。对于解集P，若某一个解的集合不被解集P内任意一个解所支配，则该集合称为非支配解或非劣解。依据上述定义，Pareto解是整个可行域的非支配集。图6-17是某一最小化双目标优化问题的设计空间及其相应的目标函数，其中目标函数空间虚线部分属于该问题的全局Pareto解，

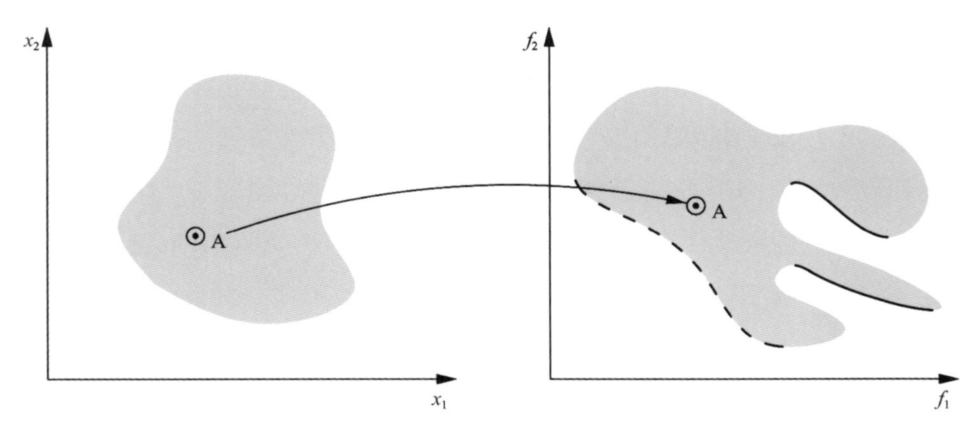

图6–17　双目标优化问题的目标函数域

实线部分则属于局部Pareto解。

在理解了多目标优化的两个基本概念后，多目标优化的最终目标也同样需要明确。数学上，多目标优化的目标为两点：

（1）优化所得到的解要尽可能地接近全局Pareto解；

（2）尽可能地得到具有多样性的解。

在第一个目标中，全局Pareto解不被可行域内的其他解所支配，换句话说，全局Pareto解不劣于可行域内的其他解。第二个目标反映了Pareto解的非单一性，因为全局Pareto解本身是由众多解所构成的集合，如果仅仅得到其中的一个解，并不一定能够满足用户的需求。在建筑结构优化中，业主对每个目标函数侧重点不完全相同，Pareto解的多样性则可以满足各类业主的需求，但优化所需时间也会增加。

2. 多目标的处理方法

Pareto最优解只是给出了多目标优化问题的解的评价标准，并没有提供切实可行的求解过程。从多目标优化问题的提出到Pareto最优解，都未能触及多目标优化问题的实质。多目标优化问题的解决需要提出各种不同的方法来达到最终的求解，其核心就是制定出一套搜索全局Pareto解的流程。Deb[338]将多目标优化的流程按照人为主观信息的介入时间，分为基于偏好的多目标优化流程和理想多目标优化流程两类。

基于偏好的多目标优化流程如图6–18所示。这类多目标最优化方法的基本思想是，在优化前引入对主观判断和其他更高层次信息的考虑，通过评估各目标之间的相对重要系数，将多目标优化问题转化为单目标优化问题，通过求解一个或一系列单目标优化问题来获得优化问题的唯一最优解，这类方法也称为转化法。该方法简化了优化流程，提高了优化效率。该流程需要用户提供一些主观观点和与指定问题相关的特殊因素，但在确定各目标的相对重要系数时可能会导致优化结果更难控制。

理想的多目标优化的基本思想是求得多目标问题的非劣解集，然后在非劣解集中进行协调和选择，确定出最优解。图6-19给出了理想多目标优化大体的流程。首先建立相关问题的数学模型，然后根据相关优化算法产生大量Pareto解，最后依据用户的主观偏好以及其他更高层次的信息选择其中的一个解作为最后的方案。为保障多目标优化最优解的多样性，近年来对多目标问题研究的侧重点也从多目标至单目标的转化逐渐转向至基于Pareto性质的群体求解方法。

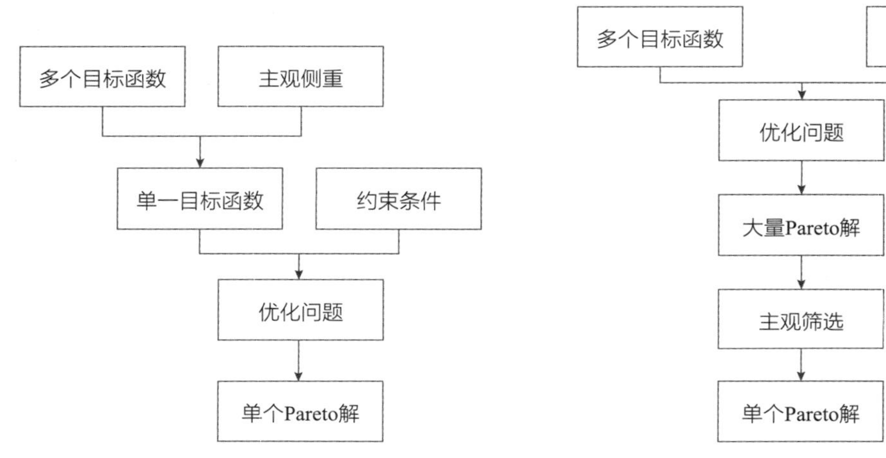

图6-18　基于偏好的多目标优化流程

图6-19　理想的多目标优化流程

（1）转化法

将多目标优化问题转化为单目标优化问题的常用方法有权重求和法、ε约束法[339]、加权度量法[340]、Benson法[341]等。权重求和法是按照用户定义的权重系数将多个目标通过目标函数加权求和的方式转化为单个目标。在加权之前，各目标需进行无量纲化处理，加权方式根据具体问题确定，有线性加权、平方和加权等。权重求和法原理简单易懂，操作难度小，但对于非凸问题，即使改变目标函数的权重形成不同的斜率，也可能无法得到全部的Pareto解。相比之下，ε约束法则可以求解非凸问题。该方法也称为主要目标法，其基本原理是选取多目标问题中的一个目标作为单目标优化的目标函数，余下的目标函数则作为约束，并分别依据原优化目标设置上限或下限。对于存在两个目标函数的优化问题，ε约束法就可以理解为一种在约束了另一个目标的同时，求解另一个目标最优值的方法。限值的取值需要用户自主确定。加权度量法也称为理想点法，是权重求和法的拓展。该方法通过度量目标函数值与理想解之间的距离，进行优化得到唯一的最优解。加权度量法能够求解非凸问题，但要求预先提供一个理想解作为度量的标准点。理想解是仅考虑单一目标函数时，优化得到的最优函数值所构成的非可行解。这也就是说加权度量法需要在进行多目标优化前先进行多次的单目标优化，相比之前的 ε 约束法更加费时。Benson法与加权度量法很类似，它采用可行域内的一个非Pareto解来进行距离的度量。

上述几种方法基本思想简单，在转化为单目标优化问题后，即使是非专业人员也可以快速掌握，便于应用。但是，它们也存在着共同的缺点：

1）所有方法均需要用户自定义参数，而这些参数的选择依赖于操作人员的经验；

2）单目标问题每次只能得到一个解，想要得到数量众多的Pareto解需要进行大量的重复计算。

（2）基于非劣解集的多目标优化算法

基于非劣解集的多目标优化算法不人为设定目标的权重，将多个目标同时考虑，以优化得到的Pareto解作为最终的解集，提供决策者选择。该法大多与现代启发式算法相结合。启发式算法在多目标优化时比传统的梯度优化算法更具优势，这是因为启发式算法多为群体算法，在单次优化的过程中可以逐步得到Pareto解集而非单个Pareto解。NSGA-II[342]，DPGA[343]，SPEA[344]，MOMGA[345]等都是典型的基于Pareto性质的群体求解算法，它们不需要将多个目标函数合并为一项，而是借助某一标准对每一代的群体进行筛选和排序，从而得到最终的优化解。各种算法的核心区别仅在于筛选和排序的方法和标准。

NSGA依赖不同方案各目标函数之间的相对大小建立方案间的支配关系，从而判断方案的相对优劣。NSGA[346]通过基于非支配排序的方法保留了种群中的优良个体，利用适应度共享函数保持了群体的多样性。但在实际工程中发现，NSGA算法还存在着明显的不足，主要体现在三个方面：非支配排序的高计算复杂性；缺少精英策略；需要指定共享参数。为了克服上述不足，Deb[342]于2002年在NSGA算法的基础上进行了改进，提出了带精英策略的快速非支配排序遗传算法（Elitist Non-dominated Sorting Genetic Algorithm，NSGA-Ⅱ），迅速得到大范围应用和推广。图6-20为NSGA-Ⅱ流程图。

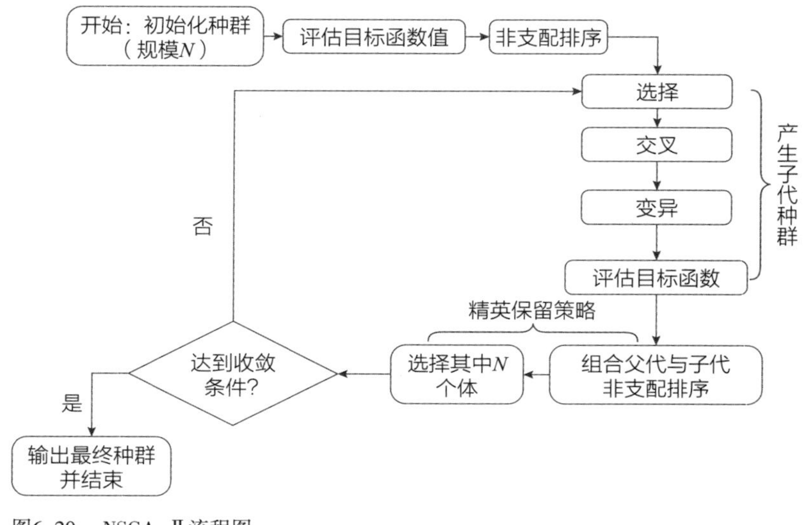

图6-20　NSGA-Ⅱ流程图

6.2.2　约束处理

按照优化目标与约束的依存关系，常用的约束处理方法可分为一体式与分离式两大类。一体式方法是指将约束与目标函数合并为同一项进行无约束优化的方法，如罚函数法、ε 约束法、拉格朗日法等；分离式方法则是将目标函数与约束分开协同考虑。

1. 罚函数法

罚函数法是一种通过向目标函数添加惩罚项，将约束优化问题转化为无约束优化问题进行求解的约束处理方法。罚函数反映了约束条件被违反的程度，而惩罚项通常为惩罚因子和罚函数的乘积。在不违反约束条件下，惩罚项等于零，否则会对目标函数值产生影响。以下为最小化问题的罚函数法基本表达式：

$$P(x)=f(x)+\sigma_{\mathrm{p}}\sum_{i\in I}g\left[c_i(x),t\right] \tag{6-1}$$

式中，σ_{p}为惩罚因子；$g[c_{\mathrm{i}}(x)]$为惩罚项。

罚因子σ_{p}的确定是应用罚函数法的关键之一。基本的罚函数法包括死亡罚函数法（Death Penalty）、常罚函数法（Static Penalty）、动态罚函数法（Dynamic Penalty）和自适应罚函数法（Adaptive Penalty）。其中，Death Penalty直接剔除非可行解，不需要进一步的计算来估计这种方案的不可行性程度，是处理约束的最简单方法，具有较高的计算效率。由于实际优化过程的初始阶段中非可行解占有非常大的比例，使用这种方法容易导致优化结果陷入局部最优解。常罚函数法顾名思义即惩罚因子为常数的罚函数法。这种保持常数的罚因子如果过小，则会导致初始收敛速度缓慢，甚至最终无法得到可行解；如果过大，则会增大在优化后期丢失边界附近高质量非可行解的概率，导致最终陷入局部最优解。Homaifar等[347]为改善上述情况，提出了分段策略。动态罚函数法在惩罚因子中引入了代数t，采用非线性形式的惩罚项，使得惩罚力度具有时变性。自适应罚函数法则更进一步将罚因子与优化过程中每一代的优化结果相结合，从单纯的时间域转移到了优化进程域，如当前代中可行解所占的比例。

罚函数的构成方式与具体的问题相关，罚因子的选择也与具体的问题相关。罚因子过大会导致早熟，过小会明显放慢优化速度。在构造特定问题的罚函数时，需要突出各约束条件的主次关系，为算法提供优化方向的指导。建筑结构优化在不同阶段所需解决的主要问题不同。例如，在初步设计优化阶段，所需要关注的主要是结构整体响应和关键构件的结构响应，其他非关键结构构件的约束条件在构造罚函数时可以选择暂时忽略或采用较小的惩罚因子。从罚函数法的基本表达式中不难看出，罚因子实质上控制着惩罚项和原目标函数的相对大小。当原目标函数的数量级比约束条件大得多时，罚因子则需要设置为较大的值。反之，则需设置为较小的值。因此，罚因子的确定可安排在优化算法进行1~2步迭代后，依据原目标函数和罚函数的相对大小进行确定。

2. 拉格朗日乘子法

同时具有等式约束和不等式约束的最小化约束问题均可按如式（6–2）表示：

$$\begin{aligned} \min \quad & f(X,t) \\ \text{s.t.} \quad & h_m(X)=0, \quad m=1,\cdots,n_{\mathrm{h}} \\ & g_m(X)\leqslant 0, \quad m=1+n_{\mathrm{h}},\cdots,n_{\mathrm{g}}+n_{\mathrm{h}} \end{aligned} \qquad (6\text{–}2)$$

式中，n_{h}和n_{g}分别是等式和不等式约束的个数。拉格朗日乘子法是把一个具有n个变量和k个约束条件的优化问题，转换为一个具备$k+n$个变量的优化问题，其表达式如式（6–3）所示：

$$L(x,\lambda_{\mathrm{h}},\lambda_{\mathrm{g}})=f(x)+\sum_{m=1}^{n_{\mathrm{h}}}\lambda_{\mathrm{h}m}h(x)+\sum_{m=n_{\mathrm{h}}+1}^{n_{\mathrm{g}}+n_{\mathrm{h}}}\lambda_{\mathrm{g}m}g(x) \qquad (6\text{–}3)$$

式中，λ_{h}和λ_{g}分别为控制等式与不等式约束的拉格朗日乘子。依据对偶变换规则，原问题的对偶问题如式（6–4）：

$$\begin{aligned} \max \quad & L(x,\lambda_{\mathrm{h}},\lambda_{\mathrm{g}}) \\ \text{s.t.} \quad & \lambda_{\mathrm{g}m}\geqslant 0, m=m=1+n_{\mathrm{h}},\cdots,n_{\mathrm{g}}+n_{\mathrm{h}} \end{aligned} \qquad (6\text{–}4)$$

当对偶问题的最优解与原问题一致时，则称强对偶性成立。然而，在实际优化问题中，强对偶性出现的可能性并不高。由于KKT条件是非线性约束优化问题的最优性一阶必要条件，在实际优化问题中往往尽可能多地求解KKT点，在比较之后得到最优解。对于构件优化问题，约束条件的数量远大于变量数量，导致拉格朗日乘子数量的增加，KKT条件所形成的方程组的求解难度增大。

3. 多目标优化法

约束优化问题也可以转化为多目标优化问题进行处理。这类算法的基本原理是将约束条件作为优化目标，进行多目标优化。目前，这种转化可分为两类：

（1）对于单目标优化问题，将原优化问题转化为无约束的双目标问题。其中，第一个目标是最初的目标函数，第二个目标是违反约束数值的总和。考虑到结构优化一般不具有等式约束，上述转化方式的表达式如下：

$$F(x)=\left[f(x),g(x)\right]=\left\{f(x),\sum_{i=1}^{n_g}\max\left[0,g_i(x)\right]\right\} \tag{6-5}$$

式中，n_g为不等式约束的个数。

（2）同样对于单目标优化问题，将原优化问题转化为无约束的多目标问题（至少两个目标）。其中，第一个目标是最初的目标函数，之后每一个目标均分别来自原问题中的一个约束。转化得到如下目标函数表达式：

$$F(x)=\left\{f(x),\max\left[0,g_1(x)\right],\cdots,\max\left[0,g_m(x)\right]\right\} \tag{6-6}$$

上述两种转化方式各有优缺点。前者目标函数的数量少，降低了多目标优化问题的维度，求解速度较快，但不能体现出各个约束之间的相对主次关系；后者的优势在于可以考虑不同约束条件的侧重程度，但优化目标数量较多，计算效率低，不适合约束条件数量较多的结构优化问题。

如计算条件允许，可采用基于Pareto性质的群体求解算法进行约束优化问题的求解。Surry和Radcliffe[348]在1997年提出基于多目标优化遗传算法的约束优化方法，其中的个体根据违反约束的程度进行Pareto排序，然后根据个体的Pareto等级或目标函数值，通过二进制锦标赛的方法选择个体，并进行交叉、变异等操作，最终得到最优解集。对于多目标优化问题，Ray等[349]则提出了一种生成新种群的混合排序方法，除了对目标函数进行排序外，还对约束函数、目标函数以及约束函数的组合值进行排序，违反程度越大的约束条件在算法中对优化方向的影响越加重要。

多目标优化概念的使用在两个方面改善了经典罚函数法的求解过程。一方面，不再需要惩罚因子，经验性的参数数量减少；另一方面，在多目标优化过程中会自行平衡目标与约束的关系，不像罚函数法那样具有固定的前进方式，因此可以更加稳定地逼近可行区域。事实上，罚函数迫使搜索产生可行的解决方案，是侧重约束的调整，还是目标函数值的优化取决于罚因子的大小。相比之下，多目标优化方法在考虑减轻违反约束条件程度的同时，也在改进寻找目标函数，这种双重性质是罚函数法所不具有的。不过，多目标优化法也存在自己的缺陷，在将问题转化为多目标问题后，多样性的保障、解优劣的比较方式等多目标优化关键问题的出现也增加了该方法的应用难度。

6.3 方案选择机制

在采用群体智能算法时，不可避免地需要对迭代过程中的方案群进行选择。不同的选择机制影响算法的效率、稳定性，对确定方案调整的方向意义重大。根据选择者的不同，方案选择机制可以分为计算机选择与交互式选择两大类。

6.3.1 计算机选择

顾名思义，计算机选择是由计算机程序对优化过程中产生的方案进行评价和选择。在介绍计算机选择机制前，首先需要明确选择压力的概念。选择压力被定义为，对一个群体反复单独进行选择操作时，最优解占据整个群体的速度[350]。低选择压力的选择机制有助于提高优化过程的多样性，但同时也会降低算法的收敛速度。方案选择机制包括两部分：选择概率与选择方法。

1. **选择概率**

常用的选择概率包括随机选择概率、排序选择概率、波尔曼兹选择概率和比例选择概率等。随机选择概率是指群体中每个个体被选中的概率都相同，若个体数量为n，则每个个体被选中的概率为$1/n$。这种概率计算方法与个体的优劣毫无关系，相关的选择机制具有很低的选择压力。比例选择是一种正比于适应度值的概率分布，其典型表达式如下：

$$\varphi\left[x_i(l)\right]=\frac{fit\left[x_i(l)\right]}{\sum_{i=1}^{n_1} fit\left[x_i(l)\right]} \tag{6-7}$$

式中，n_1为群体中个体的总数；$fit[x_i(l)]$是个体的适应度值；l是当前迭代次数。排序选择概率则是依据个体的优劣进行排序，利用排序序号形成的选择概率计算公式。这种排序方法与个体的优劣相关，却又不受个体适应度值的直接控制，降低了最优个体主导整个群体的可能的同时提高了优化过程的多样性。

2. 选择方法

常用的选择方法则包括赌轮盘选择、随机普遍选择、锦标赛选择、($\mu+\lambda$) 选择、(μ, λ) 选择、精英选择和名人堂等。图6-21（a）为赌轮盘选择方法。轮盘上每一块的大小表示每个个体被选中的概率，每次选择时，指针就起始点开始随机旋转至一个位置，该位置所对应的个体即被选择。赌轮盘针对每一个个体的选择判断相互独立，随机性偏大，即使最优个体所占的区域较大，也可能出现最优个体一次都不被选中的情况。图6-21（b）为随机普遍选择。相比于赌轮盘选择，随机普遍采样在各次选择之间建立了相互联系，采用了增量形式，既考虑了适应度函数值的相对大小，又尽可能地平衡了每个个体的后代数量。

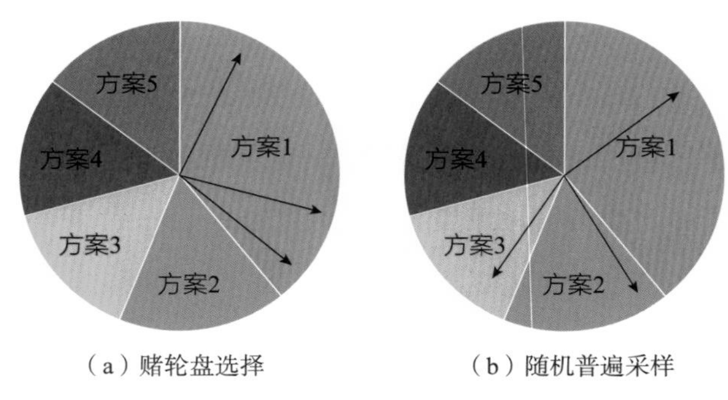

（a）赌轮盘选择　　（b）随机普遍采样

图6-21　赌轮盘选择与随机普遍采样

锦标赛选择是从群体中选出一个子群体，再从中选择得到最优个体。子群体规模n_s对选择算子的优劣起着控制作用，$n_s=1$为随机选择，$n_s=n$为超高选择压力情况。($\mu+\lambda$) 选择是将选择对象从子代群体扩大到父代+子代群体的一种选择方法。精英选择是指确保当前群体中最优个体能够存活到下一代的过程。最优个体存活到下一代的数量越多，新一代群体的多样性就越小。($\mu+\lambda$) 选择实现了精英主义，使得最优秀的父代能够继续存活。相比之下，(μ, λ) 选择则是单纯地从子代中进行选择，选择压力小，具有更好的探索性。名人堂中收集了从第一代以来最优的个体，这些个体一般可作为父代产生子代，使得算法具有更快的收敛速度，但多样性也会相应降低，选择压力高。

由计算机程序主导选择的方案选择机制具有全自动化的特征，在结构设计的不同阶段具有不同的适用性。在方案设计阶段，结构外形和结构体系是两大重点设计内容。当建筑与结构的建模逻辑高度一致时，如超高层建筑和大跨空间结构，结构方案的改变很可能导致建筑内部视觉空间的改变。此外，对过于不合理的建筑外形，结构工程师可以依据结构性能对其提出修改建议。建筑外形与建筑师个人的设计理念和设计风格息息相关，全自动化选择机制作为一种纯理性的选择机制，难以考虑建筑师感性的审美要求，在方案设计阶段并不适合。在最终的施工图设计阶段，结构方案的要求均可通过数字化的方式定义，适合采用计算机全自动化的选择机制。

6.3.2 交互式选择

在方案设计阶段中，如何将设计师感性的思考融入到参数化设计的过程中是实现建筑结构协同优化设计的关键。交互式选择是指设计人员从计算机给出的设计方案中主观能动地进行方案的选择，引导计算机设计过程中后续方案的调整。

第一个交互式进化算法由Sims[351]提出，目的是发展视觉上感兴趣的元胞自动机。这里以交互式遗传算法为例，解释交互式选择的基本原理。该类算法的迭代过程如图6–22所示。从图中可以看出，这类算法与标准遗传算法的最大不同之处在于方案优选的手段。该类算法在计算机选择最优设计方案之后，由设计师再从中进一步选择优秀方案，然后再产生下一代的设计方案群。另一个不同之处在于对计算机选择方案多样性的要求，即提供给设计师的设计方案必须不同，而标准遗传算法在进行优秀方案的选择时可能会出现优秀方案被多次选择的情况。该类算法在优化过程中引入了设计人员的主观意识，将计算机生成并进行方案修改的能力作为一种创新的技术基础，在产生令设计人员自身满意的创新性方案的同时，也弥补了标准遗传算法在评价指标不足时出现不合理结果的缺陷。对于两个评分差异小但构形却完全不同的结构方案，设计师可以通过主观的选择，引导方案朝着自己偏好的方向进行调整，避免了标准遗传算法因单纯依赖于评分而难以做出适当选择的不足。

在早期研究过程中，该类算法完全基于设计人员个人的偏好。这种完全基于设计人员偏好的交互式遗传算法主要用于感性设计思想占主导的设计领域，例如包括网页设计[352]、咖啡混合物[353]和时装设计[354]。然而，建筑作为一种特殊的艺术作品，既有定量的设计目标，也有定性的设计目标。在计算效率上，相比于计算机选择，交互式选择需要不断显示每个迭代步中的设计方案，增加了设计所需的时间。在对方案调整方向的影响层面，设计师难以用肉眼直接主观判别拥有庞大设计对象参数的参数化结构模型之间的相对优劣。此外，频繁的交互式选择极易导致设计人员出现视觉疲劳，产生疲劳后的评价结果可信度下降。因此，交互式程序应可在计算机选择机制和交互式选择机制之间能够随时进行切换，既保证了设计师的主观参与程度，又提高了优化效率。Parmee[355]、Parmee和Bonbam[356]共同开发了一系列

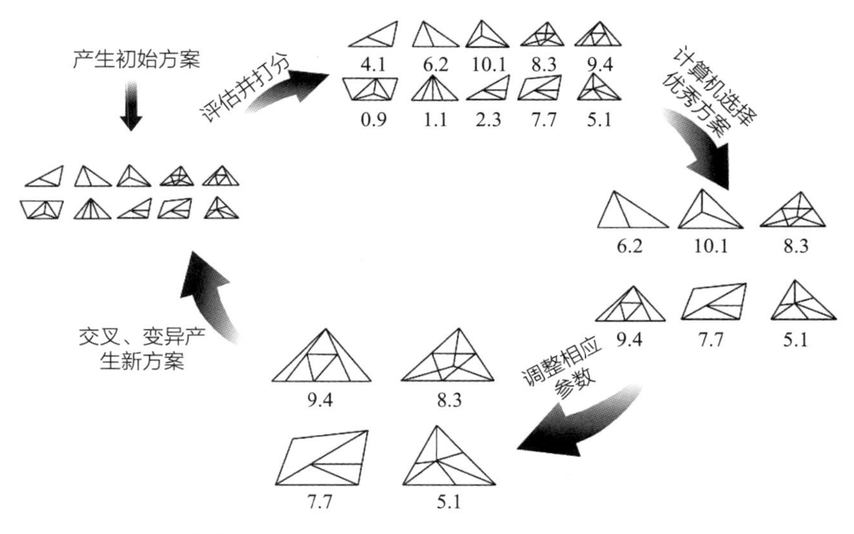

图6-22 交互式遗传算法

基于人类和计算机共同评估的交互式进化算法。Felkner等[357]则结合NURBS建模方式、粒子群算法和交互技术，实现了桁架结构最轻重量的优化。Von Buelow[358]使用交互式演化算法展示了桁架桥和其他简单结构的设计结果。Mueller[359]则致力于提高交互式设计过程中用户可选择方案的多样性，并开发了基于网页的参数化设计工具——Structure Fit。

6.4 Grasshopper互动插件制作

参数化结构设计需要在参数化平台上实现。Grasshopper是目前使用最为广泛的参数化平台之一，但其本身是一款参数化几何建模软件，并不能很好地满足建筑结构设计的需求。近些年来，建筑行业内的设计公司、研究团队等均以Grasshopper作为集成平台，开发了大量的参数化插件——电池，推动了参数化技术在结构设计方面的应用。本节就Grasshopper电池的制作方法进行简介。

6.4.1 C#语言基础

Grasshopper电池开发常用的语言主要包括：Visual Basic、Python和C#三种。其中，C#在语法上与C语言具有许多共同点，简单易懂且易于实现。C#是微软公司在2000年7月发布的一种简单、安全、面向对象的程序设计语言，是专门为.NET的应用而开发的语言。该语言是一种由C和C++衍生出来的面向对象的编程语言，在继承C和C++强大功能的同时去掉了一些它们的复杂特性。用C#编写的所有代码均使用NET Framework运行，NET Framework的核心是其运行库执行环境，称为公共语言运行库（CLR）。代码在被执行前，需要先把它编译为Microsoft中间语言（IL），再由CLR将IL编译为平台专用的代码。

C#作为一种面向对象的编程语言，对象、类和继承是其特点之一。类（Class）和结构体（Structure）实际上都是创建对象的模板，每个对象都包含数据，并提供了处理和访问这些数据的方法。两者的区别则在于它们在内存中的存储方式、访问方式和继承特性。类是存储于堆上的引用类型，而结构体则是存储在栈上的值类型。引用类型可以类比于C语言中的指针，该类型的对象在存储时只存储相关地址，而不是具体的信息。图6-23为利用C#编写的一个表示房屋信息的类。可以看到，该类中存储了建筑的高度、功能和所在位置的经纬度。其中House函数为构造函数，其功能是为类中的数据设置初始值。

```
class House
{
  public double Longitude;
  public double Latitude;
  public double Height;
  public string Function;
  public House ()
  {
    Longitude=0;Latitude=0;
    Height=0;Function="Office";
  }
}
```

图6-23　表示房屋信息的类

继承是面向对象语言易于扩展的主要原因之一。如果一个类A“继承自”另一个类B，就把这个A称为“B的子类”，而把B称为“A的父类”，也可以称“A的父类”。继承可以使得子类具有父类的各种数据类型和方法，而不需要再次编写相同的代码。在令子类继承父类别的同时，可以重新定义某些数据，并重写某些方法，即覆盖父类别的原有数据和方法，使其获得与父类不同的功能。另外，为子类追加新的数据和方法也是常见的做法。图6-24为在上述房屋信息类的基础上继承得到的公寓信息类。可以看到，新的公寓信息类包含了有关居住人数、家庭数以及占地面积的信息。

```
class Apartment: House
{
  public double Area;
  public int People;
  public int Family;
  public Apartment(): base()
   {
     Area=0;People=0;Family=0;
   }
}
```

图6-24　继承得到的公寓信息类

```
public interface BasicHouse
{
  double CalculateArea(double A, double B);
}

public class interface House: BasicHouse
{
  double CalculateArea(double A, double B)
  {
    return A*B;
  }
}
```

图6-25　接口的定义与继承

接口是C#作为面向对象语言的另一特色。与前文所提到的类不同，接口虽然也用于描述一类对象的方法和数据，但它不实现任何的方法或属性，只是告诉继承它的类至少要实现哪些功能，可以将其暂时理解为没有定义内容的类。图6-25为接口定义与继承的示例。除了上述基础内容外，委托、集合、异步编程等都是C#编程中经常用到的知识。

6.4.2 数据与参数

C++、C#等编程语言面向对象的特点使得对多种材料信息的存储与调用更加简单。所有材料信息均可基于同一基类进行派生，也可直接采用同一个类进行信息的存储。Grasshopper中的数据与参数是两个概念，后者是存储和分配数据的载体。虽然Grasshopper中所有原始的数据类型，如Rhino.Geometry.Point3d、Rhino.Geometry.Brep等，都是.NET或Rhino Common中数据类型的派生产物，但它们并不能直接存储于Grasshopper的参数中。正因为如此，用户自定义的数据类型不能直接在Grasshopper中使用。

为了更好地理解Grasshopper中数据与参数的不同之处，这里以参数“Material”为例进行讲解。“Material”作为一种用户自定义的数据类型需要实现IGH_Goo接口转化为Grasshopper内部的数据类型，即“MaterialData”。该接口为任何类型的数据定义了最少的方法和属性，例如有效性判断、数据类型名、数据类型描述等。在实际编写过程中，尽管Grasshopper中的所有数据都必须实现IGH_Goo接口，但并不需要从头开始编写一个类型。抽象类GH_Goo<T>考虑了一些基本的功能，由它继承得到自定义的Grasshopper数据类型是一个快捷高效的方法。GH_Goo是一个泛型类型（这就是“<T>”的意思），其中T是正在封装的类型。GH_Goo<T>有几个必须实现的抽象方法和属性，但是很多其他方法已经使用默认的功能来实现，用户只需要稍作修改即可创建自己的数据类型。

Grasshopper中的数据分为两种：易失性数据（Volatile Data）和持久性数据（Persistent Data）。其中，易失性数据是指那些会在更新时被替代的数据。参数输入端发生变化、参数所在电池更新和整个程序的重新运算是最常见的三种数据更新情况。持久性数据不会因为上述的数据更新情况而发生变化，它对于一个电池而言可以认为是一个特殊的常数。用Grasshopper在Rhino中拾取的曲面是一种典型的持久性数据。不论Grasshopper中的参数化程序如何改变，只要Rhino中的曲面不发生变换，该曲面在Grasshopper中的表达形式就不会发生变化。图6-26和图6-27分别为具

```
public class Material
{
  public Material() {…}
  public Material(int myMaterialGrade, MaterialType myMaterialType){…}
  public Material(Material temp){…}
  public Material materialType {get; set;}
  public int materialGrade {get; set;}
}3
```

图6-26　自定义功能材料类“Material”

```
public class MaterialData: GH_Goo<Material>
{
  public MaterialData() :base(){…}
  public MaterialData(int myMaterialGrade, MaterialType myMaterialType){…}
  public MaterialData(MaterialData temp){…}
  public override IGH_Goo Duplicate() {…}
  public override bool IsValid() {…}
  public override string TypeName () {…}
  public override string TypeDescription () {…}
  public override string ToString () {…}
}
```

图6-27　Grasshopper数据类型“MaterialData”

有自定义功能的数据类型“Material”和作为封装器的GH数据类型“MaterialData”的框架代码。其中，三个Material函数均为构造函数，它们对对象中存储的材料等级（MaterialGrade）和种类信息（MaterialType）进行修改。TypeName和Type Description则分别控制数据类型在Grasshopper的Panel中显示的名称和描述信息。

在实现了自定义的数据类型后，使用者就可以将其转化为GH中的参数类型。Grasshopper中的所有参数都必须实现IGH_Param接口。IGH_Param定义了参数需要实现的最少功能，包含一些在IGH_Param上扩展的接口，以及一些部分实现接口的抽象类。IGH_Param是一个相当广泛的接口，它定义了近30个属性和方法，其中一些实现相当棘手，不建议直接实现IGH_Param，建议从抽象的GH_Param<T>类派生。GH_Param<T>提供了IGH_Param的基本实现，为用户实现了参数所需的大量的基本功能。图6-28是参数“Param_Material”建立的程序框架，其功能为存储和分配易失性数据“MaterialData”。此外，该程序还控制了最终的参数电池在

```
public class Param_Material: GH_Param< MaterialData >
{
  public Material() :base("Material", "Material", "Material in Dut2014",
"Dut2014Param", "Dut2014Param, GH_ParamAccess.List"){}
  public override string HtmlHelp_Source () {...}
  public override System.Guid.ComponentGuid() {...}
  public override System.Drawing.Bitmap Icon () {...}
}
```

图6-28　参数“Param_Material”程序框架

Grasshopper中分类的位置、图标以及显示的信息。持久性数据可以通过派生抽象类GH_PersistentParam<T>实现。

6.4.3　编写基本思路

Grasshopper中的电池均从GH_Component基类中派生得到，而GH_Component负责构成电池几乎所有复杂的行为，包括处理数据转换、图形用户界面（GUI）、菜单、文件输入/输出和错误捕获等。借助GH_Component基类，用户可以不必关注电池所有的方法，只需专注所编写电池的主干，即输入、输出参数的注册、电池内部逻辑的实现以及电池ID的设置。这里针对编写电池时的主要部分进行介绍，并在下一节对GUI部分进行拓展。

电池的ID，即Guid，是程序识别电池的依据。Grasshopper文档中的每种类型的对象都必须具有与其关联的ID。当编写一个Grasshopper文件（*.gh或*.ghx）时，这些Guid被用作标记，这样程序可以清楚地知道文件中各个电池的类型。而当重新读入该文件时，程序会将该标记与所有缓存组件列表进行比较，若找到匹配项，则会要求相应的组件从适当的文件部分反序列化（在下一小节讲解）。若找不到匹配的组件时，程序则会假定编写该文件的人访问了某些本地不可用的组件，这一部分的电池则会被完全跳过并报错。

组件具有独特的输入和输出参数，电池中参数的设置需要进行预先的注册。这些参数可以是固定不变的也可以是可变化的。对于输入、输出端参数数量固定的情况，用户可以采用GH_Component基类中的RegisterInput Params函数、RegisterOutputParams函数进行参数的注册。GH中的参数管理类GH_InputParamManager和GH_Output ParamManager可以方便地对系统自带和用户自定义的参数进行输入、输出的管理。输入、输出类型可以是Grasshopper中自带的参数类型，

```
public override void RegisterOutputParams(GH_Component.GH_OutputParamManager pManager)
{
  pManager.AddParameter(new Param_Material(), "Material", "Material", "Material",
GH_ParamAccess.item);
}
```

图6-29　材料电池输出参数设置

也可以是用户自定义的参数类型。图6-29为对材料电池进行输出管理的示例代码，输出对象为之前定义的“Param_Material”参数类型。

SolveInstance函数是Grasshopper电池的核心，用来实现电池的主要功能，包括数值计算、字符操作等。SolveInstance函数中IGH_DataAccess接口提供了对输入和输出参数的访问权限，可实现输入参数的读取和输出参数的赋值。需要注意的是，电池的输入端参数一旦发生改变，电池就会重新运行SolveInstance函数更新输出值。当输入参数通过拉棒实现时，不可在SolveInstance函数中直接修改拉棒的值。否则，会引起输入端拉棒的无限变化而出现程序报错。若要想在Grasshopper电池中实现类似Galapagos对拉棒的调整效果，则需要采用其他方法。

6.4.4　布局与显示

以截面电池的制作为例，对电池的布局与显示进行说明。设计Grasshopper电池GUI的初衷是为了方便用户的使用和增强单个电池的功能。仍以材料电池为例，单一材料不能完全满足需求，因此，需要让单个材料电池能够提供不同种类和等级的材料。图6-30为自行编制的材料电池，涵盖了不同等级的多种材料。

在使用过程中，用户点击电池上的某一块区域，会出现相应的下拉列表。

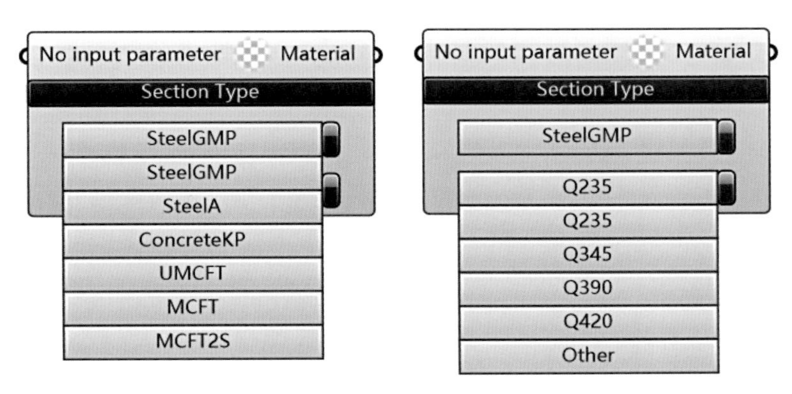

图6-30　自编Grasshopper材料电池

用户在点击选择下拉列表中相应材料等级后，下拉列表会消失，输入/输出端会自动更新。为实现上述过程，电池GUI的编写需要实现下述功能：电池界面的绘制、指定区域的应激反射和输入/输出端的协同参数变换。本小节以电池界面的绘制为主。指定区域的应激反射和输入/输出端的协同参数变换将在下一小节进行介绍。

Attribute是控制Grasshopper电池GUI的主要函数。当用户需要自定义GUI时，可以从具有默认行为的抽象类GH_Attributes<T>进行派生，节省时间和精力。GH_ComponentAttributes类已实现了GH_Attributes<T>中的大部分功能，用户所编写电池的Attribute可以直接从它进行派生。在编写具体的GUI代码之前，用户需要重载GH_Component基类中的CreateAttributes函数，实例化自己所定义电池的Attribute。自定义的特性类中包括了电池的显示以及对鼠标操作的反应等，如图6-31所示。其中，MaterialAttribute是构造函数，Layout是布局函数，Render是显示函数，RespondToMouseDown是对鼠标操作的响应函数。有关局部变量的定义过于复杂，没有体现在图6-31。

```
public class MaterialAttribute: GH_ComponentAttributes
{
  public MaterialAttribute(MaterialComponet _mycomponent): base(mycomponent){…}
  public override  void Layout(){…}
  public override  void Render(GH_Canvas canvas, System.Drawing.Graphics graphics,
GH_CanvasChannel channel){…}
  public override GH_ObjectResponse RespondToMouseDown(GH_Canvas sender,
GH_CanvasMouseEvent e){…}
}
```

图6-31　自定义电池特性

所有Attribute都有一个用于定义电池边界的属性——Bounds。该属性限定了所有对电池的操作行为，一切在边界以外发生的事件都会被忽视。在从GH_Component Attributes继承时，系统会依据输入及输出参数的名称长度自动设置电池的宽度，并依据电池名称和参数数量自动设置电池的高度，从而形成默认的电池边界。为了能够得到用户自定义电池界面，需要重载Layout方法，改变电池GUI的整体布局，见图6-32。截面电池的布局函数需要确定以下重要信息：电池总边界、下拉菜单与各功能按键大小和位置。其中，电池名称所在的矩形高度设置为15，下拉

```
public override void Layout()
{
        //初始化
        MaterialChoose = new List<RectangleF>();
        SteelGradeChoose = new List<RectangleF>();
        ConcreteGradeChoose = new List<RectangleF>();
        base.Layout();
       //画矩形
        OriginalBounds = Bounds; OriginalBounds.Height += 80;
        //初始化stringbox
        TextBox = OriginalBounds; TextBox.Y = Bounds.Bottom;
        TextBox.Height = 15;
        //初始化材料种类按钮,两侧空20
        MaterialButton = new RectangleF();
        MaterialButton.Y = TextBox.Bottom + 10; MaterialButton.X = TextBox.X + TextBox.Width - 30;
        MaterialButton.Width = 10; MaterialButton.Height = 20;//高20
        //初始化材料等级按钮,两侧空20
        GradeButton = new RectangleF(); GradeButton.Y = TextBox.Bottom + 10 + 20 + 10;
        GradeButton.X = TextBox.X + TextBox.Width - 30;
        GradeButton.Width = 10; GradeButton.Height = 20;//高20
        //材料种类show box
        MaterialShowBox = new RectangleF();
        MaterialShowBox.Y = MaterialButton.Y; MaterialShowBox.X = TextBox.X + 20;
        MaterialShowBox.Width = MaterialButton.X - MaterialShowBox.X;
        MaterialShowBox.Height = MaterialButton.Height;//高20
        //材料等级show box
        GradeShowBox = new RectangleF();
        GradeShowBox.Y = GradeButton.Y; GradeShowBox.X = TextBox.X + 20;
        GradeShowBox.Width = GradeButton.X - GradeShowBox.X;
        GradeShowBox.Height = GradeButton.Height;//高20
        //材料种类下拉菜单,同时合并Bounds
        ComponentBounds = OriginalBounds;
        for (int i = 0; i < MaterialTypeNum; i++)
        {
          PointF tempPoint = new PointF(MaterialShowBox.X, MaterialShowBox.Bottom + 20 * i);
          SizeF tempSize = new SizeF(MaterialShowBox.Width, 20);//高20
          MaterialChoose.Add(new RectangleF(tempPoint, tempSize));
          ComponentBounds = RectangleF.Union(ComponentBounds, MaterialChoose[i]);
        }
        //材料等级下拉菜单,同时合并Bounds
        //钢材等级下拉框
        for (int i = 0; i < SteelGradeNum; i++)
        {
          PointF tempPoint = new PointF(GradeShowBox.X, GradeShowBox.Bottom + 20 * i);
          SizeF tempSize = new SizeF(GradeShowBox.Width, 20);//高20
          SteelGradeChoose.Add(new RectangleF(tempPoint, tempSize));
          ComponentBounds = RectangleF.Union(ComponentBounds, SteelGradeChoose[i]);
        }
        //混凝土等级下拉框
        for (int i = 0; i < ConcreteGradeNum; i++)
        {
          PointF tempPoint = new PointF(GradeShowBox.X, GradeShowBox.Bottom + 20 * i);
          SizeF tempSize = new SizeF(GradeShowBox.Width, 20);//高20
          ConcreteGradeChoose.Add(new RectangleF(tempPoint, tempSize));
          ComponentBounds = RectangleF.Union(ComponentBounds, ConcreteGradeChoose[i]);
        }
        //设定后续render的电池边界
        Bounds = OriginalBounds;
}
```

图6–32　Layout方法

菜单与选择按钮的高度设置为20，下拉菜单与选择按钮的左右边界距离电池的左右边界20。

完成电池界面的布局之后，需要重写参数的显示。其中，Render函数负责绘制图像，包括所绘制对象的颜色、大小等。在绘制画布背景的过程中，Attribute并未参与，其后IGH_Attributes通过Render方法从四个通道绘制各种形状。首先绘制组。组是Grasshopper中参数连接线与电池的集合，它的确定落后于所有其他对象。每个GH_Attributes.Render方法都会调用一次组通道。通常情况下，用户不应在通道中绘制任何内容。接下来程序则会绘制所有参数连接线。如果对象有输入和输出参数，则用户需要绘制所有进入和离开电池的连线。接下来，实际的电池和参数被绘制在对象通道中。电池和参数对象的默认视觉样式是圆角矩形。用户可以使用GH_Capsule类型绘制电池上的一些按钮。Overlay通道是一个很少使用的通道，但它允许用户绘制位于所有其他组件和参数之上的图形窗口。双击Galapagos所显示的窗口正是通过Overlay通道实现的。图6-33为双击Galapagos后的顶层图形用户界面。

6.4.5 电池显示的交互操作

指定区域的应激反射和输入/输出端的协同参数变换是实现电池多种功能的关键，也是实现多样化结构建模不可缺少的技术条件。Grasshopper是一个图形化

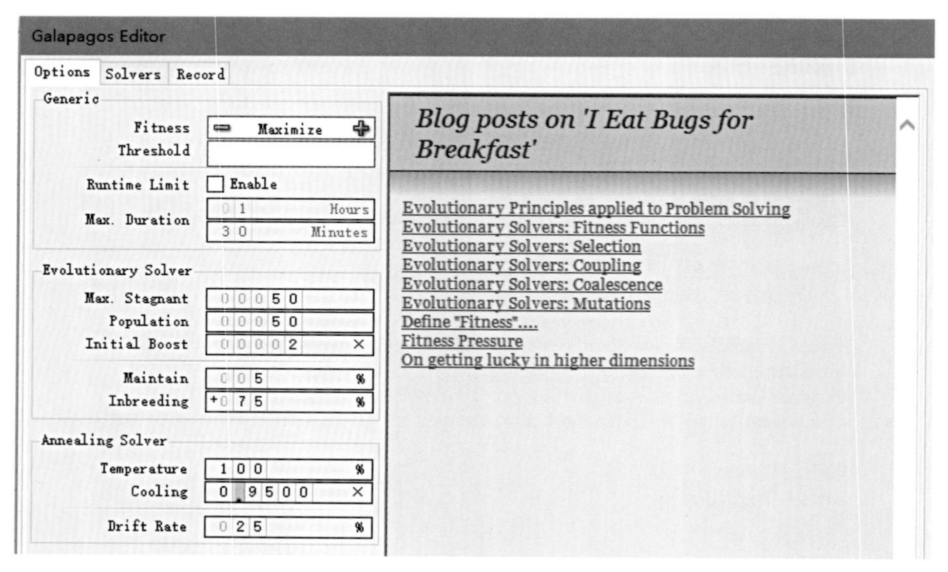

图6-33　Galapagos顶层图形用户界面

编程的平台，指定区域的应激反射一般是指对鼠标操作的应激反应。用户可以通过重载GH_ComponentAttributes中的RespondToMouseDown方法实现电池针对鼠标不同操作的应激反应。RespondToMouseDown的输入函数为GH_Canvas和GH_CanvasMouseEvent的实例化对象。前者一般是指当前Grasshopper文件所在的绘画桌面，后者则存储了鼠标点击的位置和按压状态等信息。材料电池下拉菜单的应激反应代码主要分为两个部分：当前的材料信息与供选择的材料信息。前者的信息如图6-34所示。CreateTextCapsule和CreateCapsule方法分别用于创建包含文字与不含文字的几何形状。Render函数则用于将要创建的几何形状可视化。MaterialTypeIndex用于记录当前材料所表示的材料类型。若材料为钢材，SteelGradeIndex则用于表示当前钢材的材料等级。

图6-35为鼠标点击后显示供选择钢材材料等级信息的部分代码。当控制材料种类的按钮（MaterialButtonPressed）未被点击且控制材料等级的按钮（GradeButtonPressed）被点击时，程序就会在自行判断材料种类后，以Layout中定义的下拉列表形式输出相关的材料等级按钮。考虑到Render方法的代码长度太长，这里此仅给出部分代码。

除了改变电池表面的显示外，鼠标的操作还可以改变输入、输出参数的个数和含义。图6-36以钢材材料的选择为例，演示截面电池在鼠标点击时，进行参数更新的相关代码。其中updateParamter是专门用于更新输入、输出的公共函数，当材料的种类或材料等级发生变化时，该函数就会依次清空此前输入、输出参数，更新为当前输入、输出参数，同时清除无效缓存和更新图形显示的操作，如图6-37所示。tempInPManager和tempOutPManager分别为类电池输入管理类GH_Component. GH_InputParamManager和电池输出管理类GH_Component. GH_OutputParamManager的实例化对象。ExpireSolution方法则用于重新对电池进行求解，即在电池所代表的材料发生变化后重新运行SolveInstance函数，输出改变后材料的信息。RedrawAll方法则对当前画布上所有电池的可视化进行更新。需要注意的是，在鼠标点击后，MaterialButtonPressed和GradeButtonPressed均要重置为false，实现电池显示中下拉菜单的收回。

6.4.6 自定义变量的序列化

序列化（Serialization）是将对象的状态信息转换为可以存储或传输形式的过程。在序列化期间，对象将其当前状态写入临时或持久性存储区，在之后的使用

```
protected override void Render(GH_Canvas canvas, System.Drawing.Graphics graphics,
GH_CanvasChannel channel)
    {
      //输出电池主要部分,利用小的便捷进行render
      Bounds = OriginalBounds;
      base.Render(canvas, graphics, channel);
      //改变绘图Bounds
      Bounds = ComponentBounds;
      if (channel == GH_CanvasChannel.Objects)
      {
        //文本框涂黑
        Bounds = OriginalBounds;
        GH_Capsule box = GH_Capsule.CreateTextCapsule(TextBox, TextBox, GH_Palette.Black,
"Section Type",2, 0);
        box.Render(graphics, Selected, Owner.Locked, false);
        box.Dispose();
        //材料种类按钮涂黑
        GH_Capsule button1 = GH_Capsule.CreateCapsule(MaterialButton, GH_Palette.Black);
        button1.Render(graphics, Selected, Owner.Locked, false);
        button1.Dispose();
        //材料等级按钮涂黑
        GH_Capsule button2 = GH_Capsule.CreateCapsule(GradeButton, GH_Palette.Black);
        button2.Render(graphics, Selected, Owner.Locked, false);
        button2.Dispose();
        //材料种类顶部格子
        switch ((this.Owner as MaterialComponent).MaterialTypeIndex)
        {
          case (MaterialType.Steel):
            {
              GH_Capsule myMaterialChoose = GH_Capsule.CreateTextCapsule(MaterialShowBox,
MaterialShowBox, GH_Palette.White, "SteelGMP", 0, 0);
              myMaterialChoose.Render(graphics, Selected, Owner.Locked, false);
              myMaterialChoose.Dispose();
              myMaterialChoose = null;
              switch ((this.Owner as MaterialComponent).SteelGradeIndex)
              {
                case (SteelGrade.Q235):
                  {
                    GH_Capsule myMaterialChoose1 =
GH_Capsule.CreateTextCapsule(GradeShowBox, GradeShowBox, GH_Palette.White, "Q235", 0, 0);
                    myMaterialChoose1.Render(graphics, Selected, Owner.Locked, false);
                    myMaterialChoose1.Dispose();
                    myMaterialChoose1 = null;
                    break;
                  }
              ……
            }
          }
        case (MaterialType.Concrete):
        {
            ......;
        }
        case (MaterialType.Rebar):
        {
            ......;
        }
```

图6-34　显示当前的材料信息

```
if (MaterialButtonPressed == false && GradeButtonPressed == true)
        {
          //判断材料种类
          if ((this.Owner as MaterialComponent).MaterialTypeIndex == MaterialType.Steel)
          {
            for (int i = 0; i < SteelGradeNum; i++)
            {
              switch (i)
              {
                case (0):
                  {
                    GH_Capsule myLoadChoose = GH_Capsule.CreateTextCapsule(SteelGradeChoose[i],
SteelGradeChoose[i], GH_Palette.White, "Q235", 0, 0);
                    myLoadChoose.Render(graphics, Selected, Owner.Locked, false);
                    myLoadChoose.Dispose();
                    myLoadChoose = null;
                    break;
                  }
                      ......;
                default:
                  {
                    this.Owner.AddRuntimeMessage(GH_RuntimeMessageLevel.Error, "no such Steel
Grade in Render() valueList process");
                    break;
                  }
              }
            }
          }
```

图6-35　显示可供选择的钢材等级信息

```
if (MaterialButtonPressed == false && GradeButtonPressed == true)
      {
        if((this.Owner as MaterialComponent).MaterialTypeIndex == MaterialType.Steel)
        {
          for (int i = 0; i < SteelGradeChoose.Count; i++)
          {
            if (SteelGradeChoose[i].Contains(e.CanvasLocation))
            {
              MaterialComponent tempSection = this.Owner as MaterialComponent;
              tempSection.SteelGradeIndex = (SteelGrade)i;
              tempSection. updateParameter();
              GradeButtonPressed = false;
              Grasshopper.Instances.RedrawCanvas();
              tempSection.ExpireSolution(true);
              return GH_ObjectResponse.Handled;
            }
          }
        }
      }
```

图6-36　“Material”电池GUI更新代码

```
public void updateParamter()
      {
        this.Params.Input.Clear();
        this.Params.Output.Clear();
        RegisterInputParams(tempInPManager);
        RegisterOutputParams(tempOutPManager);
        Params.OnParametersChanged();
        this.OnAttributesChanged();
      }
```

图6-37　updateParameter方法

过程中，通过从存储区中读取或反序列化对象的状态，从而重新创建该对象。在Grasshopper中，用户每次打开同一个文件时，电池的格式以及参数的数字都如同用户之前所设置的一样。这就是序列化与反序列化的效果。如果不对电池中的自定义变量进行序列化与反序列化的操作，重新打开Grasshopper时，这些自定义变量就会通过构造函数再次变为初始值，并造成与之相关的包括Solve Instance、Attribute等程序段的连锁性错误反应。一般情况下，用户需要自行编写序列化与反序列化的程序，Grasshopper为开发者提供了Read和Write函数，为用户自定义序列化与反序列化提供了便利。图6-38为“Material”电池内的Read和Write函数。可以看到，程序中将材料的类型、混凝土和钢材的等级分别存入内存中，并以特定的字符串进行标记。当需要读取时，则再通过这些特殊的字符串提取这些信息。Grasshopper自带的序列化方法所能提供的操作对象类型有限，因此序列化与反序列化数据信息时，需要对数据类型进行强制转换。

```
public override bool Write(GH_IO.Serialization.GH_IWriter writer)
{
   writer.SetInt32(“MaterialTypeIndex”,Convert.ToInt32(MaterialTypeIndex));
   writer.SetInt32(“SteelGradeIndex”,Convert.ToInt32(SteelGradeIndex));
   writer.SetInt32(“ConcreteGradeIndex”,Convert.ToInt32(ConcreteGradeIndex));
   writer.SetInt32(“RebarGradeIndex”,Convert.ToInt32(RebarGradeIndex));
   return  base.Write(writer);
}
public override bool Read(GH_IO.Serialization.GH_IReader reader)
{
   MaterialTypeIndex=(MaterialType)reader.GetInt32(“MaterialTypeIndex”);
   SteelGradeIndex =(SteelGrade)reader.GetInt32(“SteelGradeIndex”);
   ConcreteGradeIndex =(ConcreteGrade)reader.GetInt32(“ConcreteGradeIndex”);
   RebarGradeIndex =(RebarGrade)reader.GetInt32(“RebarGradeIndex”);
  return  base.Read(read);
}
```

图6-38 “Material”电池内的Read和Write函数

6.4.7 并行处理

对程序进行并行化处理就是将工作各部分分配到不同的处理进程（线程）中。虽然n个并行处理程序的执行速度直观上可能会是在单一处理机上执行的速度的n倍。但当这n个并行子任务都反复调用同一个变量时，程序的计算效率反而因资源抢夺而下降。此外，当子任务的运行速度很快时，并行技术在创建线程时所耗费的机时相比任务运行时间可能要长得多，得不偿失。因此，并行计算需要结合问题的特点适当采用。

在参数化结构设计中，并行处理的优势主要体现在对归类后大量设计信息的快速处理和并行结构分析两个方面。前者主要在进行构件信息的赋值和读取时采用，对于单元数量巨大的超高层建筑和超大跨建筑，该技术会对参数化建模的速度起到不小的提升作用；后者则是在结构分析时，通过并行处理各个构件的单元刚度矩阵，加快计算速度。在使用智能群体优化算法进行方案调整的参数化结构设计过程中，结构工程师可同时计算方案群中的多个方案，以提高设计效率。

C#中最常用的数据并行方法是Parallel.For或Parallel.Foreach。需要注意的是，System.Collenctions和System.Collenctions.Generic名称空间中所提供的经典列表、集合和数组的线程并不安全，不能接受并发请求，在不采用Lock的情况下，较难实现完整的数据并行。对此，.NET Framework 4提供了新的线程安全和扩展的并发集合，帮助用户在复杂的情形下实现并行代码的编写，尽可能减少需要使用锁的次数，提升优化性能。其中，ConcurrentBag是System.Collections.Concurrent命名空间下一个无序的集合，程序可以向其中插入或删除元素。当在同一个线程中向集合插入、删除元素时，该集合具有相当高的操作效率。

```
public class GH_ControlAttribute:GH_ComponentAttributes
  {
    public GH_ControlAttribute(GHComponent _mycomponent)
      : base(_mycomponent)
    {}
    public override GH_ObjectResponse RespondToMouseDoubleClick(GH_Canvas sender,
GH_CanvasMouseEvent e)
    {
      if (e.Clicks == 2)
      {
        GHComponent tempComp = this.Owner as GHComponent;
        //设置要换的值
        tempComp.intVariable++;
        GH_NumberSlider s = tempComp.Params.Input[0].Sources[0] as GH_NumberSlider;
        s.SetSliderValue((decimal)tempComp.intVariable);
      }
      Grasshopper.Instances.ActiveCanvas.Document.NewSolution(false);
      return base.RespondToMouseDoubleClick(sender, e);
    }
  }
```

图6-39　Grasshopper平台内部修改参数

6.4.8 设计对象参数修改

如图6-39所示，建筑方案或结构方案的设计对象参数需要依据特定的调整策略进行修改，在参数化结构设计中，设计意图参数在整个设计过程中基本不会发生变化，往往以Panel形式输入。设计对象参数则采用拉棒进行设置，这些拉棒允许用户在一定范围内以一定的精度设置参数值，之后生成的参数化模型可依据更新后的输入参数值和既定的算法规则进行自动修改。Galapogos作为Grasshopper中的一款内置优化插件，方案的生成均通过对拉棒程序的调整实现。因此，如何实现从电池内部对拉棒数值的调整就成了关键性问题。

SolveInstance函数是电池处理数据核心函数，当输入端发生变化后该函数马上重新运行，以更新输出结果。也因此，每个电池就好比是串联电路中的一个原件，当一个输入对象的数值发生改变时，所有直接依赖它的对象的状态都会过期，促使各电池重新进行计算，这种更新依赖于程序流程中与其相关的前置电池。这种变化就像是一道“冲击波”，从头到尾贯穿整个参数化模型，实现所有过期电池的更新。如果在SolveInstance函数中对拉棒进行调整，当用户从外部修改输入的拉棒数值时，会引起拉棒数值被无限次改变的状况，程序会自动报错。

Attributes函数可用于实现对拉棒的适时调整。Attributes的主要功能是控制电池的GUI，它所执行的操作与电池本身的核心算法无关。因此，对于一般的电池，当其输入端发生变化时，Attributes所控制的电池GUI并不会发生变化。Grasshopper中对拉棒进行修改的函数主要有TickValue，SetSliderValue和TrySetSliderValue方法。Galapogos使用第一种方法，因为它简单且只涉及整数运算（Galapogos尽可能避免浮点数）。GH_NumberSlider是拉棒在程序中的实现类，每个GH_NumberSlider对象都具有TickCount和TickValue两种属性，这两个属性会告诉编程人员Slider支持多少个唯一状态，哪个是当前状态。例如，从-3页码到+3的整数滑块支持7个唯一状态{-3，-2，-1，0，1，2，3}，编程人员可以将该Slider设置为包括0到7之间的任何状态。

SetSliderValue方法和TrySetSliderValue方法是相似的。它们可以为滑块设置浮点型数值，但是所设置的数值并不能保证是Slider最终显示的数值，这是因为它受到上下界限的限制以及精度影响。SetSliderValue方法和TrySetSliderValue方法之间的区别仅在于，当拉棒内置表达式时，后者会尝试反向解析表达式，使拉棒最终的输出值接近程序员所设的值，而前者只是在表达式计算之前设置Slider的数值，适用于不具备内部表达式的拉棒。最终，编程人员需要使用NewSolution方法触发新的解决方案以更新Slider的数值。图6-39为实现Grasshopper内部修改参数的部分代码。

符号变量表

符号名	符号含义	单位
$\alpha^{(k)}$	最速下降法中的步长系数	
α_c^z	应变能对节点纵坐标的灵敏度	J/m
α_j^n	BESO 中第 j 个节点的位移灵敏度	J
α_{del}^{th}、α_{add}^{th}	BESO 中移除和添加单元的灵敏度阈值	
α_j^*	拉格朗日乘子	
β	矩形截面扭转系数	
β_c	混凝土强度调整系数	
$\boldsymbol{\Gamma}$	形空间中网格对角矩阵	
$\boldsymbol{\Gamma}^*$	力空间中网格对角矩阵	
γ_{RE}	承载力抗震调整系数	
γ_x、γ_y	截面塑性发展系数	
γ_Δ	节点位移增量	
$\Delta\bar{L}$	数值模型中单元变形长度	m
$\Delta \boldsymbol{X}^j$	杆件两端节点 j 方向坐标差对角矩阵	m
Δz_i	高度变化量	m
ε	应变	
ζ	杆件力密度的放大系数	
η	剪压比	
$[\eta]$	剪压比限值	
κ	粒子群算法约束系数的控制系数	
Λ	形状语法中标号形状的集合	
λ_i	第 i 层的剪重比	
λ_{min}	剪重比限值	
λ_h、λ_g	控制等式、不等式约束的拉格朗日乘子	
λ_f	迭代前后单元灵敏度的权重因子	

符号名	符号含义	单位
μ	轴压比	
$[\mu]$	轴压比限值	
μ_s	风荷载体型系数	
ν^0	泊松比	
ξ	应力比	
ρ	材料密度	kg/m^3
ρ_a	空气密度	kg/m^3
ρ_{min}	材料密度最小值	kg/m^3
σ	应力	N/m^2
σ_i^a	第 i 号杆件容许应力	N/m^2
$\sigma_{ij}^{(k)}$	当前第 k 步迭代第 i 号杆件在第 j 种工况下的应力	N/m^2
σ_p	罚函数法中的惩罚因子	
τ	收敛容差	
Φ	空集	
ϕ	结构总势能	J
χ	约束系数	
Ψ	标号形状中形状的集合	
Ω	标号形状中标号的集合	
A	截面面积	m^2
AR	体积添加率	
a	矩形中的半长边	m
$B_{i,k}(u)$	u 方向上第 i 个控制点的 k 阶 B 样条基函数	
b	矩形中的半短边	m
b_1	梁、柱截面宽度或剪力墙墙肢截面宽度	m
C	结构弹性应变能	J

符号名	符号含义	单位
$\boldsymbol{C}$	拓扑矩阵	
$\boldsymbol{C}_{\mathrm{F}}$	压力力流值	N·m
$\boldsymbol{C}_{\mathrm{f}}$	未约束拓扑矩阵	
$\boldsymbol{C}_{\mathrm{r}}$	约束拓扑矩阵	
$\boldsymbol{C}^{*}$	力空间拓扑矩阵	
CMR	倒塌安全储备系数	
c	应变能密度	$\mathrm{J/m^3}$
c_1、c_2	加速系数	
$\boldsymbol{D}_{\mathrm{f}}$	内部节点对应的约束矩阵	
$\boldsymbol{D}_{\mathrm{r}}$	边界节点对应的约束矩阵	
$\boldsymbol{d}$	结构节点位移向量	m
d^{*}	位移限值	m
E	弹性模量	$\mathrm{N/m^2}$
E_0	初始弹性模量	$\mathrm{N/m^2}$
$E(\rho)$	优化后弹性模量	$\mathrm{N/m^2}$
EA	构件的轴线刚度	$\mathrm{N\cdot m^2}$
ER	体积进化率	
$\boldsymbol{e}$	笛卡尔坐标系下的单位向量	
$\boldsymbol{F}$	外力向量	N
f	钢材的抗弯强度设计值	$\mathrm{N/m^2}$
$\boldsymbol{f}^{j}$	j 方向上的外荷载向量	N
f_{c}	混凝土轴心抗压强度设计值	$\mathrm{N/m^2}$
f_i^j	节点 i 在 j 方向的荷载分量	N
f_i^x	微元体所受体力	$\mathrm{N/m^3}$
f_{v}	反映当前位移与限值差距的体积控制因子	
$fit[x_i(l)]$	个体的适应度值	
G	剪切模量	$\mathrm{N/m^2}$

符号名	符号含义	单位
G_j	第 j 层的重力荷载代表值	N
$gbest_i$	全局最优位置或局部最优位置	
$g_i(x)$	第 i 个不等式约束	
$g[c_i(x)]$	惩罚项	
H	拉伸点高度	m
h	代理模型的预测值	
h_0	截面有效高度	m
$h_j(x)$	第 j 个等式约束	
I	截面惯性矩	$\mathrm{m^4}$
$IM_{50\%}$	50% 倒塌概率所对应的地震动强度	
IM_{MCE}	罕遇地震所对应的地震动强度	
J	截面扭转常数	$\mathrm{m^4}$
$\boldsymbol{K}$	结构总刚度矩阵	
$\boldsymbol{K}_0$	初始刚度矩阵	
$\boldsymbol{K}(\rho)$	变密度法优化后的刚度矩阵	
$\boldsymbol{K}_{\mathrm{E}}$	支座位移法中当前迭代步弹性刚度阵	
$\boldsymbol{K}_{\mathrm{e}}^{(n)}$	第 n 代整体坐标系下的单元刚度矩阵	
$\bar{\boldsymbol{K}}_{\mathrm{e}}^{(n)}$	第 n 代局部坐标系下的单元刚度矩阵	
$\boldsymbol{K}_{\mathrm{G}}$	支座位移法中当前迭代步几何刚度阵	
k	结构刚度	
k_0	高度调整法中影响优化速度的参数	
k_{s}	截面剪应力不均匀系数	
k_{spr}	弹簧刚度	N/m

符号名	符号含义	单位
L_0	真实结构中索单元无应力状态长度	m
$\overline{L}_0$	数值模型中单元变形前长度	m
$\boldsymbol{L}_\mathrm{H}$	形空间杆件长度对角矩阵	m
$\boldsymbol{L}_\mathrm{H}^*$	力空间杆件长度对角矩阵	N
L_a、L_b	椭圆形长轴、短轴长度	m
L_{ik}	连接节点 i 和节点 k 的单元的长度	m
l_0	构件计算跨度	
M_x、M_y	绕 x 轴、y 轴的弯矩	N·m
m	质量	kg
N	轴压力设计值	N
N_a	总建筑构件数量	
N_s	建筑构件中起到结构作用的构件的数量	
P	SIMP 法中的惩罚因子	
$P(\alpha)$	考虑罚函数的目标函数	
$P_{i,j}$	NURBS 曲面控制点坐标	m
$P^{(l)}_{I,J(x)}$	NURBS 曲面控制点的 x 坐标	m
P_NP	期望的预应力	N
p	凝聚函数中的加权因子	
$pbest_i$	第 i 个粒子的历史最佳位置	
p_i^k	微观坐标下作用于微结构上的面力	N/m^2
q	力密度向量	N/m
q_p	作用在粒子弹簧系统上的点荷载	N
$q^{(n)}_{ij}$	u_x、u_y 方向上控制点的位置或权因子	
$\boldsymbol{R}$	节点的不平衡力	N
R_ats	建筑构件中起到结构作用构件的百分比	
R_i	节点 i 的不平衡力	N
R_min	过滤半径	m
$\boldsymbol{R}_\Delta$	外力增量向量	N
RSR	储备强度比	
r	圆形半径	m
r_a	圆形薄壁圆管的平均半径	m
r_{ij}	i 单元中心与 j 节点之间的距离	m
$\boldsymbol{S}^{(n)}_x$	NURBS 曲面上节点坐标矩阵	m

符号名	符号含义	单位
$S(u,v)$	NURBS 曲面上的节点坐标	m
$S^{(n)}_x(u,v)$	NURBS 曲面上节点的 x 坐标	m
s	杆件内力向量	N
s_{ik}	两端节点为 i 和 k 杆件的内力	N
T	周期	s
$\boldsymbol{T}^{(l)}$	第 l 代单元坐标转换矩阵	
T_F	拉力力流值	N·m
T_g	特征周期	s
T_s	系统温度	
$T(l)$	温度参数	
t	薄壁厚	m
$\boldsymbol{U}$	节点位移向量	
U_0	等厚薄壁管的薄壁中线周长	m
U_m	第 m 个单元的弹性应变能	
$\boldsymbol{U}_i$	第 i 个单元的节点位移向量	
V	体积	m^3
V^*	体积限值	m^3
V'	组合剪力设计值	N
$V_{\mathrm{Ek}i}$	第 i 层对应于水平地震作用标准值的剪力	N
V_p	外力势能	J
$V_{w,i}$	i 点处的风的来流平均速度	m/s
$V_i(t)$	第 t 代第 i 个粒子的速度	
v_i	虚位移	
W_nx、W_ny	关于 x 轴、y 轴的净截面模量	m^3
w	惯性权重	
$w_{i,j}$	与控制点相关的权因子	
$w_{w,i}$	风作用在 i 点引起的实际压力（或吸力）	N/m^2
$\boldsymbol{X}$	设计变量组成的向量	
$x_i(t)$	第 t 代第 i 个粒子的位移	
x_i^j	节点 i 在 j 方向上的坐标	m
$x_i^{l,k}$、$x_i^{u,k}$	移动渐进法中第 k 步迭代中变量的下限与上限	
y	代理模型计算得到的预测值所对应的实际值	
z^u	节点纵坐标下限边界	m
z^l	节点纵坐标上限边界	m
z_i	节点纵坐标	m

索　引

参考文献

[1] Jabi, Wassim. Parametric Design for Architecture [M]. London：Laurence King Publishing, 2013.

[2] Thompson D W. On Growth and Form [M]. Cambridge：Cambridge University Press, 1992.

[3] Rolvink A, Straat R, Coenders J. Parametric Structural Design and Beyond [J]. International Journal of Architectural Computing, 2010, 8 (3): 319–336.

[4] 程煜，刘鹏，Dorothee，等. 结构参数化设计在北京CBD核心区Z15地块中国尊大楼中的应用 [J]. 建筑结构，2014 (24)：9–14.

[5] 吕大刚，王光远. 论结构智能优化设计 [C] //中国土木工程学会计算机应用分会第七届年会土木工程计算机应用文集. 北京：中国铁道出版社，1999：104–108.

[6] Sutherland I E. Sketchpad a Man–machine Graphical Communication System [J]. Transactions of the Society for Computer Simulation, 1964, 2 (5): R–3–R–20.

[7] 罗素，诺维格，殷建平. 人工智能：一种现代的方法 [M]. 北京：清华大学出版社，2013.

[8] Legg S, Hutter M. A Collection of Definitions of Intelligence [C] // Proceedings of the 2007 Conference on Advances in Artificial General Intelligence：Concepts, Architectures and Algorithms 2006. Ios Press, 2007：17–24.

[9] Russell S J, Norvig P. Artificial Intelligence：a Modern Approach [M]. Malaysia：Pearson Education Limited, 2016.

[10] Deep Mind Technologies Limited, Innovations of Alphago [EB/OL]. https://deepmind.com/alpha–go.html,2017.

[11] Luger G F. Artificial Intelligence：Structures and Strategies for Complex Problem Solving [M]. Addison–wesley Longman Publishing Co. Inc. , 2005.

[12] Poole D, Mackworth A, Goebel R. Computational Intelligence：a Logical Approach [M]. Oxford：Oxford University Press, 2011.

[13] Engel H, Rapson Ralph. Structure Systems [M]. Hatje Cantz, 2008.

[14] 林同炎，斯多台斯伯利 Sd. 结构概念和体系（第二版）[M]. 北京：中国建筑工业出版社，1999.

[15] Danhaive R, Mueller C. Structure, Architecture and Computation：Past and Future [C] //

Proceedings of ACSA Conference, 2016.

[16] Priestley M J N, Kowalsky M J. Direct Displacement-based Seismic Design of Concrete Buildings [J]. Bulletin of the New Zealand National Society for Earthquake Engineering, 2000, 33（4）: 421-444.

[17] Housner G W. Limit Design of Structures to Resist Earthquakes [C] //Proc. of 1st WCEE. 1956（5）: 1-13.

[18] 利玛窦，徐光启．几何原本 [M]. 上海：上海古籍出版社，2001.

[19] Jacobi J. 4D BIM or Simulation-based Modeling [J]. Structure Magazine, 2011：1000.

[20] Atg Usa. Ashrae Introduction to BIM, 4D and 5D [EB/OL]. https://atgusa.com/ashrae-introduction-to-BIM-4D-and-5D/,2012.

[21] Digital Project, Inc. Digital Project [CP]. [2019-12-30]. https://www.digitalproject3d.com.

[22] Robert McNeel& Associates. Rhino6 功能 [EB/OL]. [2019-12-30]. https://www.rhino3d.com/6/features.

[23] Rutten D. Grasshopper [CP]. [2019-12-30]. https://www.grasshopper3d.com.

[24] GeometryGym. BIM GeomGym IFC [EB/OL]. [2019-12-30]. https://www.food4rhino.com/app/bim-geomgym-ifc.

[25] Clemens Preisinger, Bollinger und Grohmann ZT GmbH. Karamba3d 1.3.2 [EB/OL]. [2019-12-30] . https://www.karamba3d.com.

[26] Michalatos P, Kaijima S. Millipede [EB/OL]. [2019-12-30]. http://www.sawapan.eu.

[27] Heroes Architects & Engineers. ParaStaad [EB/OL]. [2019-12-30]. http://heroesae.com/parastaad_introduction.

[28] Block Research Group. RhinoVAULT-Designing Funicular Form in Rhinoceros [EB/OL] . [2019-12-30] . http://www.block.arch.ethz.ch/brg/tools/rhinovault.

[29] Ixray Ltd. Rhino Membrane. [EB/OL]. [2019-12-30]. http://www.ixray-ltd.com/index.php?option=com_content&view=article&Id=82&itemid=521.

[30] Piker D. Kangaroo3d. [EB/OL]. [2019-12-30]. http://kangaroo3d.com.

[31] The Israel Institute of Technology, Aarhus School of Architecture and the Technical University of Denmark. Topopt. [EB/OL]. [2019-12-30]. http://www.topopt.mek.dtu.dk/apps-and-software/topopt-plugin-for-rhino-and-grasshopper.

[32] 谢亿民工程科技有限公司．Ameba [EB/OL]. [2019-12-30]. https://ameba.xieym.com/.

[33] Yang X Y, Xie Y M, Steven G P, et al. Bidirectional Evolutionary Method for Stiffness Optimization [J] . AIAA Journal, 1999, 37(11): 1483-1488.

[34] Digital Structures, MIT. Stormcloud. [EB/OL]. [2019-12-30]. http://www.food4rhino.com/app/design-space-exploration.

[35] Wortmann T. Opossum—Optimization Solver with Surrogate Models [EB/OL]. [2019-12-30] . https://www.food4rhino.com/app/opossum-optimization-solver-surrogate-models.

[36] Rutten D. Galapagos [EB/OL]. [2019-12-30]. https://www.grasshopper3d.com/group.

[37] Rechenraum GmbH. Goat [EB/OL]. [2019-12-30]. https://www.rechenraum.com/en/ goat.

html.
[38] Eckersley O'Callaghan's Digital Design Group. Nelder–Mead Optimization [EB/OL]. [2019–12–30] . https://www.food4rhino.com/app/nelder–mead–optimisation–eoc.
[39] University of Applied Arts Vienna, Bollinger+Grohmann Engineers. Octopus [EB/OL]. [2019–12–30] . https://www.food4rhino.com/app/octopus.
[40] Fry B, Reas C. A Short Introduction to the Processing Software and Projects from the Community [EB/OL]. [2019–12–30]. https://processing.org/.
[41] Autodesk Inc. About Autodesk Dynamo for Civil 3D [EB/OL]. [2019–12–30]. https://knowledge. autodesk.com/support/civil–3d/learn–explore/caas/CloudHelp/cloudhelp/2020/ENU/Civil3D–UserGuide/files/GUID–E2122814–1957–4108–9BBF–0AD6AF1A63CB–htm.html.
[42] Schmacher P. Parametricism as Style–Parametricist Manifesto [R]. 11th Architecture Biennale, Venice, Italy, 2008.
[43] 矫苏平，高雪，李红叶．褶子论对当代建筑的影响 [J]. 建筑学报，2012 (S2)：195–200.
[44] 韩桂玲．后现代主义创造观：德勒兹的“褶子论”及其述评 [J]. 晋阳学刊，2009 (6)：74–77.
[45] 李云强．褶子理论影响下的建筑形式研究 [D]. 哈尔滨：哈尔滨工业大学，2014.
[46] 黄帅．基于平滑空间思想的建筑与环境设计研究 [J]. 山西建筑，2014 (28)：6–7.
[47] 徐卫国．褶子思想，游牧空间——关于非线性建筑参数化设计的访谈 [J]. 世界建筑，2009 (8)：16–17.
[48] 孙伟平，王德保．论简单性原则的方法论意义 [J]. 北方工业大学学报，1999 (4)：40–45.
[49] 汪坦．建筑的复杂性与矛盾性 [M]. 北京：中国建筑工业出版社，1991.
[50] 张向宁．当代复杂性建筑形态设计研究 [D]. 哈尔滨：哈尔滨工业大学，2010.
[51] Lorenz E N. Deterministic Nonperiodic Flow [J]. Journal of the Atmospheric Sciences, 1963, 20(2): 130–141.
[52] 伯努瓦·B·曼德布罗特，陈守吉，凌复华．大自然的分形几何学 [M]. 上海：上海远东出版社，1998.
[53] 袁栋，孙澄．多目标优化在建筑表皮设计中的应用 [J]. 城市建筑，2018 (17)：11–13.
[54] Hachem C, Elsayed M. Patterns of Facade System Design for Enhanced Energy Performance of Multistory Buildings [J]. Energy and Buildings, 2016 (130): 366–377.
[55] 陈建华，遇大兴．探索建筑采光的优化设计之道 [J]. 南方建筑，2016 (2)：116–118.
[56] 徐卫国．参数化设计与算法生形 [J]. 城市环境设计，2012 (Z1)：110–111.
[57] 李建成，卫兆骥，王诂．数字化建筑设计概论 [M]. 北京：中国建筑工业出版社，2007.
[58] 李飚．建筑生成设计：基于复杂系统的建筑设计计算机生成方法研究 [M]. 南京：东南大学出版社，2012.
[59] 袁烽，周渐佳，闫超．数字工匠：人机协作下的建筑未来 [J]. 建筑学报，2019, (4) : 1–8.
[60] 徐卫国．世界最大的混凝土3D打印步行桥 [J] . 建筑技艺，2019 (2)：6–9.
[61] 刘育东，林楚卿．新建构 [M]. 北京：中国建筑工业出版社，2012.
[62] Meng X C, Zhou Q, Shen W, et al. Structural and Architectural Evaluation of Chinese Rainbow

Bridge and Related Bridge Types Using Beso Methods [C] //Proceeding of IASS. 2018.
[63] Istructure. 结构形态优化（创建）的实践 [EB/OL]. [2017-9-24] http://mp.weixin.qq.com/s/kfy-t6aocpy0fycur4yhma.
[64] 王蓉蓉，王晖. 晶体几何在建筑设计中的应用及其局限性 [C] //数字工厂Dada2015系列活动数字建筑国际学术会议论文集. 2015：323-330.
[65] 周公度. 晶体结构的周期性和对称性 [M]. 北京：高等教育出版社，1992.
[66] 吕晨晨，李香姬，黄蔚欣. 三维空间组合问题的高维解答——准晶体结构的建筑适用性研究 [J]. 世界建筑，2009（8）：112-114.
[67] 朗道，杰弗席兹，任朗，等. 场论 [M]. 北京：人民教育出版社，1979.
[68] 傅隽声，贺鼎. Elechitecture [M] // 徐卫国. 参数化非线性建筑设计. 北京：清华大学出版社，2016：112-117.
[69] 郑静云，姚佳伟，袁烽. 基于物理风洞与互动模型实验平台的建筑生形方法研究 [C] //数字·文化——2017全国建筑院系建筑数字技术教学研讨会暨DADA2017数字建筑国际学术研讨会论文集. 2013：65-70.
[70] 陈寰宇，孟祥昊. 混合牛奶 [M] // 徐卫国. 参数化非线性建筑设计. 北京：清华大学出版社，2016：56-57.
[71] 于涛，齐轶昳，蔡澄. 爆炸艺术 [M] // 徐卫国. 参数化非线性建筑设计. 北京：清华大学出版社, 2016: 12-15.
[72] 刘峻宇，林超. 城市管胞 [M] // 徐卫国. 参数化非线性建筑设计. 北京：清华大学出版社, 2016: 118-121.
[73] 陈洸锐，徐妍. 珊瑚 [M] // 徐卫国. 参数化非线性建筑设计. 北京：清华大学出版社，2016：122-125.
[74] Krawczyk R J. Cellular Automata：Dying to Live Again, Architecture, Art, Design [M] // Designing Beauty：the Art of Cellular Automata. Springer, Cham, 2016：39.
[75] 李飚. 生成建筑设计合作教学实践初探 [J]. 南方建筑，2006（12）：122-125.
[76] 李飚，钱敬平. “细胞自动机”建筑设计生成方法研究——以“Cube1001”生成工具为例 [J] . 新建筑, 2009（3）：103-108.
[77] 尹金套，程瑜. 城市起居室 [M] // 徐卫国. 参数化非线性建筑设计. 北京：清华大学出版社，2016: 144-147.
[78] 王嵩. 现代建筑结构的十四种表现策略 [J]. 建筑技艺，2016（5）：115-117.
[79] Larsen O P, Tyas A. Conceptual Structural Design：Bridging the Gap between Architects and Engineers [M]. Thomas Telford, 2003.
[80] Macdonald A J. Structural Design for Architecture [M]. Architectural Press, 1997.
[81] Lewis W J. Tension Structures：Form and Behaviour [M]. Thomas Telford, 2003.
[82] Bletzinger K U. Form-finding and Morphogenesis [J]. Fifty Years of Progress for Shell and Spatial Structures, 2011：459-474.
[83] Coenders J, Bosia D. Computational Tools for Design and Engineering of Complex Geometrical Structures：from a Theoretical and a Practical Point of View [M] // Oosterhuis K, Feireiss L.

Game Set and Match Ii. on Computer Games, Advanced Geometries, and Digital Technologies. Episode Publishers, 2006.

[84] Davenport A G. The Relationship of Wind Structure to Wind Loading in Wind Effects on Buildings and Structures [C] // Proceeding of the 1st Conference on Wind Effects on Buildings and Structures, London. 1963: 54.

[85] Otto F. The Work of Frei Otto [M]. Greenwich: Museum of Modern Art, 1972.

[86] Heinz Isler. New Shapes for Shells [J]. Bulletin of the IASS, No 8, Paper C3, 1961.

[87] Bini D. A New Pneumatic Technique for the Construction of Thin Shells [C] // Proceedings of the 1st IASS International Colloquium on Pneumatic Structures, University of Stuttgart, Stuttgart, Germany. 1967: 1019.

[88] Hangai Y. Application of the Generalized Inverse to the Geometrically Nonlinear Problem [J]. Solid Mechanics Archives, 1981, 6 (1): 129–165.

[89] Ramm E, Mehlhorn G. On Shape Finding Methods and Ultimate Load Analyses of Reinforced Concrete Shells [J]. Engineering Structures, 1991, 13 (2): 178–198.

[90] Bletzinger K U, Wüchner R, Daoud F, et al. Computational Methods for Form Finding and Optimization of Shells and Membranes [J]. Computer Methods in Applied Mechanics & Engineering, 2005, 194 (30–33): 3438–3452.

[91] Day A S, Bunce J H. Analysis of Cable Networks by Dynamic Relaxation [J]. Civil Engineering Public Works Review, 1970 (4): 383–386.

[92] Cundall P A. Explicit Finite–difference Methods in Geomechanics [C] // Proceeding of 2nd International Conference on Numerical Methods in Geomechanis, Blacksburg, Virginia. 1976 (1): 132–150.

[93] Oakley D R, Knight N F. Adaptive Dynamic Relaxation Algorithm for Non–linear Hyperelastic Structures Part I. Formulation [J]. Computer Methods in Applied Mechanics and Engineering, 1995 (126): 67–89.

[94] Ochsendorf J. Particle–spring Systems for Structural Form Finding [J]. Journal for the International Association for Shell & Spatial Structures, 2005, 46 (148): 77–84.

[95] 李重阳，魏德敏．动力松弛法在索膜结构找形分析中的应用 [J]．智能建筑与城市信息，2003 (5): 64–65.

[96] 毛国栋，孙炳楠，唐志山．控制网格变形的动力松弛法膜结构找形分析 [J]．浙江大学学报：工学版，2004，38 (5): 598–602.

[97] 张志宏，董石麟．空间结构分析中动力松弛法若干问题的探讨 [J]．建筑结构学报，2002，23 (6): 79–84.

[98] Ye J, Feng R, Zhou S. The Modified Dynamic Relaxation Method for the Form–finding of Membrane Structures [J]. Advanced Science Letters, 2011, 4 (8–10): 2845–2853.

[99] 陈思，袁晓光，周岱．基于 SPH 的动力松弛法 [J]．固体力学学报，2011 (S1): 127–133.

[100] Varignon P. Nouvelle Mécanique Ou Statique: Ouvrage Posthume [M]. Jombert, 1725.

[101] Bow R H. Economics of Construction in Relation to Framed Structures [M]. Cambridge

University Press, 1873.

[102] Culmann K. Die Graphische Statik (1866) [J]. Meyer & Zeller, 1866.

[103] Maxwell. J C. Xlv. On Reciprocal Figures and Diagrams of Forces [J]. The London, Edinburgh, and Dublin Philosophical Magazine and Journal of Science, 1864, 27 (182): 250–261.

[104] Billington D P. The Tower and the Bridge: the New Art of Structural Engineering [M]. Princeton University Press, 1985.

[105] Eddy H T. Researches in Graphical statics [M]. D. Van Nostrand, 1878.

[106] Allen E, Zalewski W. Form and Forces: Designing Efficient, Expressive Structures [M]. John Wiley & Sons, 2009.

[107] Caldenby C. 3000 Years of Design, Engineering and Construction [J]. Arkitektur, 2007.

[108] Zastavni D. The Structural Design of Maillart's Chiasso Shed (1924): a Graphic Procedure [J]. Structural Engineering International, 2008, 18 (3): 247–252.

[109] Fivet C, Zastavni D. Robert Maillart' s Key Methods from the Salginatobel Bridge Design Process (1928) [J]. Journal of the International Association for Shell & Spatial Structures, 2012, 53 (171): 39–47.

[110] Föppl A. Das FachwerkimRaum [M]. Vero Verlag, 2013.

[111] Van M T, Block P. Algebraic Graph Statics [J]. Computer–aided Design, 2014, 53 (1): 104–116.

[112] Alic V, Akesson D. Bi–directional Algebraic Graphic Statics [J]. Computer–aided Design, 2017, (93): 26–37.

[113] 孟宪川. 形与力的融合对建筑师克雷兹和结构师席沃扎三个建筑的介绍与图解静力学分析 [J]. 时代建筑，2013：56–61.

[114] Schek H J. The Force Density Method for Form Finding and Computation of General Networks [J] . Computer Methods in Applied Mechanics & Engineering, 1974, 3 (1): 115–134.

[115] Haber R B, Abel J F. Initial Equilibrium Solution Methods for Cable Reinforced Membranes Part I—Formulations [J]. Computer Methods in Applied Mechanics and Engineering, 1982, 30 (3): 263–284.

[116] Sánchez J, Serna M Á, Morer P. A Multi–step Force–density Method and Surface–fitting Approach for the Preliminary Shape Design of Tensile Structures [J]Engineering Structures, 2007, 29 (8): 1966–1976.

[117] Maurin B, Motro R. The Surface Stress Density Method as a Form–finding Tool for Tensile Membranes [J]. Engineering Structures, 1998, 20 (8): 712–719.

[118] Koohestani K. Nonlinear Force Density Method for the Form–finding of Minimal Surface Membrane Structures [J]. Communications in Nonlinear Science and Numerical Simulation, 2014, 19 (6): 2071–2087.

[119] Moncrieff E, Topping B H V. Computer Methods for the Generation of Membrane Cutting Patterns [J]. Computers & Structures, 1990, 37 (4): 441–450.

[120] Block P, Ochsendorf J. Thrust Network Analysis: a New Methodology for Three–dimensional

Equilibrium［J］. Journal–international Association for Shell and Spatial Structures, 2007, 48（155）：167–173.

［121］Heyman J. The Stone Skeleton［J］. International Journal of Solids and Structures, 1966, 2（2）：249–279.

［122］Block P, Van Mele T, Rippmann M, et al. Beyond Bending：Reimagining Compression Shells［M］. Edition Detail, 2017.

［123］Macdonald A J, Pedreschi R. Eladio Dieste–the Engineer's Contribution to Contemporary Architecture［M］. Thomas Telford Ltd. , 2000.

［124］Rippmann M. Funicular Shell Design：Geometric Approaches to Form Finding and Fabrication of Discrete Funicular Structures［D］. Eth Zurich, 2016.

［125］Rippmann M, Lachauer L, Block P. Interactive Vault Design［J］. International Journal of Space Structures, 2012, 27（4）：219–230.

［126］Rippmann M, Block P. Funicular Shell Design Exploration［C］// Beesley P, Khan O, Stacey M. Proceedings of the 33rd Annual Conference of the Acadia. Toronto：Riverside Architectural Press, 2013：337–346.

［127］Rippmann M, Block P. Funicular Funnel Shells［C］// Proceedings of the Design Modeling Symposium Berlin 2013. Design Modelling Symposium Berlin（Dmsb 2013）, 2013：75–89.

［128］Van M T. Compass – an Open–source, Python–based Computational Framework for Colloboration and Research in Architecture, Structures and Digital Fabrication［J/OL］. Software, 2018. https://github.com/compas–dev/compas.

［129］Akbarzadeh M, Mele T V, Block P. Equilibrium of Spatial Structures Using 3D Reciprocal Diagrams［C］// Obrebski J B, Tarczewski R. Proceedings of IASS Symposium, 2013：63.

［130］Akbarzadeh M, Van Mele T, Block P. On the Equilibrium of Funicular Polyhedral Frames and Convex Polyhe Sved Gdral Force Diagrams［J］. Computer–aided Design, 2015（63）：118–128.

［131］Baker W F, Beghini L L, Mazurek A, et al. Structural Innovation：Combining Classic Theories with New Technologies［J］. Engineering Journal, 2015（52）：203–217.

［132］Liew A, Pagonakis D, Mele T V, et al. Load–path Optimisation of Funicular Networks［J］. Meccanica, 2017（2）：1–16.

［133］袁烽，柴华，谢亿民．走向数字时代的建筑结构性能化设计［J］．建筑学报，2017（11）：3–8.

［134］Argyris J H, Angelopoulos T, Bichat B. A General Method for the Shape Finding of Lightweight Tension Structures［J］. Computer Methods in Applied Mechanics and Engineering, 1974（3）：135–149.

［135］崔昌禹，严慧．自由曲面结构形态创构方法——高度调整法的建立与其在工程设计中的应用［J］．土木工程学报，2006，39（12）：1–6.

［136］崔昌禹，崔国勇，涂桂刚，等．基于B样条的自由曲面结构形态创构方法研究［J］．建筑结构学报，2017（38）：164–172.

［137］Hamada H, Ohmori H. Computational Morphogenesis of Free Surface Shells Considering Both

Designer's Preference and Structural Rationality: Part 1 Heuristic Approach by Multi-objective Genetic Algorithm [J] . Journal of Structural & Construction Engineering, 2006: 105-111.

[138] 浜田英明，大森博司. 設計者の選好と力学的合理性を勘案した自由曲面シェル構造の構造形態創生法の提案 ：その2 最適性条件による理論的解法 [J]. 日本建築学会構造系論文集，2007：143-150.

[139] 李欣，武岳，崔昌禹. 自由曲面结构形态创建的Nurbs—GM方法 [J]. 土木工程学报，2011（10）：60-66.

[140] Versprille K J. Computer-aided Design Applications of the Rational B-spline Approximation Form [D]. Electrical Engineering and Computer Science, Syracuse University, 1975.

[141] Stiny G, Gips J. Shape Grammars and the Generative Specification of Painting and Sculpture [C] // Freiman C V . Information Processing 71. Amsterdam: North-holland, 1972: 1460-1465.

[142] 孙家广. 形状语法和形状规则 [J]. 计算机学报，1986（11）：416-424.

[143] Koning H, Eizenberg J. The Language of the Prairie: Frank Lloyd Wright's Prairie Houses [J]. Environment and Planning B: Planning and Design, 1981, 8（3）: 295-323.

[144] Knight T W. Transformations of the Meander Motif on Greek Geometric Pottery [J]. Design Computing, 1986（1）: 29-67.

[145] Flemming U. More Than the Sum of Parts: the Grammar of Queen Anne Houses [J]. Environment and Planning B: Planning and Design, 1987, 14（3）: 323-350.

[146] Mitchell W J. Functional Grammars: an Introduction [C] // Goldman G, Zdepski M. Reality and Virtual Reality: Proceedings of Acadia '91. 1991: 167-176.

[147] Cagan J, Mitchell W J. Optimally Directed Shape Generation by Shape Annealing [J]. Environment and Planning B: Planning and Design, 1993, 20（1）: 5-12.

[148] Reddy G, Cagan J. An Improved Shape Annealing Method for Truss Topology Generation（1994A）[C] // Proceedings of Asme Design Theory and Methodology Conference, 1994.

[149] Reddy G, Cagan J. An Improved Shape Annealing Algorithm for Truss Topology Generation [J]. Journal of Mechanical Design, 1995（117）: 315-321.

[150] Shea K, Cagan J. The Design of Novel Roof Trusses with Shape Annealing: Assessing the Ability of a Computational Method in Aiding Structural Designers with Varying Design Intent [J]. Design Studies, 1999, 20（1）: 3-23.

[151] Shea K, Cagan J. Innovative Dome Design: Applying Geodesic Patterns with Shape Annealing [J.] Ai Edam, 1997, 11（5）: 379-394.

[152] Shea K, Cagan J. Languages and Semantics of Grammatical Discrete Structures [J]. Ai Edam, 1999, 13（4）: 241-251.

[153] Shea K. Essays of Discrete Structures: Purposeful Design of Grammatical Structures by Directed Stochastic Search [D]. Carnegie Mellon University, 1997.

[154] Geyer P. Multidisciplinary Grammars Supporting Design Optimization of Buildings [J]. Research in Engineering Design, 2008, 18（4）: 197-216.

[155] Whiting E, Ochsendorf J, Durand F. Procedural Modeling of Structurally-sound Masonry

Buildings [J]. ACM Transactions on Graphics, 2009, 28（5）: 1–9.
[156] Mueller C T. Computational Exploration of the Structural Design Space [D]. Massachusetts Institute of Technology, 2014.
[157] Lee J. Grammatical Design with Graphic Statics：Rule–based Generation of Diverse Equilibrium Structures [D]. Massachusetts Institute of Technology, 2015.
[158] Lee J, Mueller C, Fivet C. Automatic Generation of Diverse Equilibrium Structures through Shape Grammars and Graphic Statics [J]. International Journal of Space Structures, 2016, 31（2–4）: 147–164.
[159] 董石麟，赵阳. 三十年来中国现代大跨空间结构的体系发展与创新 [C] //第十四届空间结构学术会议论文集. 北京：中国土木工程学会，2012：9–25.
[160] Taranath B S. Steel, Concrete and Composite Design of Tall Buildings [M]. Mcgraw–hill Education, 1997.
[161] Baker W F, Beghini A, Mazurek A. Applications of Structural Optimization in Architectural Design [C] // 20th Analysis and Computation Specialty Conference, 2012：257–266.
[162] 中华人民共和国住房和城乡建设部. 建筑抗震设计规范GB 50011—2010 [S]. 北京：中国建筑工业出版社，2010.
[163] Chang F K. Wind and Movement in Tall Building [J]. Civil Engineering, ASCE, 1967，37（8）: 70–72.
[164] 中华人民共和国住房和城乡建设部. 高层建筑混凝土结构技术规程JGJ 3—2010 [S]. 北京：中国建筑工业出版社，2011.
[165] 朱炳寅. 建筑结构设计问答及分析 [M]. 北京：中国建筑工业出版社，2017.
[166] 徐培福，肖从真. 高层建筑混凝土结构的稳定设计 [J]. 建筑结构，2001（8）：69–72.
[167] 中华人民共和国建设部. 办公建筑设计规范JGJ 67—2006 [S]. 北京：中国建筑工业出版社，2006.
[168] 中华人民共和国住房和城乡建设部. 住宅设计规范GB 50096—2011 [S]. 北京：中国建筑工业出版社，2011.
[169] Michell A G. The Limits of Economy of Material in Frame Structure [J]. Philosophical Magazine, 1904（8）: 589–597.
[170] Bendsøe M P. Optimal Shape Design as a Material Distribution Problem [J]. Structural Optimization, 1989, 1（4）: 193–202.
[171] Bendsøe M P, Sigmund O. Material Interpolation Schemes in Topology Optimization [J]. Archive of Applied Mechanics, 1999, 69(9–10): 635–654.
[172] Stolpe M, Svanberg K. An Alternative Interpolation Scheme for Minimum Compliance Topology Optimization [J]. Structural & Multidisciplinary Optimization, 2001, 22（2）: 116–124.
[173] Ambrosio L, Buttazzo G. An Optimal Design Problem with Perimeter Penalization [J]. Calculus of Variations and Partial Differential Equations, 1993(1): 55–69.
[174] Pedersen N L. Maximization of Eigenvalues Using Topology Optimization [J]. Structural and Multidisciplinary Optimization, 2000, 20（1）: 2–11.

[175] Petersson J, Sigmund O. Slope Constrained Topology Optimization [J]. International Journal for Numerical Methods in Engineering, 2015, 41（8）: 1417–1434.

[176] Sigmund O. Materials with Prescribed Constitutive Parameters：an Inverse Homogenization Problem [J]. International Journal of Solids & Structures, 1994, 31（17）: 2313–2329.

[177] Sigmund O. A 99 Line Topology Optimization Code Written in Matlab [J]. Structural & Multidisciplinary Optimization, 2001, 21（2）: 120–127.

[178] Andreassen E, Clausen A, Schevenels M, et al. Efficient Topology Optimization in Matlab Using 88 Lines of Code [J]. Structural & Multidisciplinary Optimization, 2011, 43（1）: 1–16.

[179] Aage N, Andreassen E, Lazarov B S. Topology Optimization Using Petsc：an Easy–to–use, Fully Parallel, Open Source Topology Optimization Framework [M]. Springer–verlag New York, Inc. 2015.

[180] Zhou M, Rozvany G I N. An Optimality Criteria Method for Large Systems Part I：Theory [J]. Structural Optimization, 1992, 5（1–2）: 12–25.

[181] Zhou M, Rozvany G I N. An Optimality Criteria Method for Large Systems Part Ⅱ：Algorithm [J.] Structural Optimization, 1993, 6（4）: 250–262.

[182] Kharmanda G, Olhoff N, Mohamed A, et al. Reliability–based Topology Optimization [J]. Structural and Multidisciplinary Optimization, 2004, 26（5）: 295–307.

[183] Maute K, Ramm E. Adaptive Topology Optimization of Shell Structures [J]. AIAA Journal, 1997, 35（11）: 1767–1773.

[184] Maute K, Schwarz S, Ramm E. Adaptive Topology Optimization of Elastoplastic Structures [J]. Structural Optimization, 1998, 15（2）: 81–91.

[185] Kareem A, Spence S M J, Bernardini E, et al. Using Computational Fluid Dynamics to Optimize Tall Building Design [J]. Sallal, 2013：38–43.

[186] 刘玲华，罗峥，王雯，等. 基于连续体拓扑优化的建筑结构设计方法初探 [J]. 结构工程师，2014，30（2）: 6–11.

[187] Mathew J, Babu N. Topology Opyimization of Braced Frames for High–rise Buildings [J]. International Journal of Civil Engineering and Technology, 2014, 5（12）: 84–92.

[188] Beghini L L, Beghini A, Katz N, et al. Connecting Architecture and Engineering through Structural Topology Optimization [J]. Engineering Structures, 2014, 59（2）: 716–726.

[189] Stromberg L L, Beghini A, Baker W F, et al. Topology Optimization for Braced Frames：Combining Continuum and Beam/Column Elements [J]. Engineering Structures, 2012, 37（4）: 106–124.

[190] Xie Y M, Steven G P. A Simple Evolutionary Procedure for Structural Optimization [J]. Computers & Structures, 1993, 49（5）: 885–896.

[191] Querin O M, Young V, Steven G P, et al. Computational Efficiency and Validation of Bi–directional Evolutionary Structural Optimisation [J]. Computer Methods in Applied Mechanics & Engineering, 2000, 189（2）: 559–573.

[192] Rozvany G I N. A Critical Review of Established Methods of Structural Topology Optimization

[J]. Structural and Multidisciplinary Optimization, 2009, 37 (3): 217–237.
[193] Sigmund O, Petersson J. Numerical Instabilities in Topology Optimization: a Survey on Procedures Dealing with Checkerboards, Mesh-dependencies and Local Minima [J]. Structural Optimization, 1998, 16 (1): 68–75.
[194] Bendsoe MP, Sigmund O. Topology Optimization: Theory, Methods, and Applications [M]. 2nd ed. Springer, 2004.
[195] Huang X, Xie Y M. Convergent and Mesh-independent Solutions for the Bi-directional Evolutionary Structural Optimization Method [J]. Finite Elements in Analysis & Design, 2007, 43 (14): 1039–1049.
[196] Zuo Z H, Xie Y M. Evolutionary Topology Optimization of Continuum Structures with a Global Displacement Control [J]. Computer-aided Design, 2014, 56 (11): 58–67.
[197] Huang X, Xie Y M. Evolutionary Topology Optimization of Continuum Structures Including Design-dependent Self-weight Loads [J]. Finite Elements in Analysis & Design, 2011, 47 (8): 942–948.
[198] Young V, Querin O M, Steven G P, et al. 3D and Multiple Load Case Bi-directional Evolutionary Structural Optimization (Beso) [J]. Structural Optimization, 1999, 18 (2–3): 183–192.
[199] Burry J, Felicetti P, Tang J, et al. Dynamical Structural Modeling — a Collaborative Design Exploration [J]. International Journal of Architectural Computing, 2005, 3 (1): 28–42.
[200] Cui C, Ohmori H, Sasaki M. Computational Morphogenesis of 3D Structures by Extended ESO Method [J]. Journal of the International Association for Shell & Spatial Structures, 2003, 44 (141): 51–61.
[201] 崔昌禹，姜宝石，崔国勇. 基于敏感度的杆系结构形态创构方法 [J]. 土木工程学报，2013 (7): 1–8.
[202] Huang X, Xie Y M. Optimal Design of Periodic Structures Using Evolutionary Topology Optimization [J]. Structural & Multidisciplinary Optimization, 2008, 36 (6): 597–606.
[203] Zuo Z H, Xie Y M, Huang X. Evolutionary Topology Optimization of Structures with Multiple Displacement and Frequency Constraints [J]. Advances in Structural Engineering, 2012, 15 (2): 385–398.
[204] Zuo Z H, Xie M, Zhao B. An Innovative Design Based on CAD Environment [J]. Advanced Materials Research, Trans Tech Publications, 2011 (308): 1166–1169.
[205] Dorn W C. Automatic Design of Optimal Structures [J]. Journal De Mecanique, 1964 (3): 52.
[206] Hagishita T, Ohsaki M. Topology Optimization of Trusses by Growing Ground Structure Method [J]. Structural & Multidisciplinary Optimization, 2009, 37 (4): 377–393.
[207] Mróz Z, Bojczuk D. Finite Topology Variations in Optimal Design of Structures [J]. Structural & Multidisciplinary Optimization, 2003, 25 (3): 153–173.
[208] Azid I A, Kwan A S K, Seetharamu K N. A Ga-based Technique for Layout Optimization of Truss with Stress and Displacement Constraints [J]. International Journal for Numerical Methods in

Engineering, 2002, 53（7）：1641–1674.

[209] Sved G, Ginos Z. Structural Optimization Under Multiple Loading [J]. International Journal of Mechanical Sciences, 1968, 10（10）：803–805.

[210] Kirsch U. Optimal Topologies of Structures [J]. Computer Methods in Applied Mechanics & Engineering, 1989, 72（1）：15–28.

[211] Haug E J, Arora J S. Applied Optimal Design：Mechanical and Structural Systems [M]. John Wiley & Sons, 1979.

[212] Kirsch U. On Singular Topologies in Optimum Structural Design [J]. Structural & Multidisciplinary Optimization, 1990, 2（3）：133–142.

[213] Cheng G, Jiang Z. Study on Topology Optimization with Stress Constraints [J]. Engineering Optimization, 1992, 20（2）：129–148.

[214] Zhang Y, Mueller C. Shear Wall Layout Optimization for Conceptual Design of Tall Buildings [J]. Engineering Structures, 2017（140）：225–240.

[215] Rahgozar R, Sharifi Y. An Approximate Analysis of Combined System of Framed Tube, Shear Core and Belt Truss in High-rise Buildings [J]. The Structural Design of Tall and Special Buildings, 2009, 18（6）：607–624.

[216] Kamgar R, Rahgozar R. Determination of Optimum Location for Flexible Outrigger Systems in Tall Buildings with Constant Cross Section Consisting of Framed Tube, Shear Core, Belt Truss and Outrigger System Using Energy Method [J]. International Journal of Steel Structures, 2017, 17（1）：1–8.

[217] Park H S, Lee E, Choi S W, et al. Genetic–algorithm–based Minimum Weight Design of an Outrigger System for High–rise Buildings [J]. Engineering Structures, 2016（117）：496–505.

[218] Structure. 结构形态优化（创建）的实践 [EB/OL]. http://mp.weixin.qq.com/s/kfy-T6aocpy0FYCUr4yhma,2017.

[219] Preisinger C, Heimrath M. Karamba—a Toolkit for Parametric Structural Design [J]. Structural Engineering International, 2014, 24（2）：217–221.

[220] Zuo Z H, Xie Y M, Huang X. Evolutionary Topology Optimization of Structures with Multiple Displacement and Frequency Constraints [J] Advances in Structural Engineering, 2012, 15（2）：359–372.

[221] 中华人民共和国住房和城乡建设部. 钢结构设计标准GB 50017–2017 [S]. 北京：中国建筑工业出版社, 2018.

[222] Osher S, Sethian J A. Fronts Propagating with Curvature–dependent Speed：Algorithms Based on Hamilton–jacobi Formulations [J]. Journal of Computational Physics, 1988, 79（1）：12–49.

[223] Guo X. Doing Topology Optimization Explicitly and Geometrically：a New Moving Morphable Components Based Framework [J]. Journal of Applied Mechanics, 2014, 81（8）：081009–1–081009–12.

[224] Gennet L, Englemore R. Sacon：a Knowledge–based Consultant for Structural Analysis. Proceedings Ijcai–79, 1979：47–49.

[225] Eastman C M. Preliminary Report on a System for General Space Planning [J]. Communications of the ACM, 1972, 15 (2): 76–87.

[226] Maher M L. Hi–rise: a Knowledge–based Expert System for the Preliminary Structural Design of High Rise Buildings [D]. Carneigie–Mellon University, 1986.

[227] Sabouni A R, Al–Mourad O M. Quantitative Knowledge Based Approach for Preliminary Design of Tall Buildings [J]. Artificial Intelligence in Engineering, 1997, 11 (2): 143–154.

[228] Soibelman L, Pena–Mora F. Distributed Multi–reasoning Mechanism to Support Conceptual Structural Design [J]. Journal of Structural Engineering, 2000, 126 (6): 733–742.

[229] Berrais A. A Knowledge–based Expert System for Earthquake Resistant Design of Reinforced Concrete Buildings [J]. Expert Systems with Applications, 2005, 28 (3): 519–530.

[230] 李楚舒，刘西拉. 高层建筑结构初步设计的专家系统 [J]. 工程力学，1998，15 (4): 9–17.

[231] 刘西拉，李楚舒. 基于神经网络的高层建筑结构体系选择 [J]. 建筑结构学报，1999，20 (5): 36–41.

[232] 吕大刚，王光远，王祖温. 信息时代的 CAD——计算机集成智能设计系统 [J]. 智能建筑与城市信息，2000(1): 38–42.

[233] Cercone N, Gardin F, Valle G. Case–based Representation of Architectural Design Knowledge [C] //Computational Intelligence, Ⅲ: Proceedings of the International Symposium "Computational Intelligence 90", Milan, Italy, 24–28 September, 1990. North Holland, 1991 (3): 273.

[234] Hua K, Faltings B. Exploring Case–Based Building Design——Cadre [J]. Ai Edam, 1993, 7 (2): 135–143.

[235] Domeshek E A, Kolodner J L. A Case–based Design Aid for Architecture [M] // Gero J S. Artificial Intelligence in Design'92. Butterworth–heinemann, 1992: 497–516.

[236] Bailey S F, Smith I F C. Case–based Preliminary Building Design [J]. Journal of Computing in Civil Engineering, 1994, 8 (4): 454–468.

[237] Maher M L, Zhang D M. Cadsyn: Using Case and Decomposition Knowledge for Design Synthesis [M] // Gero J S. Artificial Intelligence in Design'91. Butterworth–heinemann, 1991: 137–150.

[238] 李楚舒, 刘西拉. 基于事例的设计推理(上) [J]. 智能建筑与城市信息, 1999(1): 41–43.

[239] 李楚舒, 刘西拉. 基于事例的设计推理(下) [J]. 智能建筑与城市信息, 1999(2): 17–19.

[240] Zhang S H, Liu X Y, Ou J P, et al. Cbr, Kdd and Smart Algorithms Based Design Methods for High–rise Structure Form–selection [J]. Pacific Science Review, 2002 (4): 30–35.

[241] 吕大刚，张世海，刘晓燕，等. 基于人工神经网络的高层建筑结构选型知识发现 [J]. 哈尔滨工程大学学报，2006，27 (B07): 351–355.

[242] 吕大刚. 建筑结构智能选型设计研究 [D]. 哈尔滨: 哈尔滨工业大学，2001.

[243] 王光远，张世海，刘晓燕，等. 高层结构方案实例库系统及其在结构智能选型中应用 [J]. 工程力学，2003，20 (4): 1–8.

[244] 张世海. 高层建筑结构智能选型的理论与方法研究 [D]. 哈尔滨: 哈尔滨工业大学，2003.

[245] 王光远，吕大刚，张世海. 结构选型的智能优化设计进程研究 [C] //大型复杂结构的关键

科学问题及设计理论研究论文集．上海：同济大学出版社，2001．

[246] 张世海，刘晓燕，涂庆，等．基于决策树的高层结构智能选型知识发现 [J]．哈尔滨工业大学学报，2005，37（4）：451-454．

[247] Bandler J W, Cheng Q S, Dakroury S A, et al. Space Mapping：the State of the Art [J]. IEEE Transactions on Microwave Theory and Techniques, 2004, 52（1）：337-361.

[248] Kirsch U, Kocvara M, Zowe J. Accurate Reanalysis of Structures by a Preconditioned Conjugate Gradient Method [J] . International Journal for Numerical Methods in Engineering, 2002, 55（2）：233-251.

[249] Sobieszczanski J. Structural Modification by Perturbation Method [J]. Journal of the Structural Division, 1968, 94（12）：2799-2816.

[250] Sobieszczanski J. Matrix Algorithm for Structural Modification Based Upon the Parallel Element Concept [J] . AIAA Journal, 1969, 7（11）：2132-2139.

[251] Barthelemy J F M, Haftka R T. Approximation Concepts for Optimum Structural Design: a Review [J]. Structural and Multidisciplinary Optimization, 1993, 5（3）：129-144.

[252] Pandey P C, Bakshi P. Analytical Response Sensitivity Computation Using Hybrid Finite Elements [J]. Computers & Structures, 1999, 71（5）：525-534.

[253] Barthelemy B, Chon C T, Haftka R T. Accuracy Problems Associted with Semi-analytical Derivatives of Static Response [J]. Finite Elements in Analysis and Design, 1988, 4（3）：249-265.

[254] Mccormick G P. Computability of Global Solutions to Factorable Nonconvex Programs：Part I — Convex Underestimating Problems [J]. Mathematical Programming, 1976, 10（1）：147-175.

[255] Androulakis I P, Maranas C D, Floudas C A. A Global Optimization Method for General Constrained Nonconvex Problems [J]. Journal of Global Optimization, 1995, 7（4）：337-363.

[256] Hong S R, Sahinidis N V. A Branch-and-reduce Approach to Global Optimization [J]. Journal of Global Optimization, 1996, 8（2）：107-138.

[257] 傅学怡．实用高层建筑结构设计（第二版）[M]．北京：中国建筑工业出版社，2010．

[258] Charles V C, Pezeshk S, Hansson H K. Flexural Design of Reinforced Concrete Frames Using a Genetic Algorithm [J]. Journal of Structural Engineering, 2003, 129（6）：105-115.

[259] Chan C M, Zou X K. Elastic and Inelastic Drift Performance Optimization for Reinforced Concrete Buildings Under Earthquake Loads [J]. Earthquake Engineering & Structural Dynamics, 2004, 33（8）：929-950.

[260] 李刚，程耿东．基于性能的结构抗震设计：理论、方法与应用 [M]．北京：科学出版社，2004．

[261] 郑山锁．超高层混合结构地震损伤的多尺度分析与优化设计 [M]．北京：科学出版社，2015．

[262] Fleury C, Braibant V. Structural Optimization：a New Dual Method Using Mixed Variables [J]. International Journal for Numerical Methods in Engineering, 1986, 23（3）：409-428.

[263] Svanberg K. The Method of Moving Asymptotes—A New Method for Structural Optimization [J].

International Journal for Numerical Methods in Engineering, 1987, 24(2): 359–373.

[264] Khachiyan L G. A Polynomial Algorithm in Linear Programming [J]. Doklady a Dademiia Nauk Cccp, 1979, 244 (80): 1–3.

[265] Karmarkar N. A New Polynomial–time Algorithm for Linear Programming [J]. Combinatorica, 1984, 4 (4): 373–395.

[266] Dantzig G B. Maximization of a Linear Function of Variables Subject to Linear Inequalities [J]. Activity Analysis of Production & Allocation, 1951: 339–347.

[267] Bland R G. New Finite Pivoting Rules for the Simplex Method [J]. Mathematics of Operations Research, 1977, 2 (2): 103–107.

[268] Dantzig G B, Orchard–Hays W. Alternate Algorithm for the Revised Simplex Method [R]. Rand Report Rm–1268, the Rand Corporation, Santa Monica, 1953.

[269] Davidon W C. Variable Metric Method for Minimization [J]. Siam Journal on Optimization, 2006, 1 (1): 1–17.

[270] Bruyneel M, Duysinx P, Fleury C. A Family of Mma Approximations for Structural Optimization [J]. Structural & Multidisciplinary Optimization, 2002, 24 (4): 263–276.

[271] Gomes–Ruggiero M A, Sachine M, Santos S A. Solving the Dual Subproblem of the Method of Moving Asymptotes Using a Trust–region Scheme [J]. Computational & Applied Mathematics, 2011, 30 (1): 151–170.

[272] 王海军. 解非线性最优化问题的移动渐近线法及应用 [D]. 南京：南京航空航天大学，2010.

[273] Svanberg K. A Class of Globally Convergent Optimization Methods Based on Conservative Convex Separable Approximations [J]. Siam Journal on Optimization, 2010, 12 (2): 555–573.

[274] Frank M, Wolfe P. An Algorithm for Quadratic Programming [J]. Naval Research Logistics Quarterly, 1956, 3 (1–2): 95–110.

[275] Zoutendijk G. Methods of Feasible Directions [M]. Elsevier, 1960.

[276] 钱令希. 工程结构优化设计 [M]. 北京：水利电力出版社，2011.

[277] Fraser A S. Simulation of Genetic Systems by Automatic Digital Computers I. Introduction [J]. Australian Journal of Biological Sciences, 1957, 10 (4): 484–491.

[278] Cantú–Paz E. A Survey of Parallel Genetic Algorithms [J]. Calculateurs Paralleles, Reseaux Et Systems Repartis, 1998, 10 (2): 141–171.

[279] Jong K A D. Analysis of the Behavior of a Class of Genetic Adaptive Systems [D]. University of Michigan, 1975.

[280] Mahfoud S W. Niching Methods for Genetic Algorithms [D]. University of Illinois at Urbana–Champaign, 1995.

[281] Mengshoel O J, Goldberg D E. Probabilistic Crowding: Deterministic Crowding with Probabilistic Replacement [C] // Proc. of the Genetic and Evolutionary Computation Conference (Gecco–99). 1999: 409–416.

[282] Goldberg D E, Richardson J. Genetic Algorithms with Sharing for Multimodal Function

Optimization [C] // International Conference on Genetic Algorithms on Genetic Algorithms and their Application. L. Erlbaum Associates Inc. , 1987：41–49.
[283] Gan J, Warwick K. A Variable Radius Niching Technique for Speciation in Genetic Algorithms [C] // Conference on Genetic and Evolutionary Computation. Morgan Kaufmann Publishers Inc., 2000：96–103.
[284] Goldberg D E, Wang L. Adaptive Niching via Coevolutionary Sharing [J]. Genetic Algorithms and Evolution Strategy in Engineering and Computer Science, 1997：21–38.
[285] 罗亚中，袁端才，唐国金. 求解非线性方程组的混合遗传算法 [J]. 计算力学学报，2005，22（1）：109–114.
[286] 陆海燕. 基于遗传算法和准则法的高层建筑结构优化设计研究 [D]. 大连：大连理工大学，2009.
[287] Zuo W, Bai J, Li B. A Hybrid Oc–Ga Approach for Fast and Global Truss Optimization with Frequency Constraints [J]. Applied Soft Computing Journal, 2014, 14（1）：528–535.
[288] Chan C M, Zhang L M, Ng J T M. Optimization of Pile Groups Using Hybrid Genetic Algorithms [J]. Journal of Geotechnical & Geoenvironmental Engineering, 2009, 135（4）：497–505.
[289] Tashakori A, Adeli H. Optimum Design of Cold–formed Steel Space Structures Using Neural Dynamics Model [J]. Journal of Constructional Steel Research, 2002, 58（12）：1545–1566.
[290] Kirkpatrick S, Gelatt C D, Vecchi M P. Optimization by Simulated Annealing [J]. Science, 1983, 5（13）：671–680.
[291] Duhr S, Braun D. Thermophoretic Depletion Follows Boltzmann Distribution [J]. Physical Review Letters, 2006, 96（16）：168301–1–168301–4.
[292] Szu H H, Hartley R L. Nonconvex Optimization by Fast Simulated Annealing [J]. Proceedings of the IEEE, 1987, 75（11）：1538–1540.
[293] Ingber L. Very Fast Simulated Re–annealing [J] . Mathematical & Computer Modelling, 1989, 12（8）：967–973.
[294] Tsallis C, Stariolo D A. Generalized Simulated Annealing [J]. Physica a Statistical Mechanics & its Applications, 1996, 233（1–2）：395–406.
[295] Richardt J, Karl F, Ller C. Connection between Fuzzy Theory, Simulated Annealing, and Convex Duality [J] . Fuzzy Sets & Systems, 1998, 96（3）：307–334.
[296] Rose K, Gurewitz E, Fox G C. A Deterministic Annealing Approach to Constrained Clustering [J.] Pattern Recognition Letters, 1990, 11（9）：589–594.
[297] Azencott R. Simulated Annealing：Parallelization Techniques [M]. Wiley–Interscience, 1992.
[298] Torbaghan M K, Kazemi S M, Zhiani R, et al. Improved Hill Climbing and Simulated Annealing Algorithms for Size Optimization of Trusses [J]. World Academy of Science, Engineering and Technology, International Journal of Civil, Environmental, Structural, Construction and Architectural Engineering, 2013, 7（2）：135–138.
[299] Ceranic B, Fryer C, Baines R W. An Application of Simulated Annealing to the Optimum Design of Reinforced Concrete Retaining Structures [J]. Computers & Structures, 2001, 79（17）：

1569–1581.

[300] Kennedy J, Eberhart R. Particle Swarm Optimization [C] // IEEE International Conference on Neural Networks. IEEE, 1995, 4 (8): 1942–1948.

[301] Fulcher J. Computational Intelligence: an Introduction [M]. Computational Intelligence: a Compendium. Springer, Berlin, Heidelberg, 2008: 3–78.

[302] Ratnaweera A. Particle Swarm Optimization with Self–adaptive Acceleration Coefficients [C] // Proc. Int'l Conf. Fuzzy Syst. & Knowledge Discovery (Fskd 2002) , Singapore, Nov. 2002 (1): 264–268.

[303] Shi Y, Eberhart R. A Modified Particle Swarm Optimizer [C] // Proceedings of the Congress on Evolitionary Computation. IEEE, 1998: 69–73.

[304] Fourie P C, Groenwold A A. The Particle Swarm Optimization Algorithm in Size and Shape Optimization [J] . Structural and Multidisciplinary Optimization, 2002, 23 (4): 259–267.

[305] Clerc M. The Swarm and the Queen: Towards a Deterministic and Adaptive Particle Swarm Optimization [C]// Proceedings of the Congress on Evolitionary Computation. IEEE, 1999 (3): 1951–1957.

[306] Clerc M, Kennedy J. The Particle Swarm–explosion, Stability, and Convergence in a Multidimensional Complex Space [J]. IEEE transactions on Evolutionary Computation, 2002, 6 (1): 58–73.

[307] Angeline P J. Using Selection to Improve Particle Swarm Optimization [C] // Proceedings of the Congress on Evolitionary Computation. IEEE, 1998: 84–89.

[308] Løvbjerg M, Rasmussen T K, Krink T. Hybrid Particle Swarm Optimiser with Breeding and Subpopulations [C] // Proceedings of the 3rd Annual Conference on Genetic and Evolutionary Computation. Morgan Kaufmann Publishers Inc. , 2001: 469–476.

[309] Wei C, He Z, Zhang Y, et al. Swarm Directions Embedded in Fast Evolutionary Programming [C] // Proceedings of the Congress on Evolitionary Computation. IEEE, 2002 (2): 1278–1283.

[310] Van Den Bergh F, Engelbrecht A P. Using Cooperative Particle Swarm Optimization to Train Product Unit Neural Networks [C] // Proceedings of the Third Genetic and Evolutionary Computation Conference, Washingtong DC, USA. 2001: 78–82.

[311] Silva A, Neves A, Costa E. An Empirical Comparison of Particle Swarm and Predator Prey Optimisation [C] // Irish Conference on Artificial Intelligence and Cognitive Science. Springer, Berlin, Heidelberg, 2002: 103–110.

[312] Chatterjee S, Sarkar S, Hore S, et al. Particle Swarm Optimization Trained Neural Network for Structural Failure Prediction of Multistoried RC Buildings [J]. Neural Computing and Applications, 2017, 28 (8): 2005–2016.

[313] Camp C, Pezeshk S, Cao G. Optimized Design of Two–dimensional Structures Using a Genetic Algorithm [J] . Journal of Structural Engineering, 1998, 124 (5): 551–559.

[314] Fourie P C, Groenwold A A. The Particle Swarm Optimization Algorithm in Size and Shape

Optimization [J] . Structural and Multidisciplinary Optimization, 2002, 23 (4): 259–267.

[315] Toğan V, Daloğlu A T. Optimization of 3D Trusses with Adaptive Approach in Genetic Algorithms [J]. Engineering Structures, 2006, 28 (7): 1019–1027.

[316] Lingyun W, Mei Z, Guangming W, et al. Truss Optimization on Shape and Sizing with Frequency Constraints Based on Genetic Algorithm [J]. Computational Mechanics, 2005, 35 (5): 361–368.

[317] Pezeshk S, Camp C V, Chen D. Design of Nonlinear Framed Structures Using Genetic Optimization [J]. Journal of Structural Engineering, 2000, 126 (3): 382–388.

[318] Titus P G, Bacon H. Reserve Strength Analysis of Off shore Platform [C] //Offshore Southeast Asia Conference, Paper, 1988.

[319] Bolt H M, Billington C J, Ward J K. A Review of the Ultimate Strength of Tubular Framed Structures [M]. Bootle: Hse Books, 1996.

[320] Federal Emergency Management Agency. FEMAP695Quantification of Building Seismic Performance Factors [R] . Washington D.C, 2009.

[321] Vamvatsikos D, Cornell C A. Incremental Dynamic Analysis [J]. Earthquake Engineering & Structural Dynamics, 2002, 31(3): 491–514.

[322] Liel A, Haselton C, Deierlein G, et al. Assessing the Seismic Collapse Risk of Reinforced Concrete Frame Structures, Including the Effects of Modeling Uncertainties [C] //Special Workshop on Risk Acceptance and Risk Communication, Stanford University. 2007: 26–27.

[323] Haselton C B, Liel A B, Deierlein G G, et al. Seismic Collapse Safety of Reinforced Concrete Buildings. I: Assessment of Ductile Moment Frames [J]. Journal of Structural Engineering, 2010, 137 (4): 481–491.

[324] 唐代远，陆新征，叶列平，等. 柱轴压比对我国RC框架结构抗地震倒塌能力的影响 [C] // 高层建筑抗震技术交流会暨北京市建筑设计研究院60周年院庆学术交流会. 2009: 26–35.

[325] 施炜，叶列平，陆新征，等. 不同抗震设防RC框架结构抗倒塌能力的研究 [J]. 工程力学，2011，28 (3): 41–48.

[326] 吕大刚，李晓鹏，王光远. 基于可靠度和性能的结构整体地震易损性分析 [J]. 自然灾害学报，2006，15 (2): 107–114.

[327] Villaverde R. Methods to Assess the Seismic Collapse Capacity of Building Structures: State of the Art [J]. Journal of Structural Engineering, 2007, 133 (1): 57–66.

[328] 何政，欧晓英，程智慧. 基于推覆分析的结构倒塌安全储备系数 [J]. 工程力学，2014，31 (6): 197–202.

[329] 东南大学，天津大学，同济大学. 混凝土结构 (上册) ——混凝土结构设计原理 [M]. 北京：中国建筑工业出版社，2016.

[330] 中华人民共和国建设部. 混凝土结构设计规范GB 50010–2010 [S]. 北京：中国建筑工业出版社，2003.

[331] Optimizing Structural Building Elements in Metal by Using Additive Manufacturing [C] // Proceedings of IASS Annual Symposia. International Association for Shell and Spatial Structures

（IASS）. 2015（2）：1–12. Credit Arup and the Photographer：Davidfotografie.

［332］范重，杨苏，栾海强．空间结构节点设计研究进展与实践［J］．建筑结构学报，2011，32（12）：1–15.

［333］Taghavi S, Miranda E. Approximate Floor Acceleration Demands in Multistory Buildings. I：Formulation［J］. Journal of Structural Engineering, 2005, 131（2）：203–211.

［334］Abbas B A H, Thomas J. The Second Frequency Spectrum of Timoshenko Beams［J］. Journal of Sound and Vibration, 1977, 51（1）：123–137.

［335］Timoshenko S P. On the Correction Factor for Shear of the Differential Equation for Transverse Vibrations of Bars of Uniform Cross–section［J］. Philosophical Magazine, 1922, 43（253）：125–131.

［336］Argyris J H, Papadrakakis M, Apostolopoulou C, et al. The TRIC Shell Element: Theoretical and Numerical Investigation［J］. Computer Methods in Applied Mechanics and Engineering, 2000, 182(1–2): 217–245.

［337］何政，欧进萍．钢筋混凝土结构非线性分析［M］．哈尔滨：哈尔滨工业大学出版社出版，2009.

［338］Deb K. Multi–objective Optimization Using Evolutionary Algorithms［M］. India: Wiley, 2009.

［339］Haimes Y Y. On a Bicriterion Formulation of the Problems of Integrated System Identification and System Optimization［J］. IEEE Transactions on Systems, Man & Cybernetics, 1971, 1（3）：296–297.

［340］Hillermeier C. Nonlinear Multiobjective Optimization［M］. Birkhaüser Verlag, 2001.

［341］Benson H P. Existence of Efficient Solutions for Vector Maximization Problems［J］. Journal of Optimization Theory & Applications, 1978, 26（4）：569–580.

［342］Deb K, Pratap A, Agarwal S, et al. A Fast and Elitist Multiobjective Genetic Algorithm：NSGA–II［J］. IEEE Transactions on Evolutionary Computation, 2002, 6（2）：182–197.

［343］Osyczka A, Kundu S. A New Method to Solve Generalized Multicriteria Optimization Problems Using the Simple Genetic Algorithm［J］. Structural Optimization, 1995, 10（2）：94–99.

［344］Zitzler E, Thiele L. An Evolutionary Algorithm for Multiobjective Optimization：the Strength Pareto Approach［J］. Computer Engineering and Networks Laboratory, 1998（43）.

［345］Van Veldhuizen D A. Multiobjective Evolutionary Algorithms：Classifications, Analyses, and New Innovations［J］. Evolutionary Computation, 1999, 8（2）：125–147.

［346］Srinivas N and Deb K. Multi–Objective Function Optimization Using Non–dominated Sorting Genetic Algorithms［J］. Evolutionary Computation, 1995, 2(3): 221–248.

［347］Homaifar A, Qi C X, Lai S H. Constrained Optimization via Genetic Algorithms［J］. Simulation Transactions of the Society for Modeling & Simulation International, 1994, 62（4）：242–253.

［348］Surry P D, Radcliffe N J. The Comoga Method：Constrained Optimisation by Multi–objective Genetic Algorithms［J］. Control & Cybernetics, 1997, 26（3）：391–412.

［349］Ray T, Tai K, Seow C. An Evolutionary Algorithm for Multiobjective Optimization［J］. Engineering Optimization, 2001, 33（3）：399–424.

[350] Back T. Selective Pressure in Evolutionary Algorithms: a Characterization of Selection Mechanisms [C] // Proceedings of the Congress on Evolitionary Computation. IEEE, 2002: 57–62.

[351] Sims K. Interactive Evolution of Dynamical Systems [M] // Toward a Practice of Autonomous Systems: Proceedings of the First European Conference on Artificial Life. 1992: 171–178.

[352] Oliver A. Interactive Design of Web Sites with a Genetic Algorithm [C] // Proceedings of the IADIS International Conference. 2002: 355–362.

[353] Herdy M. Evolutionary Optimization Based on Subjective Selection–evolving Blends of Coffee [C] // 5th European Congress on Intelligent Techniques and Soft Computing. 1997: 640–644.

[354] Kim H S, Cho S B. Application of Interactive Genetic Algorithm to Fashion Design [J]. Engineering Applications of Artificial Intelligence, 2000, 13 (6): 635–644.

[355] Parmee I C. Evolutionary and Adaptive Strategies for Engineering Design–an Overall Framework [C] // IEEE International Conference on Evolutionary Computation. IEEE, 2002: 373–378.

[356] Parmee I C, Bonham C R. Towards the Support of Innovative Conceptual Design Through, Interactive Designer/Evolutionary Computing Strategies [M]. Cambridge University Press, 2000.

[357] Felkner J, Chatzi E, Kotnik T. Interactive Particle Swarm Optimization for the Architectural Design of Truss Structures [C] // IEEE Symposium on Computational Intelligence for Engineering Solutions. IEEE, 2013: 15–22.

[358] Von Buelow P. Suitability of Genetic Based Exploration in the Creative Design Process [J]. Digital Creativity, 2008, 19 (1): 51–61.

[359] Mueller C T. Computational Exploration of the Structural Design Space [D]. Massachusetts Institute of Technology, 2014.